小学6年生
単位と図形にぐーんと強くなる

学習指導要領対応

目次

この本では、きその内容より少しむずかしい問題には、☆マークをつけています。

1 分数と時間①

分⇒時間①

答え➡別冊2ページ

例

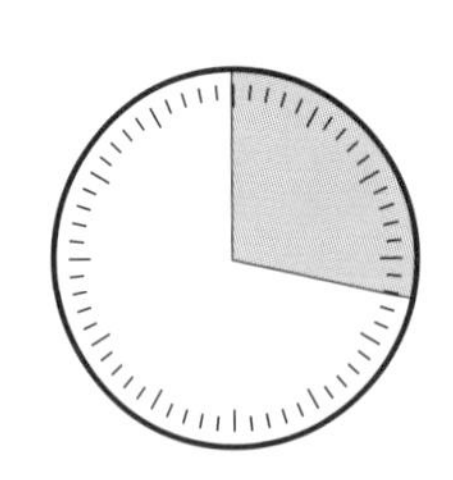

$17分 = \frac{17}{60}時間$

□にあてはまる数を書きましょう。〔1問　3点〕

① 1分＝$\frac{1}{60}$時間　② 19分＝□時間

③ 31分＝□時間　④ 23分＝□時間

⑤ 47分＝□時間　⑥ 11分＝□時間

⑦ 59分＝□時間　⑧ 37分＝□時間

⑨ 13分＝□時間　⑩ 49分＝□時間

⑪ 7分＝□時間　⑫ 53分＝□時間

例

$$30分 = \frac{30}{60}時間 = \frac{1}{2}時間$$

□にあてはまる数を書きましょう。　〔1問　4点〕

① $10分 = \frac{10}{60}時間 = \boxed{\frac{1}{6}}時間$

② $15分 = \frac{15}{60}時間 = \square時間$

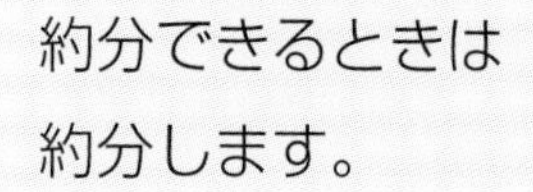

③ $6分 = \frac{6}{60}時間 = \square時間$

④ $14分 = \frac{14}{60}時間 = \square時間$

⑤ 50分 = □時間

⑥ 45分 = □時間

⑦ 2分 = □時間

⑧ 36分 = □時間

⑨ 5分 = □時間

⑩ 9分 = □時間

⑪ 46分 = □時間

⑫ 33分 = □時間

⑬ 24分 = □時間

⑭ 8分 = □時間

⑮ 35分 = □時間

⑯ 12分 = □時間

2

分数と時間②

分⇒時間②

$$1\text{時間}23\text{分} = 1\frac{23}{60}\text{時間}$$

1

□にあてはまる数を書きましょう。 〔1問 3点〕

① 1時間7分＝ $1\frac{7}{60}$ 時間

② 2時間43分＝□時間

③ 3時間11分＝□時間

④ 1時間29分＝□時間

⑤ 2時間53分＝□時間

⑥ 3時間31分＝□時間

⑦ 1時間49分＝□時間

⑧ 3時間1分＝□時間

⑨ 2時間13分＝□時間

⑩ 3時間37分＝□時間

⑪ 2時間41分＝□時間

⑫ 1時間59分＝□時間

例

$$2\text{時間}30\text{分} = 2\frac{30}{60}\text{時間} = 2\frac{1}{2}\text{時間}$$

□にあてはまる数を書きましょう。　〔1問　4点〕

① $1\text{時間}20\text{分} = 1\frac{20}{60}\text{時間} =$ $1\frac{1}{3}$ 時間

② $2\text{時間}5\text{分} = 2\frac{5}{60}\text{時間} =$ □時間

③ $1\text{時間}3\text{分} = 1\frac{3}{60}\text{時間} =$ □時間

④ $3\text{時間}48\text{分} = 3\frac{48}{60}\text{時間} =$ □時間

$\triangle\text{分} = \frac{\triangle}{60}\text{時間}$だから,
$\bigcirc\text{時間}\triangle\text{分} = \bigcirc\frac{\triangle}{60}\text{時間}$
です。
約分できるときは約分します。

⑤ 3時間10分＝□時間　⑥ 1時間25分＝□時間

⑦ 2時間27分＝□時間　⑧ 3時間55分＝□時間

⑨ 2時間40分＝□時間　⑩ 1時間34分＝□時間

⑪ 3時間50分＝□時間　⑫ 2時間4分＝□時間

⑬ 1時間39分＝□時間　⑭ 3時間54分＝□時間

⑮ 2時間16分＝□時間　⑯ 1時間15分＝□時間

3 分数と時間③

時間⇒分①

答え➡別冊2ページ

例

$$\frac{13}{60}\text{時間} = \overset{1}{\cancel{60}} \times \frac{13}{\underset{1}{\cancel{60}}}\text{分} = 13\text{分}$$

□にあてはまる数を書きましょう。 〔1問　5点〕

① 1時間＝□分

② $\frac{1}{60}$時間＝60×$\frac{1}{60}$分＝[1]分

③ $\frac{17}{60}$時間＝60×$\frac{17}{60}$分＝□分

④ $\frac{23}{60}$時間＝60×$\frac{23}{60}$分＝□分

⑤ $\frac{31}{60}$時間＝□分

⑥ $\frac{49}{60}$時間＝□分

⑦ $\frac{53}{60}$時間＝□分

⑧ $\frac{29}{60}$時間＝□分

⑨ $\frac{47}{60}$時間＝□分

⑩ $\frac{11}{60}$時間＝□分

例

$\frac{1}{20}$時間 $= \overset{3}{\cancel{60}} \times \frac{1}{\underset{1}{\cancel{20}}}$分 $=$ 3分　　$\frac{7}{20}$時間 $= \overset{3}{\cancel{60}} \times \frac{7}{\underset{1}{\cancel{20}}}$分 $=$ 21分

2

□にあてはまる数を書きましょう。　〔1問　5点〕

① $\frac{1}{30}$時間 $= 60 \times \frac{1}{30}$分 $=$ [2] 分

② $\frac{1}{15}$時間 $= 60 \times \frac{1}{15}$分 $=$ [　] 分

③ $\frac{1}{10}$時間 $= 60 \times \frac{1}{10}$分 $=$ [　] 分

④ $\frac{1}{5}$時間 $= 60 \times \frac{1}{5}$分 $=$ [　] 分

⑤ $\frac{1}{2}$時間 $= 60 \times \frac{1}{2}$分 $=$ [　] 分

⑥ $\frac{5}{6}$時間 $= 60 \times \frac{5}{6}$分 $=$ [　] 分

⑦ $\frac{9}{20}$時間 $= 60 \times \frac{9}{20}$分 $=$ [　] 分

⑧ $\frac{2}{5}$時間 $= 60 \times \frac{2}{5}$分 $=$ [　] 分

⑨ $\frac{7}{12}$時間 $= 60 \times \frac{7}{12}$分 $=$ [　] 分

⑩ $\frac{23}{30}$時間 $= 60 \times \frac{23}{30}$分 $=$ [　] 分

$\frac{1}{\triangle}$時間は，
1時間（60分）の
$\frac{1}{\triangle}$にあたります。

4 分数と時間④
時間⇒分②

答え➡別冊(べっさつ)2ページ

例

$1\frac{47}{60}$時間 ＝ 1時間47分 ＝ 107分

1 □にあてはまる数を書きましょう。　〔1問　3点〕

① $1\frac{19}{60}$時間 ＝ 1時間19分 ＝ [79]分

② $1\frac{43}{60}$時間 ＝ 1時間43分 ＝ □分

$\frac{\triangle}{60}$時間＝△分だから，
○$\frac{\triangle}{60}$時間＝○時間△分
です。

③ $2\frac{31}{60}$時間 ＝ 2時間31分 ＝ □分

④ $2\frac{53}{60}$時間 ＝ 2時間53分 ＝ □分

⑤ $1\frac{17}{60}$時間 ＝ □分

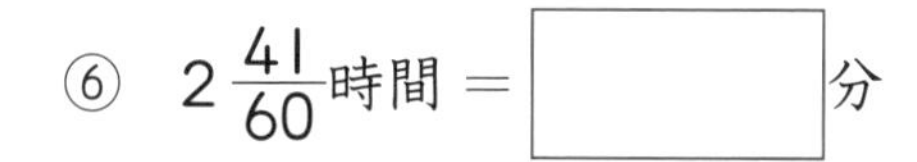

⑥ $2\frac{41}{60}$時間 ＝ □分

⑦ $2\frac{23}{60}$時間 ＝ □分

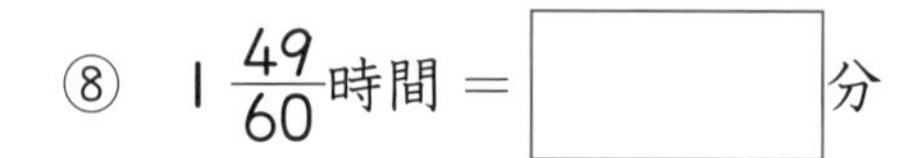

⑧ $1\frac{49}{60}$時間 ＝ □分

⑨ $2\frac{37}{60}$時間 ＝ □分

⑩ $1\frac{59}{60}$時間 ＝ □分

例

$$1\frac{7}{30}\text{時間} = 1\text{時間} + \overset{2}{\cancel{60}} \times \frac{7}{\underset{1}{\cancel{30}}}\text{分} = 60\text{分} + 14\text{分} = 74\text{分}$$

2

□にあてはまる数を書きましょう。 〔1問　5点〕

① $1\frac{3}{20}$時間 = [69] 分

② $1\frac{4}{15}$時間 = [ ] 分

③ $2\frac{7}{10}$時間 = [ ] 分

④ $1\frac{2}{5}$時間 = [ ] 分

⑤ $2\frac{3}{4}$時間 = [ ] 分

⑥ $2\frac{1}{2}$時間 = [ ] 分

⑦ $1\frac{5}{6}$時間 = [ ] 分

⑧ $1\frac{2}{3}$時間 = [ ] 分

⑨ $2\frac{1}{12}$時間 = [ ] 分

⑩ $2\frac{11}{15}$時間 = [ ] 分

⑪ $2\frac{7}{20}$時間 = [ ] 分

⑫ $1\frac{1}{30}$時間 = [ ] 分

⑬ $1\frac{9}{10}$時間 = [ ] 分

⑭ $2\frac{11}{12}$時間 = [ ] 分

5 分数と時間⑤
秒⇒分①

答え➡別冊3ページ

例

$19秒 = \frac{19}{60}分$

□にあてはまる数を書きましょう。　〔1問　3点〕

① 1秒 = $\frac{1}{60}$ 分　　② 29秒 = □分

③ 41秒 = □分　　④ 13秒 = □分

⑤ 59秒 = □分　　⑥ 23秒 = □分

⑦ 31秒 = □分　　⑧ 7秒 = □分

⑨ 43秒 = □分　　⑩ 11秒 = □分

⑪ 37秒 = □分　　⑫ 53秒 = □分

例

$30秒 = \frac{30}{60}分 = \frac{1}{2}分$

2

□にあてはまる数を書きましょう。　〔1問　4点〕

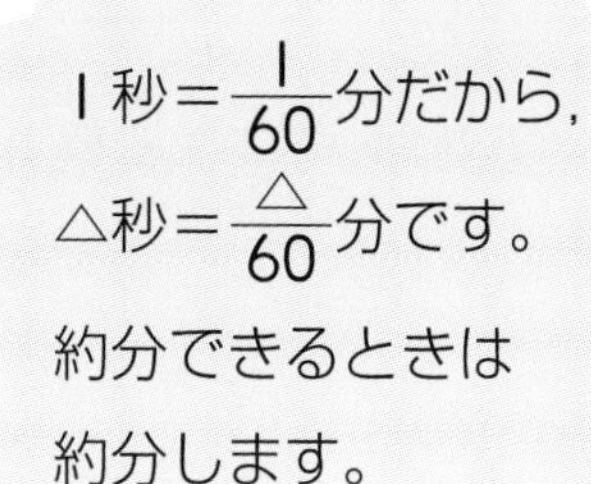

① $20秒 = \frac{20}{60}分 =$ □分

② $45秒 = \frac{45}{60}分 =$ □分

③ $4秒 = \frac{4}{60}分 =$ □分

④ $38秒 = \frac{38}{60}分 =$ □分

⑤ 10秒 ＝ □分　　⑥ 2秒 ＝ □分

⑦ 33秒 ＝ □分　　⑧ 25秒 ＝ □分

⑨ 48秒 ＝ □分　　⑩ 18秒 ＝ □分

⑪ 55秒 ＝ □分　　⑫ 21秒 ＝ □分

⑬ 40秒 ＝ □分　　⑭ 6秒 ＝ □分

⑮ 58秒 ＝ □分　　⑯ 27秒 ＝ □分

6 分数と時間⑥ 秒⇒分②

答え➡別冊3ページ

例

$$1\text{分}49\text{秒} = 1\frac{49}{60}\text{分}$$

□にあてはまる数を書きましょう。 〔1問　3点〕

① 1分17秒＝$1\frac{17}{60}$分

② 2分41秒＝□分

③ 3分37秒＝□分

④ 2分13秒＝□分

⑤ 1分23秒＝□分

⑥ 3分47秒＝□分

⑦ 2分11秒＝□分

⑧ 3分19秒＝□分

⑨ 1分59秒＝□分

⑩ 2分43秒＝□分

⑪ 3分7秒＝□分

⑫ 1分29秒＝□分

例

$$2分30秒 = 2\frac{30}{60}分 = 2\frac{1}{2}分$$

2

□にあてはまる数を書きましょう。　〔1問　4点〕

① $1分40秒 = 1\frac{40}{60}分 = \boxed{1\frac{2}{3}}分$

② $2分15秒 = 2\frac{15}{60}分 = \boxed{}分$

③ $1分2秒 = 1\frac{2}{60}分 = \boxed{}分$

④ $3分56秒 = 3\frac{56}{60}分 = \boxed{}分$

△秒＝$\frac{△}{60}$分だから，
○分△秒＝○$\frac{△}{60}$分です。
約分できるときは約分
します。

⑤ 2分20秒 ＝ □分

⑥ 1分5秒 ＝ □分

⑦ 3分8秒 ＝ □分

⑧ 2分39秒 ＝ □分

⑨ 1分14秒 ＝ □分

⑩ 3分45秒 ＝ □分

⑪ 2分51秒 ＝ □分

⑫ 1分9秒 ＝ □分

⑬ 1分22秒 ＝ □分

⑭ 2分6秒 ＝ □分

⑮ 3分35秒 ＝ □分

⑯ 1分21秒 ＝ □分

7 分数と時間⑦

分⇒秒①

答え➡別冊3ページ

例

$$\frac{43}{60}分 = \overset{1}{\cancel{60}} \times \frac{43}{\underset{1}{\cancel{60}}}秒 = 43秒$$

□にあてはまる数を書きましょう。　〔1問　5点〕

① 1分＝□秒

② $\frac{1}{60}$分 $= 60 \times \frac{1}{60}$秒 ＝［1］秒

③ $\frac{29}{60}$分 $= 60 \times \frac{29}{60}$秒 ＝□秒

④ $\frac{47}{60}$分 $= 60 \times \frac{47}{60}$秒 ＝□秒

⑤ $\frac{31}{60}$分＝□秒

⑥ $\frac{59}{60}$分＝□秒

⑦ $\frac{13}{60}$分＝□秒

⑧ $\frac{7}{60}$分＝□秒

⑨ $\frac{41}{60}$分＝□秒

⑩ $\frac{53}{60}$分＝□秒

例

$\frac{1}{20}$分 $= \overset{3}{\cancel{60}} \times \frac{1}{\underset{1}{\cancel{20}}}$秒 $=$ 3秒　　$\frac{3}{20}$分 $= \overset{3}{\cancel{60}} \times \frac{3}{\underset{1}{\cancel{20}}}$秒 $=$ 9秒

2

□にあてはまる数を書きましょう。　〔1問　5点〕

① $\frac{1}{10}$分 $= 60 \times \frac{1}{10}$秒 $=$ [6] 秒

② $\frac{1}{3}$分 $= 60 \times \frac{1}{3}$秒 $=$ [　　] 秒

③ $\frac{1}{12}$分 $= 60 \times \frac{1}{12}$秒 $=$ [　　] 秒

④ $\frac{1}{4}$分 $= 60 \times \frac{1}{4}$秒 $=$ [　　] 秒

⑤ $\frac{1}{30}$分 $= 60 \times \frac{1}{30}$秒 $=$ [　　] 秒

⑥ $\frac{2}{15}$分 $= 60 \times \frac{2}{15}$秒 $=$ [　　] 秒

⑦ $\frac{3}{20}$分 $= 60 \times \frac{3}{20}$秒 $=$ [　　] 秒

⑧ $\frac{4}{5}$分 $= 60 \times \frac{4}{5}$秒 $=$ [　　] 秒

⑨ $\frac{7}{10}$分 $= 60 \times \frac{7}{10}$秒 $=$ [　　] 秒

⑩ $\frac{11}{12}$分 $= 60 \times \frac{11}{12}$秒 $=$ [　　] 秒

$\frac{1}{\triangle}$分は，
1分（60秒）の
$\frac{1}{\triangle}$にあたります。

8 分数と時間⑧

分⇒秒②

答え➡別冊3ページ

例

$$1\frac{13}{60}分 = 1分13秒 = 73秒$$

□にあてはまる数を書きましょう。　〔1問　3点〕

① $1\frac{7}{60}$分 ＝ 1分7秒 ＝ [67] 秒

② $1\frac{49}{60}$分 ＝ 1分49秒 ＝ [　　] 秒

③ $2\frac{53}{60}$分 ＝ 2分53秒 ＝ [　　] 秒

④ $2\frac{11}{60}$分 ＝ 2分11秒 ＝ [　　] 秒

$\frac{△}{60}$分＝△秒だから，
○$\frac{△}{60}$分＝○分△秒
です。

⑤ $1\frac{29}{60}$分 ＝ [　　] 秒

⑥ $2\frac{37}{60}$分 ＝ [　　] 秒

⑦ $1\frac{43}{60}$分 ＝ [　　] 秒

⑧ $2\frac{19}{60}$分 ＝ [　　] 秒

⑨ $1\frac{17}{60}$分 ＝ [　　] 秒

⑩ $2\frac{31}{60}$分 ＝ [　　] 秒

例

$$1\frac{9}{10}\text{分} = 1\text{分} + \overset{6}{\cancel{60}} \times \frac{9}{\underset{1}{\cancel{10}}}\text{秒} = 60\text{秒} + 54\text{秒} = 114\text{秒}$$

2

□にあてはまる数を書きましょう。 〔1問　5点〕

① $1\frac{7}{30}$分 = [74] 秒

② $1\frac{9}{20}$分 = [ ] 秒

③ $2\frac{2}{15}$分 = [ ] 秒

④ $2\frac{3}{10}$分 = [ ] 秒

⑤ $1\frac{4}{5}$分 = [ ] 秒

⑥ $2\frac{1}{4}$分 = [ ] 秒

⑦ $1\frac{5}{12}$分 = [ ] 秒

⑧ $2\frac{7}{10}$分 = [ ] 秒

⑨ $2\frac{1}{6}$分 = [ ] 秒

⑩ $1\frac{2}{3}$分 = [ ] 秒

⑪ $1\frac{11}{30}$分 = [ ] 秒

⑫ $2\frac{7}{20}$分 = [ ] 秒

⑬ $2\frac{4}{15}$分 = [ ] 秒

⑭ $1\frac{1}{5}$分 = [ ] 秒

9 分数と時間⑨
まとめ

答え➡別冊4ページ

1

□にあてはまる数を書きましょう。〔1問　2点〕

① 1分＝□時間　② 29分＝□時間

③ 40分＝□時間　④ 32分＝□時間

⑤ 1時間13分＝□時間　⑥ 2時間47分＝□時間

⑦ 3時間30分＝□時間　⑧ 1時間45分＝□時間

⑨ 2時間9分＝□時間　⑩ 2時間58分＝□時間

2

□にあてはまる数を書きましょう。〔1問　3点〕

① $\frac{7}{60}$時間＝□分　② $\frac{41}{60}$時間＝□分

③ $\frac{1}{20}$時間＝□分　④ $\frac{1}{4}$時間＝□分

⑤ $\frac{2}{3}$時間＝□分　⑥ $\frac{5}{12}$時間＝□分

⑦ $1\frac{11}{60}$時間＝□分　⑧ $2\frac{23}{60}$時間＝□分

⑨ $2\frac{8}{15}$時間＝□分　⑩ $1\frac{17}{30}$時間＝□分

□にあてはまる数を書きましょう。〔1問　2点〕

① 1秒＝□分　② 17秒＝□分

③ 50秒＝□分　④ 39秒＝□分

⑤ 1分31秒＝□分　⑥ 2分19秒＝□分

⑦ 3分10秒＝□分　⑧ 1分24秒＝□分

⑨ 2分33秒＝□分　⑩ 3分44秒＝□分

4

□にあてはまる数を書きましょう。〔1問　3点〕

① $\frac{37}{60}$分＝□秒　② $\frac{59}{60}$分＝□秒

③ $\frac{1}{30}$分＝□秒　④ $\frac{1}{6}$分＝□秒

⑤ $\frac{5}{6}$分＝□秒　⑥ $\frac{13}{15}$分＝□秒

⑦ $1\frac{53}{60}$分＝□秒　⑧ $2\frac{49}{60}$分＝□秒

⑨ $2\frac{3}{10}$分＝□秒　⑩ $1\frac{11}{20}$分＝□秒

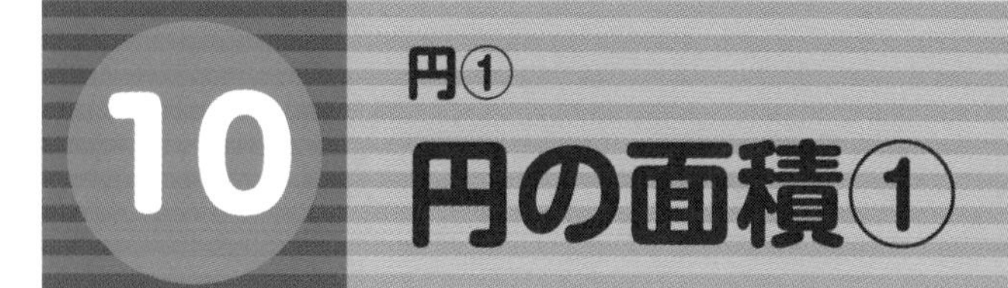

円の面積 ＝ 半径×半径×3.14
（円周率）

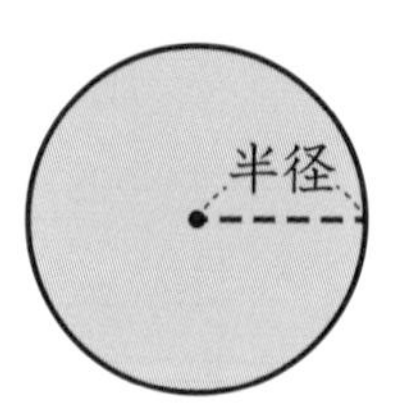

ポイント

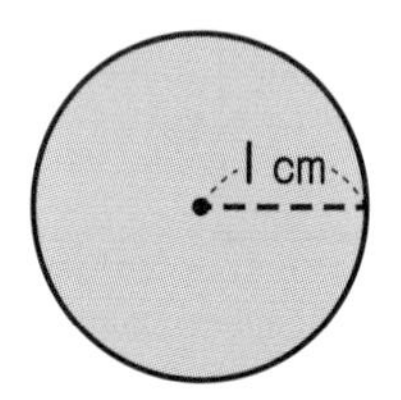

左の円の面積を求めます。
1×1×3.14 ＝ 3.14

3.14cm²

1 次のような円の面積は何cm²ですか。 〔1問 8点〕

①

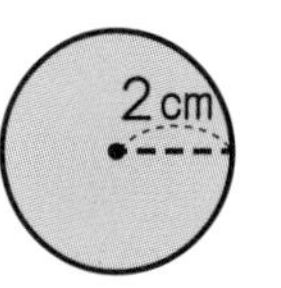

式 2×2×3.14＝

答え（　　　）

②

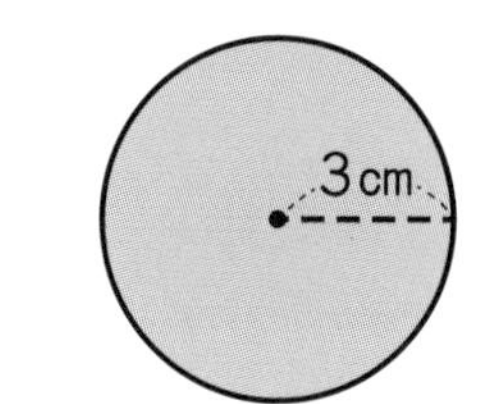

式

答え（　　　）

③

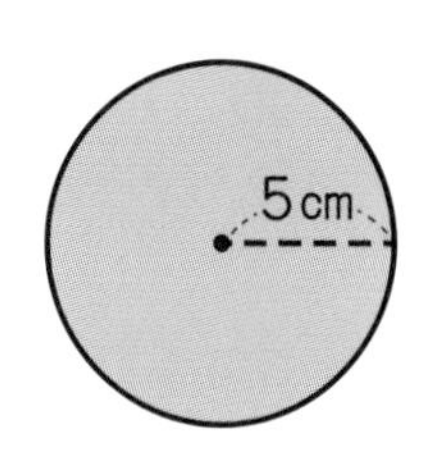

式

答え（　　　）

④

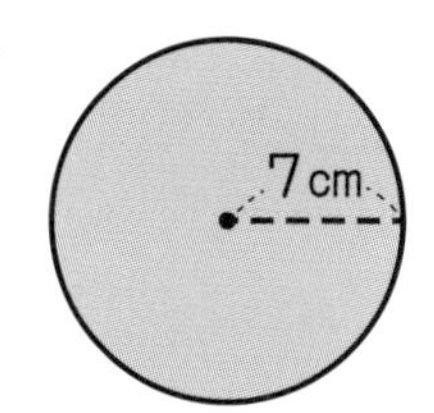

式

答え（　　　）

次のような円の面積は何cm²ですか。　〔1問　8点〕

① 式

2cm

答え（　　　　）

② 式

8cm

答え（　　　　）

③ 式

12cm

答え（　　　　）

④ 式

16cm

答え（　　　　）

3

次のような円の面積は何cm²ですか。　〔1問　9点〕

① 式

4cm

答え（　　　　）

② 式

0.5cm

答え（　　　　）

③ 式

3cm

答え（　　　　）

④ 式

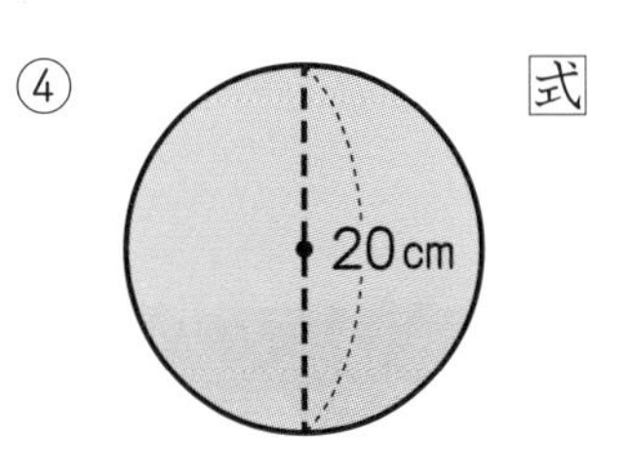

答え（　　　　）

円の面積②

答え➡別冊4ページ

ポイント

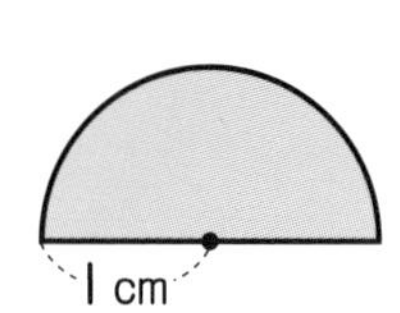

半径1 cmの円の，半分の面積を求めます。

$1 \times 1 \times 3.14 \div 2 = 1.57$

1.57 cm²

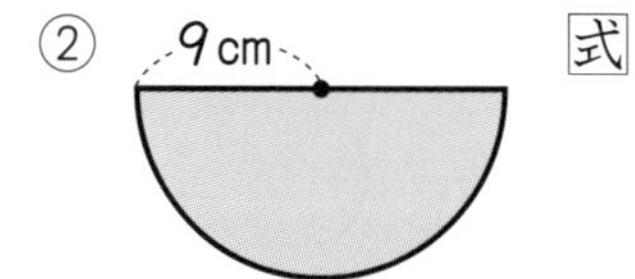

1 次のような図形の面積は何cm²ですか。〔1問　8点〕

① 式

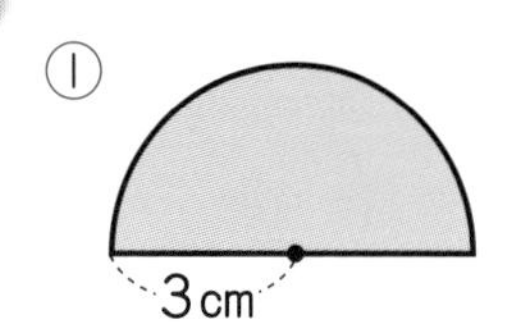

答え（　　　　）

② 式

9 cm

答え（　　　　）

③ 式

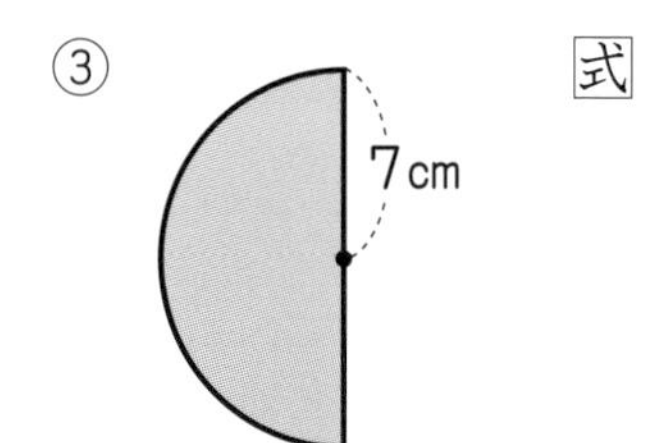

答え（　　　　）

④ 式

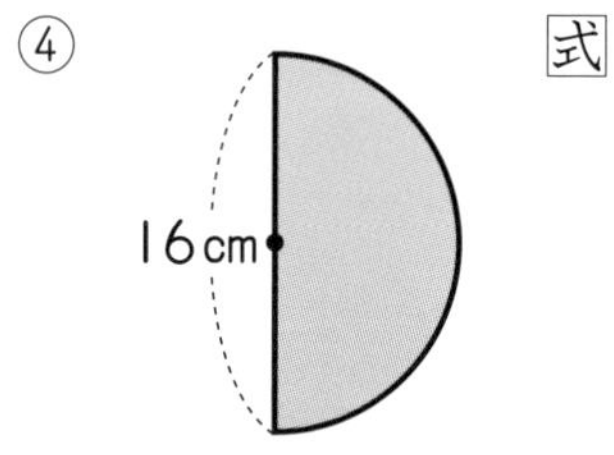

答え（　　　　）

⑤ 式

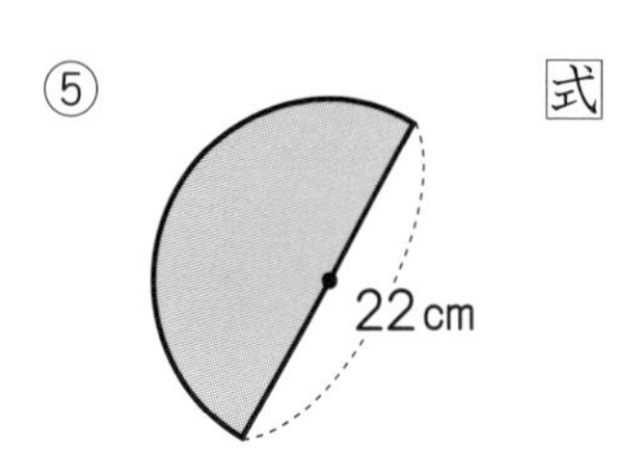

答え（　　　　）

まず，半径の長さを求めましょう。

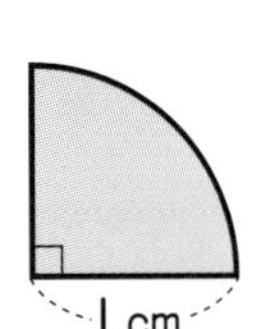

半径1cmの円の$\frac{1}{4}$の

面積を求めます。

$1 \times 1 \times 3.14 \div 4 = 0.785$

0.785cm²

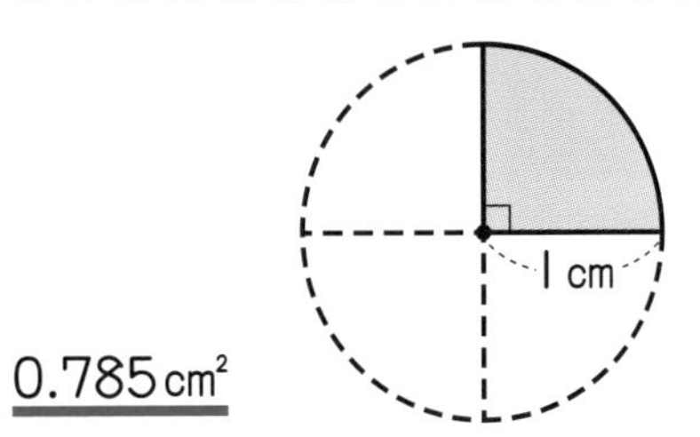

2 次のような図形の面積は何cm²ですか。 〔1問　10点〕

①

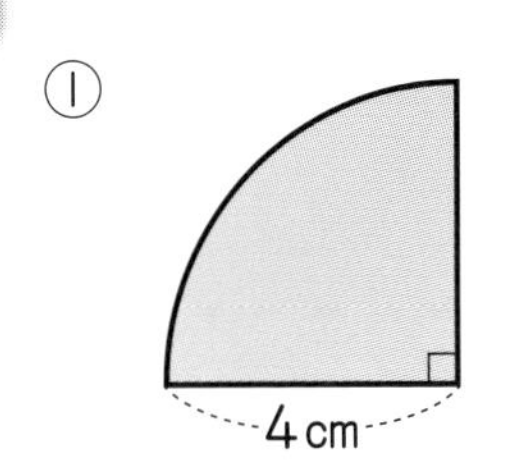

式

$4 \times 4 \times 3.14 \div 4$

$=$

答え（　　　　）

②

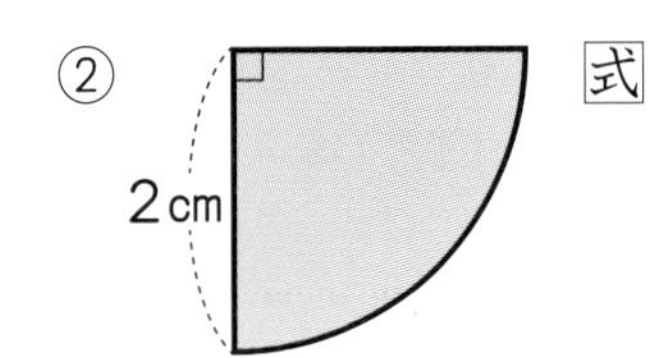

式

答え（　　　　）

③

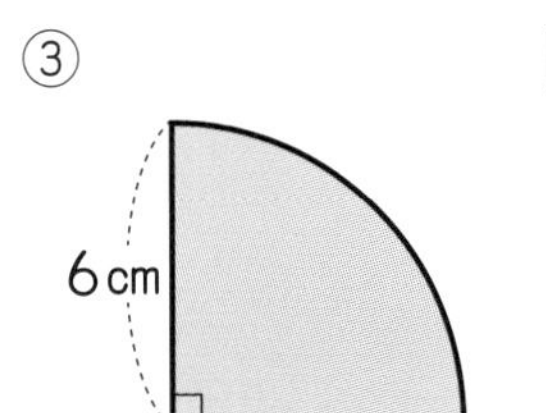

式

答え（　　　　）

④

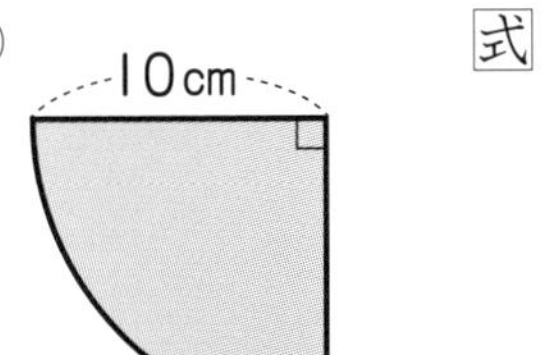

式

答え（　　　　）

⑤

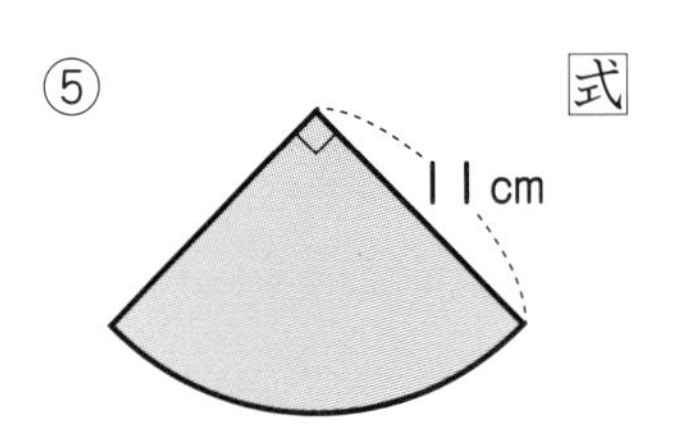

式

答え（　　　　）

⑥

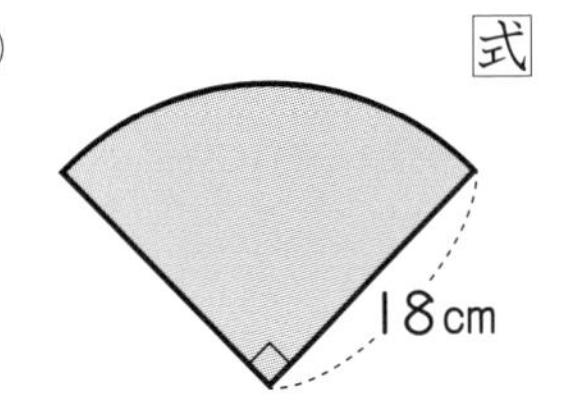

式

答え（　　　　）

12 円の面積③

答え➡別冊5ページ

ポイント

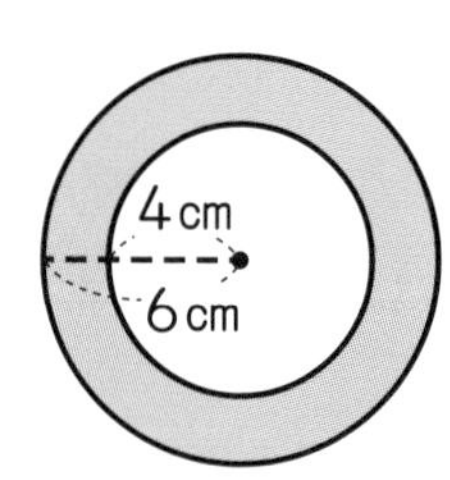

□の部分の面積は，半径6cmの円の面積から半径4cmの円の面積をひいて求めます。

6×6×3.14＝113.04……半径6cmの円の面積

4×4×3.14＝50.24……半径4cmの円の面積

113.04－50.24＝62.8

62.8cm²

1 次の図の□の部分の面積は何cm²ですか。〔1問　12点〕

①

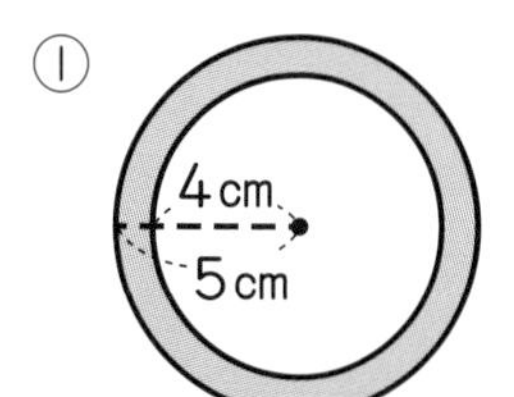

式

答え（　　　）

②

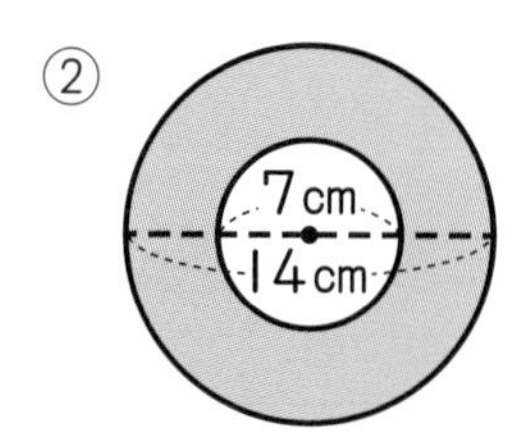

式

答え（　　　）

③

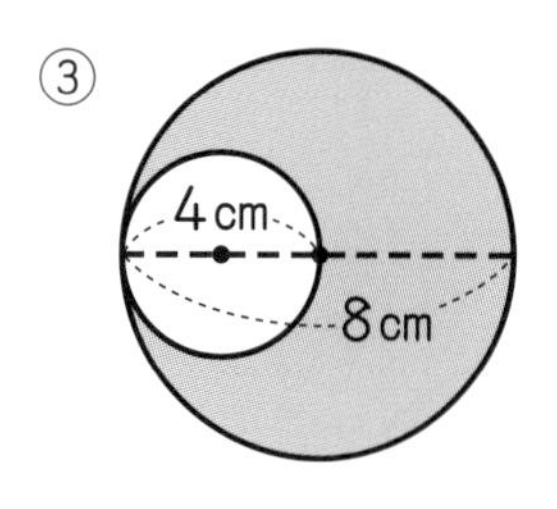

式

答え（　　　）

④

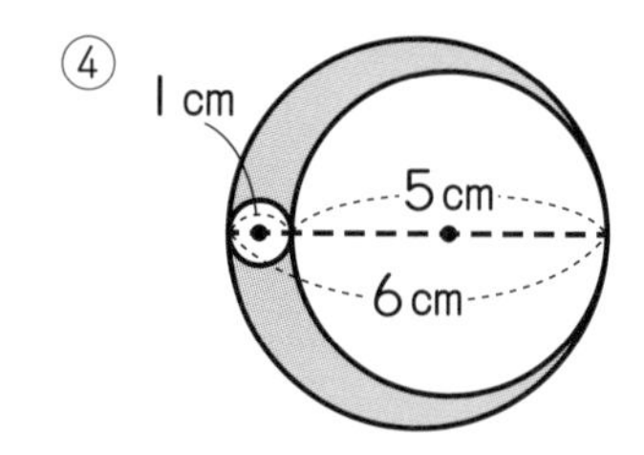

式

答え（　　　）

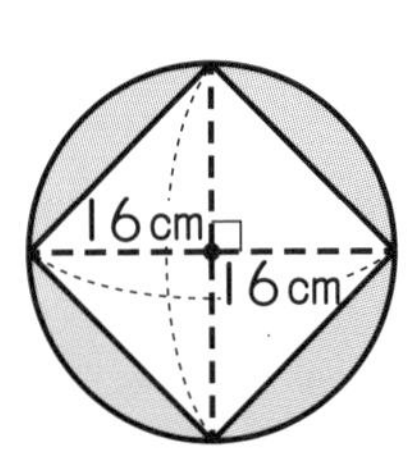

（円の面積）－（ひし形の面積）で，▢の部分の面積を求めます。

16÷2＝8　　8×8×3.14＝200.96

16×16÷2＝128

200.96－128＝72.96

72.96cm²

2

次の図の▢の部分の面積は何cm²ですか。　〔1問　13点〕

①

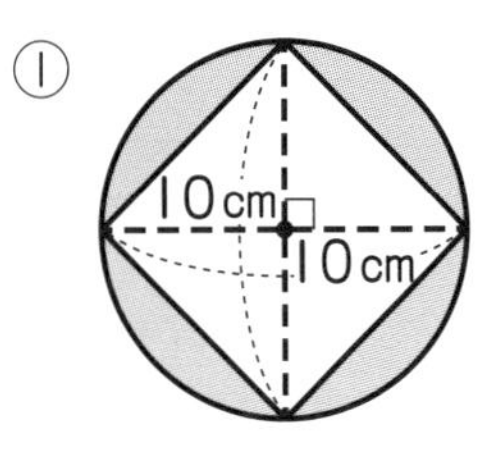

答え（　　　　）

②

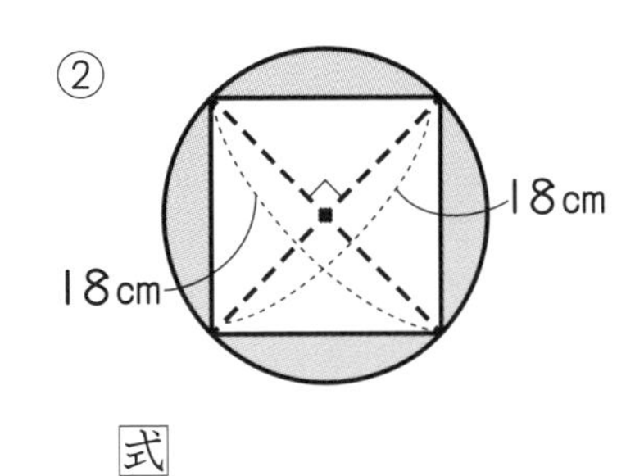

式

答え（　　　　）

③

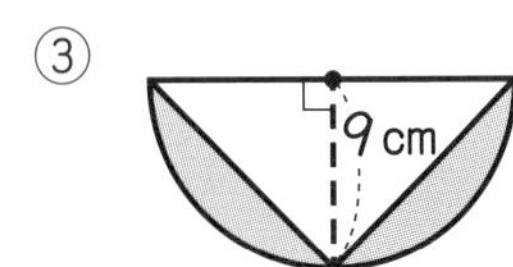

答え（　　　　）

④

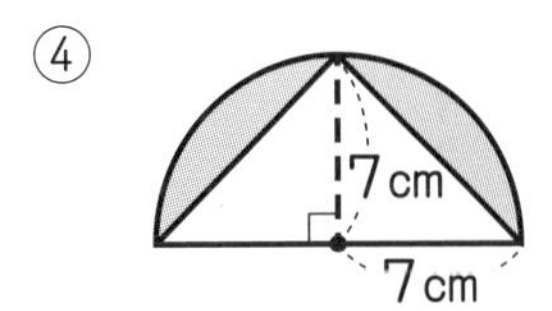

式

答え（　　　　）

13 円④ 円の面積④

答え➡別冊5ページ

ポイント

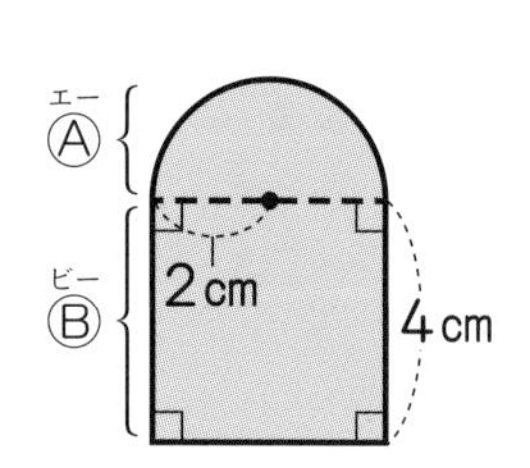

（Ⓐ…半径２cmの円の半分の面積）
＋（Ⓑ…１辺が４cmの正方形の面積）が，
全体の面積です。

$2\times2\times3.14\div2=6.28$……Ⓐの面積

$4\times4=16$……………………Ⓑの面積

$6.28+16=22.28$ 　　　　**22.28cm²**

1 次のような図形の面積は何cm²ですか。 〔1問　12点〕

①

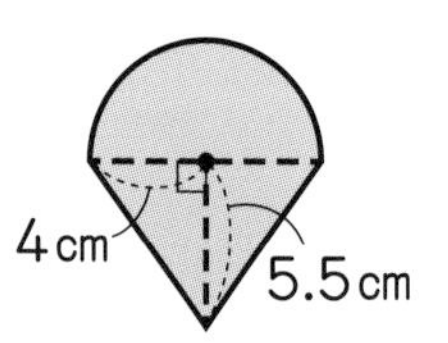

式

答え（　　　　）

②

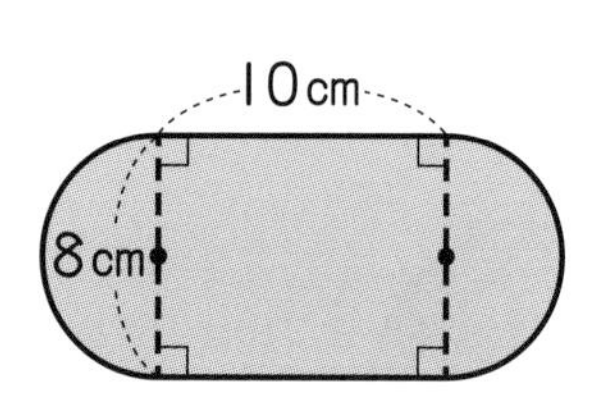

式

答え（　　　　）

③

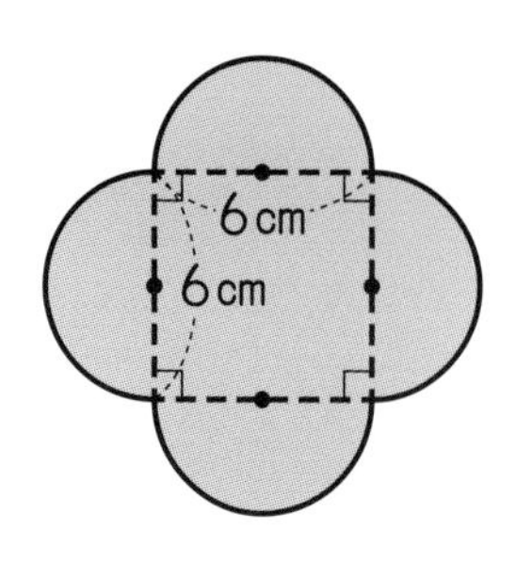

式

答え（　　　　）

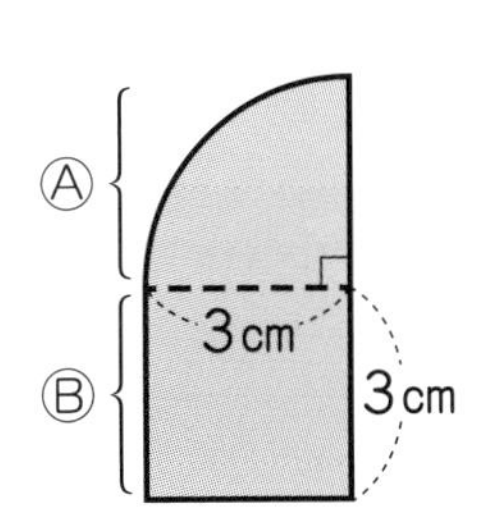

（Ⓐ…半径3cmの円の$\frac{1}{4}$の面積）
＋（Ⓑ…1辺が3cmの正方形の面積）が，
全体の面積です。

3×3×3.14÷4＝7.065……Ⓐの面積

3×3＝9………………………Ⓑの面積

7.065＋9＝16.065　　　　<u>16.065cm²</u>

2

次のような図形の面積は何cm²ですか。　〔1問　16点〕

①

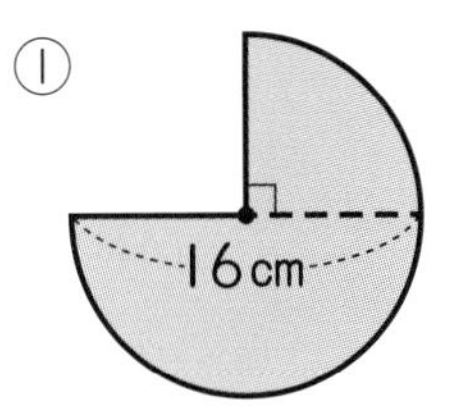

式

答え（　　　　）

②

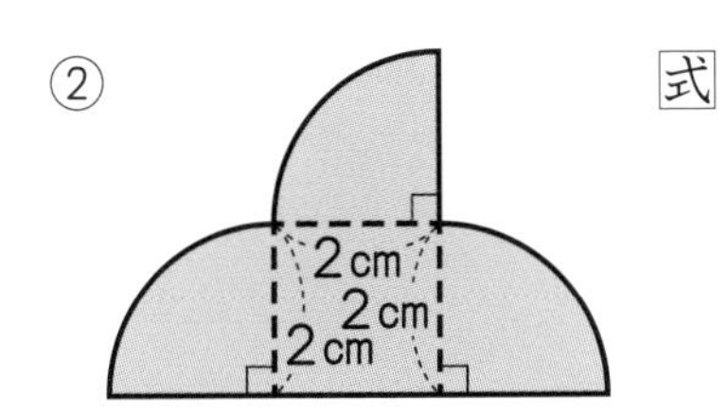

式

答え（　　　　）

③

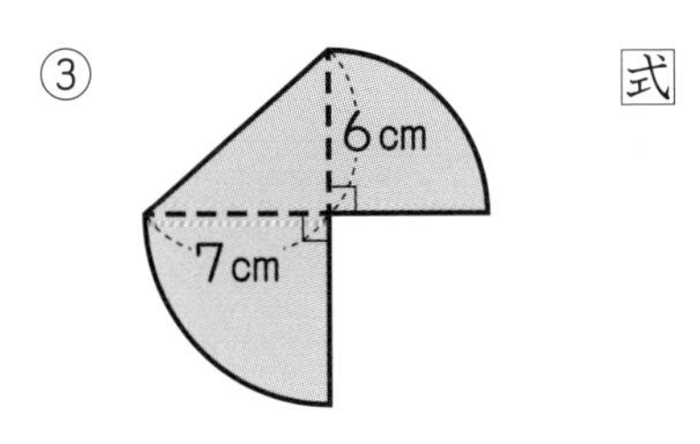

式

答え（　　　　）

④

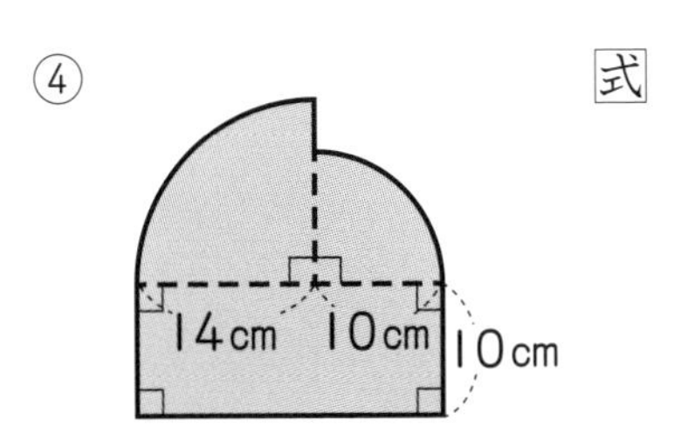

式

答え（　　　　）

14 円⑤ 円の面積⑤

答え➡別冊6ページ

例

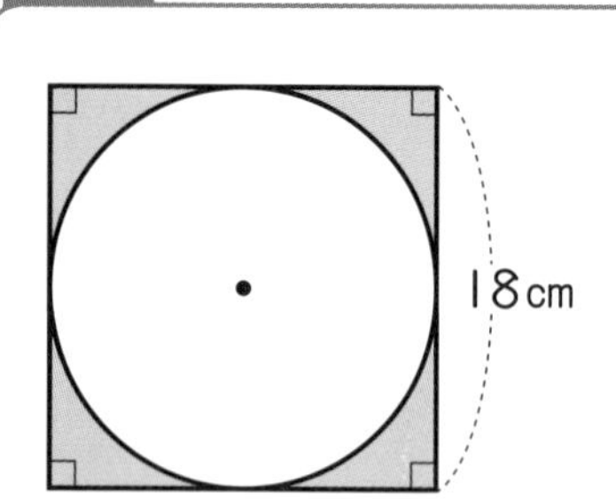

〈　　の部分の面積〉

18×18＝324

18÷2＝9

9×9×3.14＝254.34

324－254.34＝69.66

69.66cm²

1

次の図の　　の部分の面積は何cm²ですか。〔1問　10点〕

①

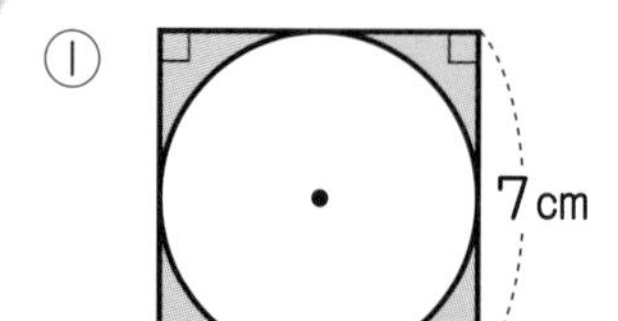

式

答え（　　　　）

②

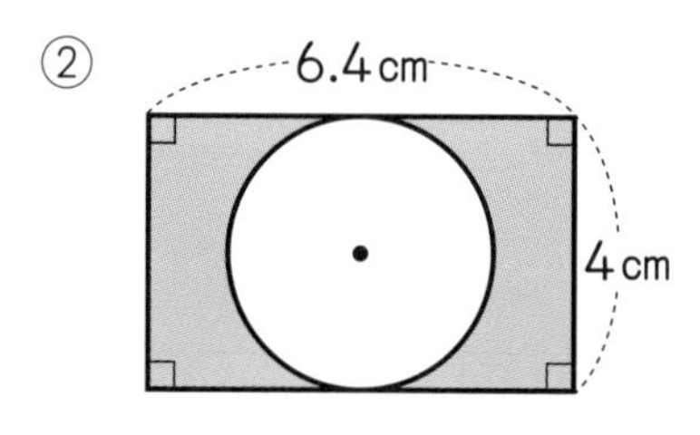

式

答え（　　　　）

③

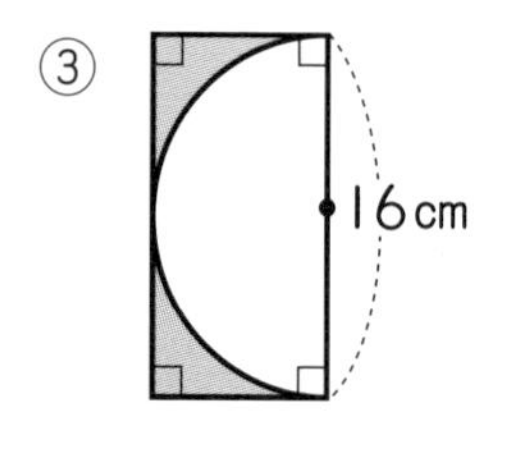

式

答え（　　　　）

④

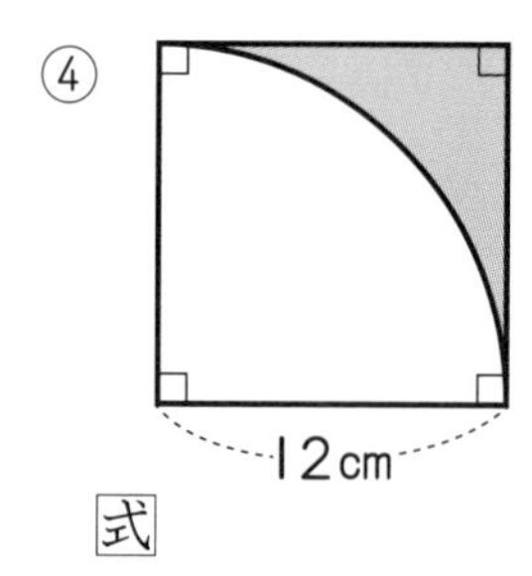

式

答え（　　　　）

次の図の▭の部分の面積は何cm²ですか。 〔1問　10点〕

①

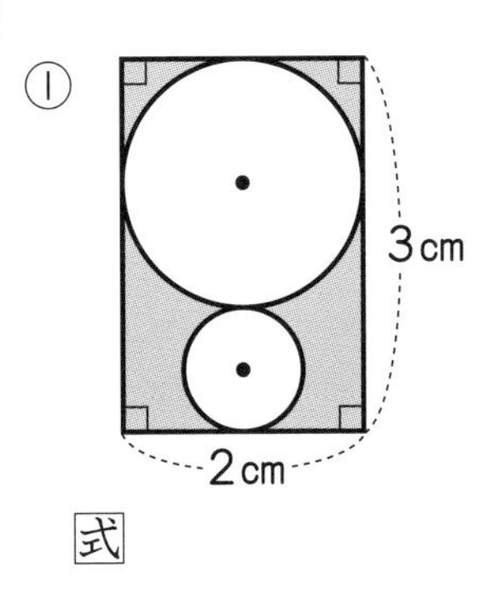

式

答え（　　　　　）

②

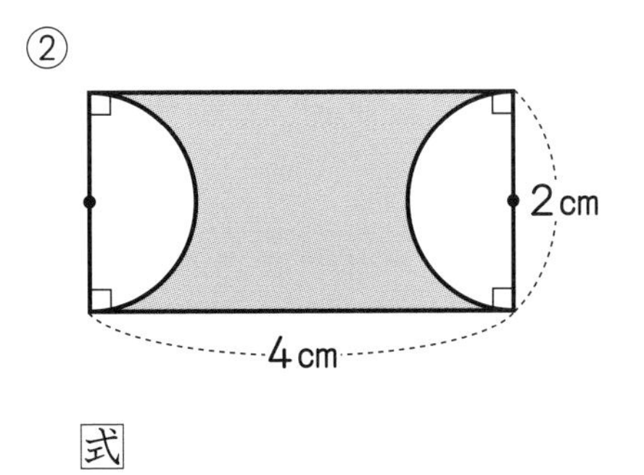

式

答え（　　　　　）

③

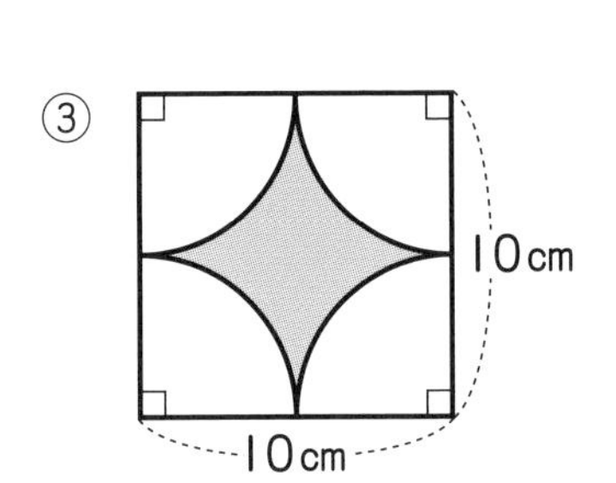

式

答え（　　　　　）

④

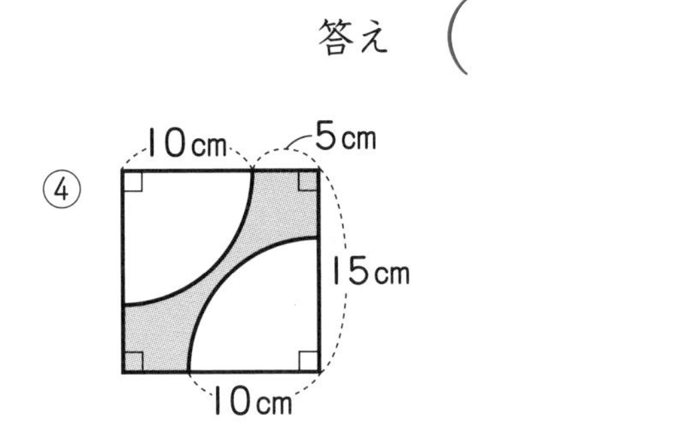

式

答え（　　　　　）

⑤

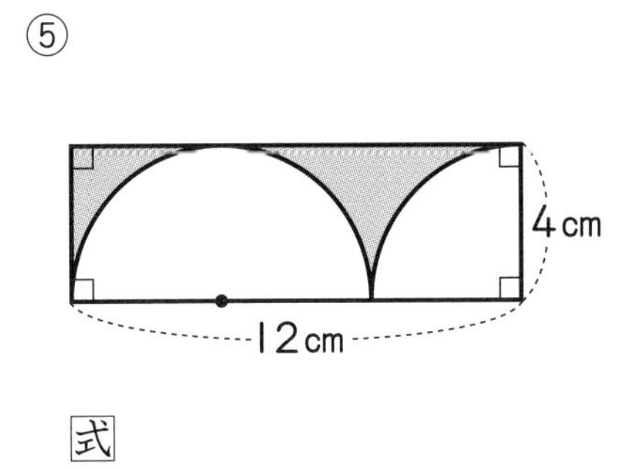

式

答え（　　　　　）

⑥

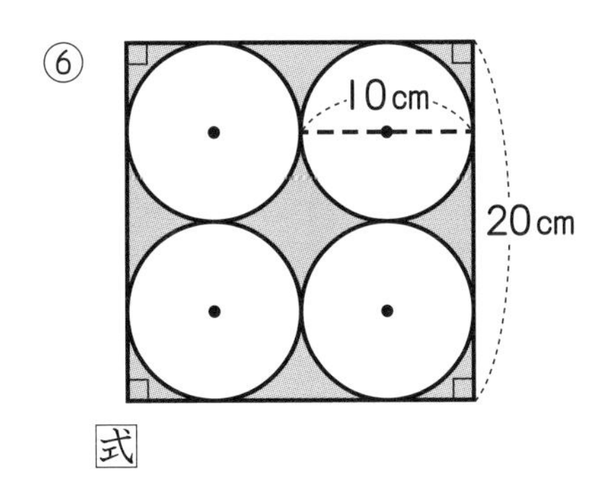

式

答え（　　　　　）

15 円⑥ 円の面積⑥

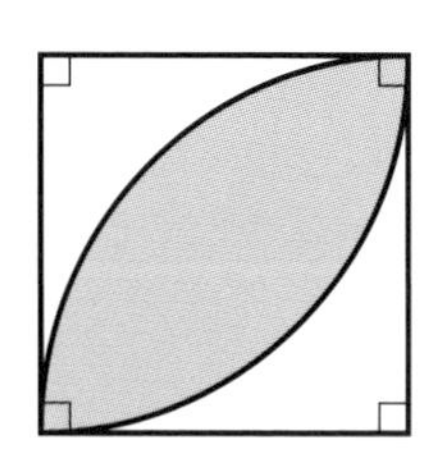

〈　の部分の面積の求め方〉

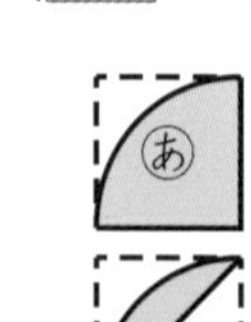

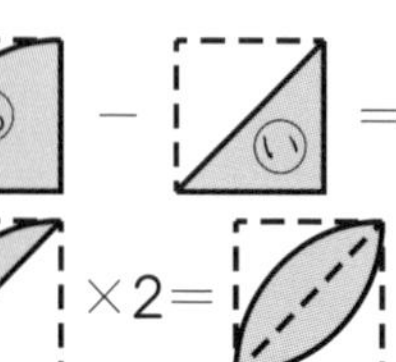

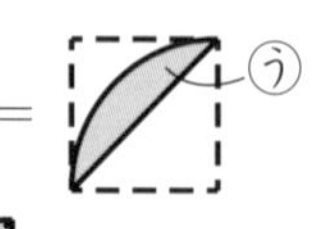

ほかにも，いろいろな
求め方があります。

例

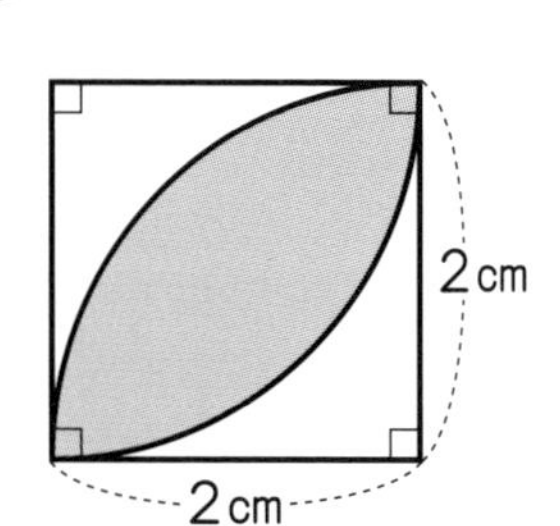

〈　の部分の面積〉

$2\times2\times3.14\div4-2\times2\div2=1.14$

$1.14\times2=2.28$

2.28cm²

1

次の図のの部分の面積は何cm²ですか。　〔1問　16点〕

①

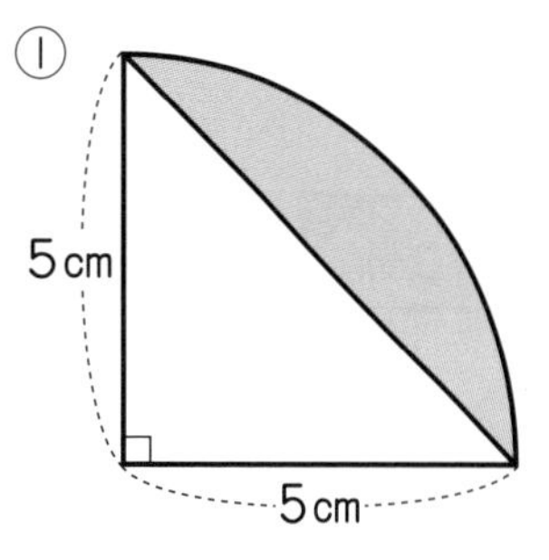

式

答え（　　　　）

②

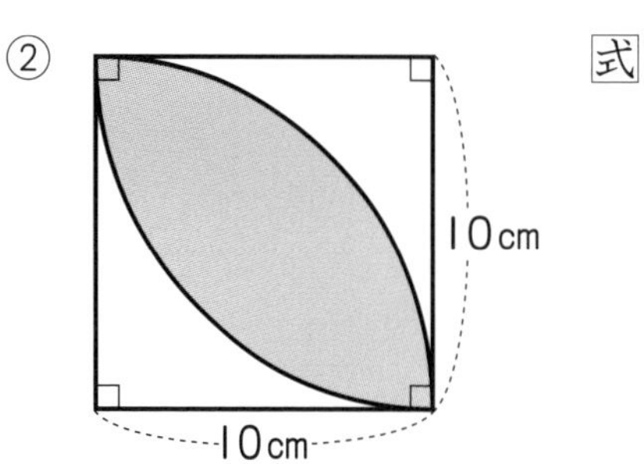

式

答え（　　　　）

次の図の　　の部分の面積は何cm²ですか。　〔1問　17点〕

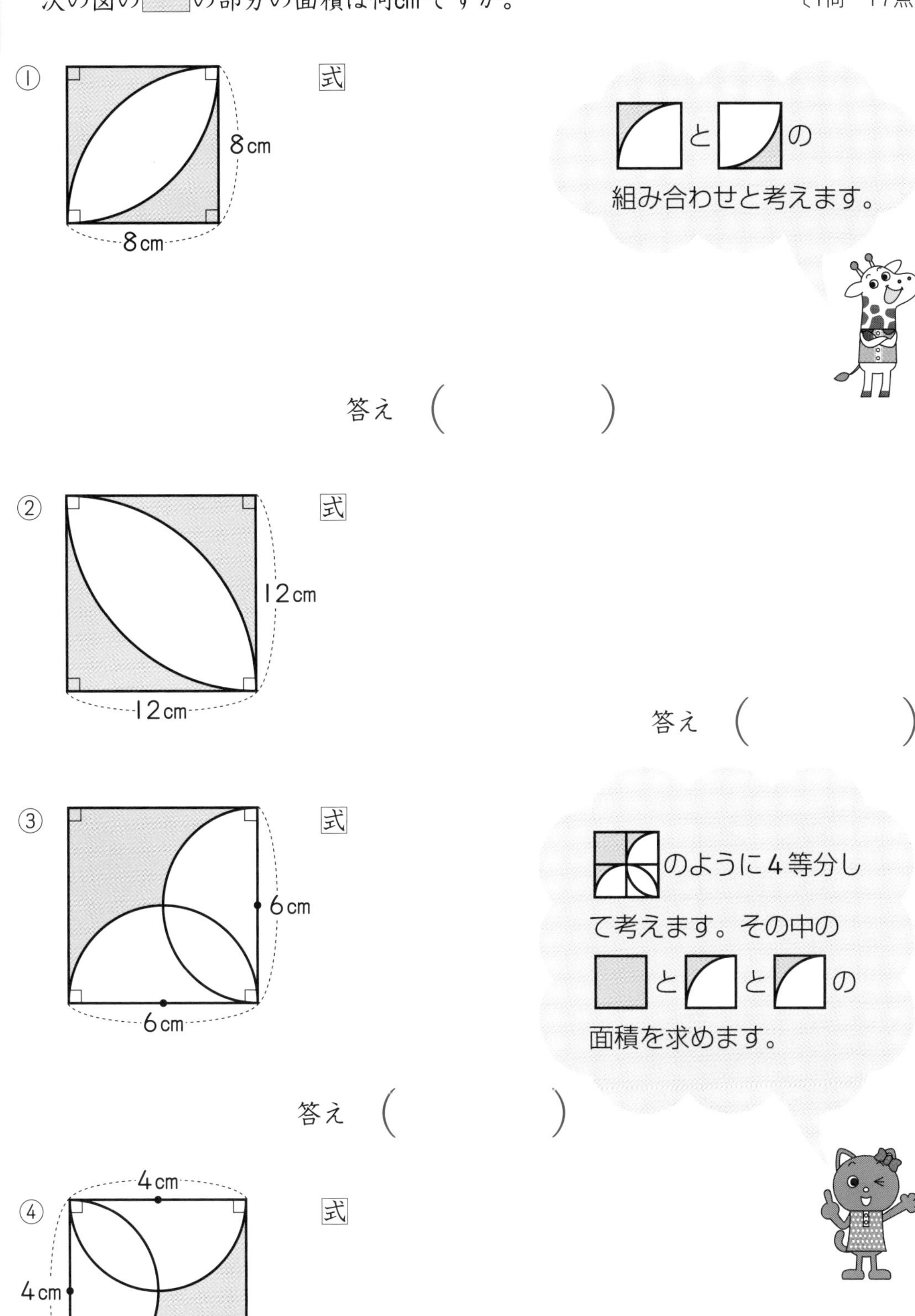

16 円⑦

円の面積⑦

答え➡別冊（べっさつ）7ページ

ポイント

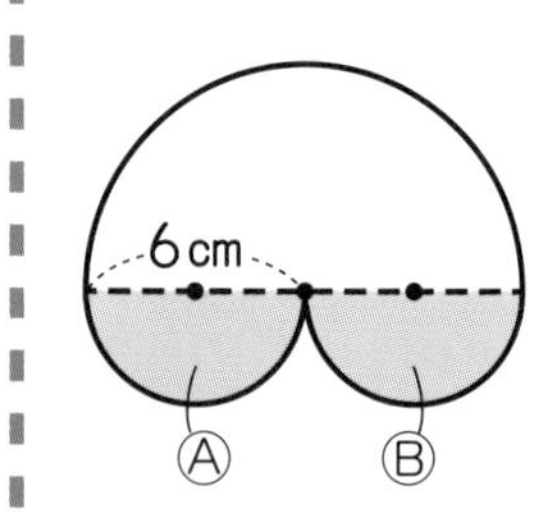

左の図で，直径6cmの半円であるⒶとⒷの面積をあわせると，直径6cmの円と同じ面積になります。

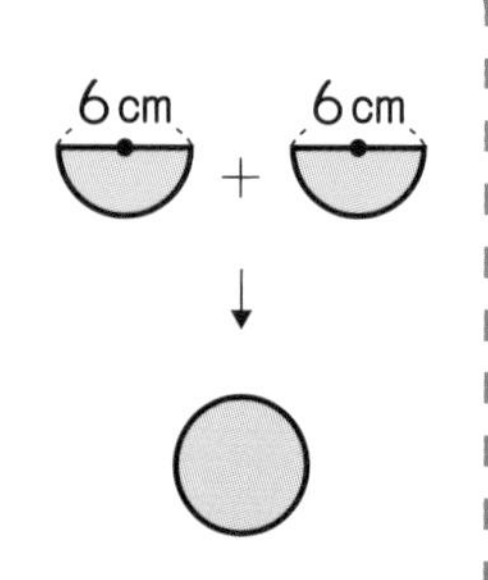

1

の部分の面積をくふうして求めましょう。〔1問　10点〕

①

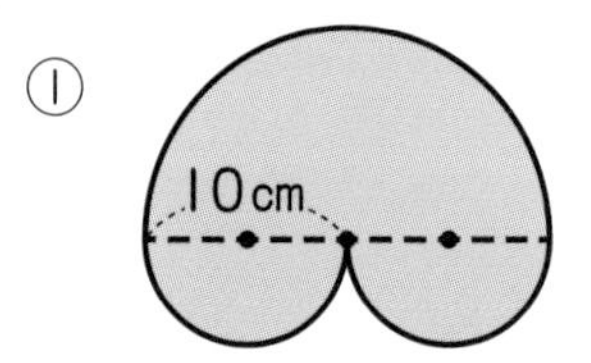

式

答え（　　　　）

②

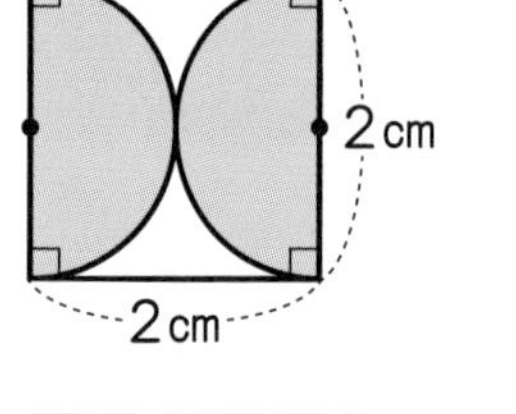

式

答え（　　　　）

☆③

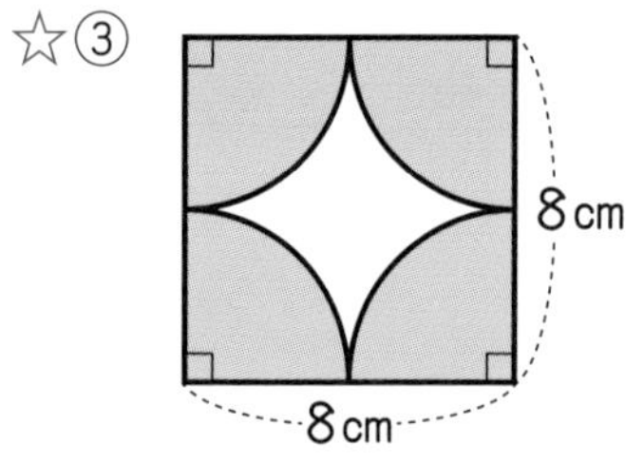

式

答え（　　　　）

☆④

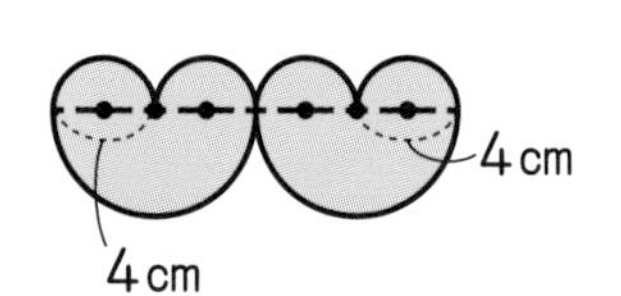

式

答え（　　　　）

の部分の面積をくふうして求めましょう。　〔1問　10点〕

①

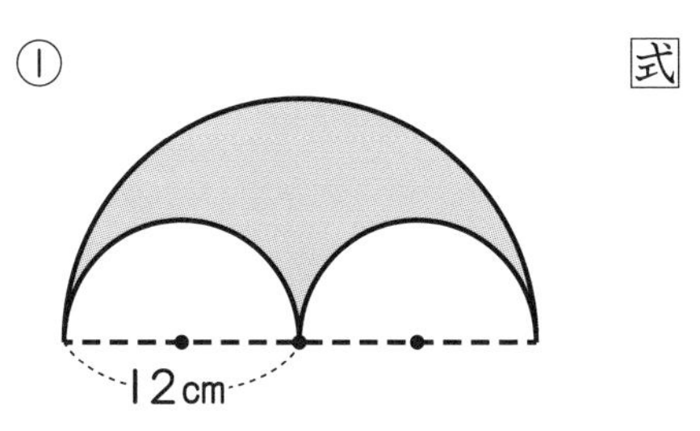

式

答え（　　　　）

②

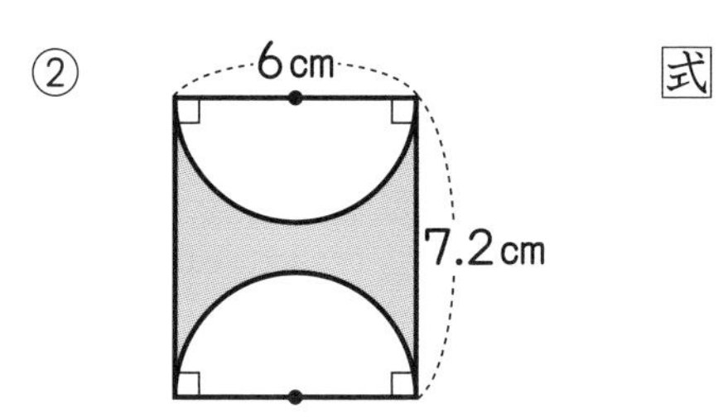

式

答え（　　　　）

③

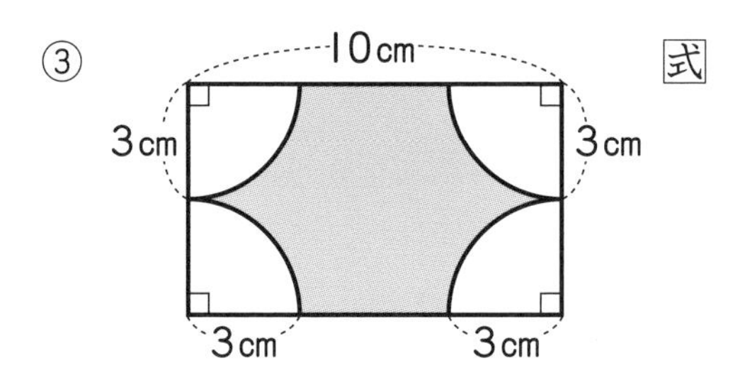

式

答え（　　　　）

④

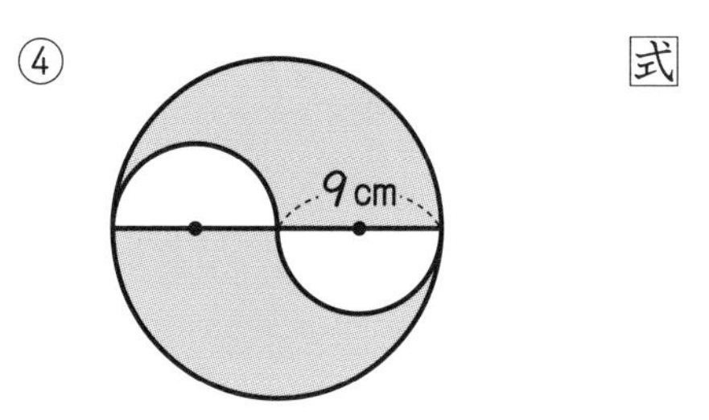

式

答え（　　　　）

⑤

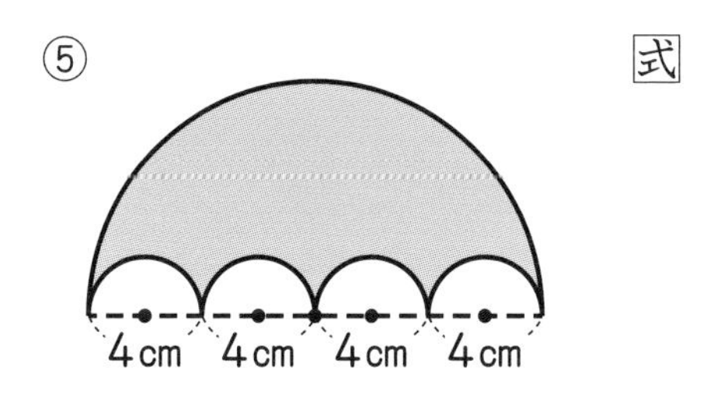

式

答え（　　　　）

⑥

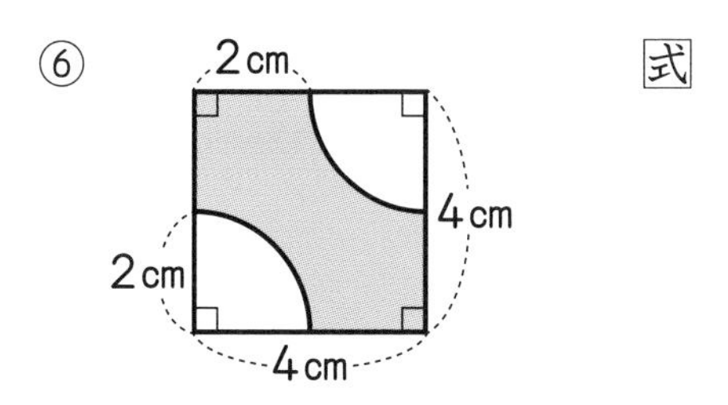

式

答え（　　　　）

17 円⑧ 円の面積⑧

答え➡別冊7ページ

ポイント

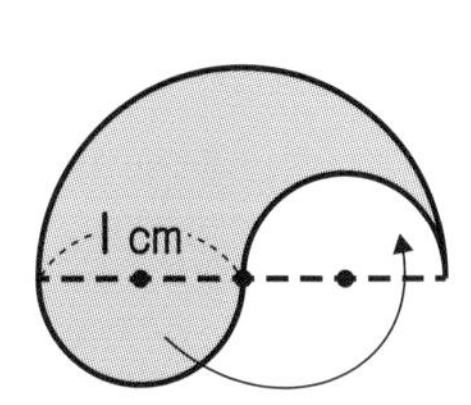

左の図のような形の面積は，
直径1cmの半円を移すことで
計算しやすくなります。

1

□の部分の面積をくふうして求めましょう。 〔1問 10点〕

①

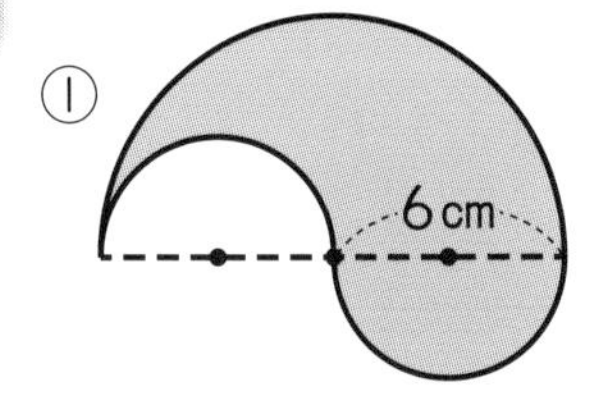

式

答え（　　　　）

②

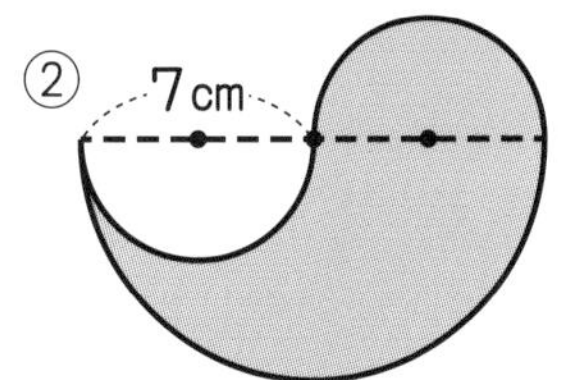

式

答え（　　　　）

③

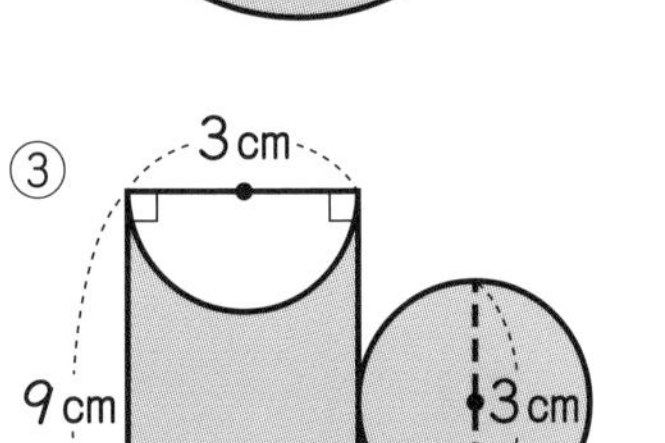
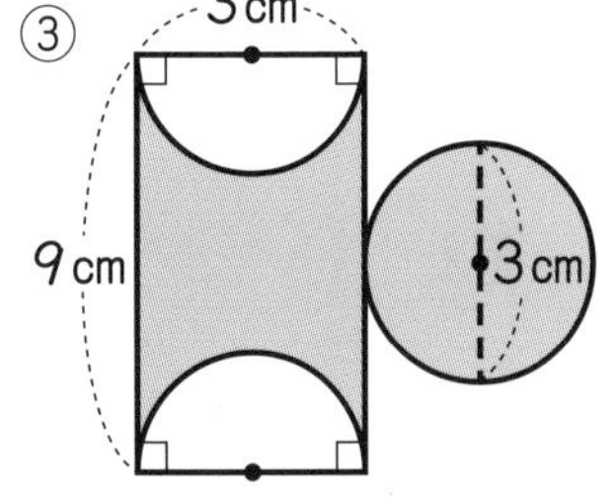

式

答え（　　　　）

④

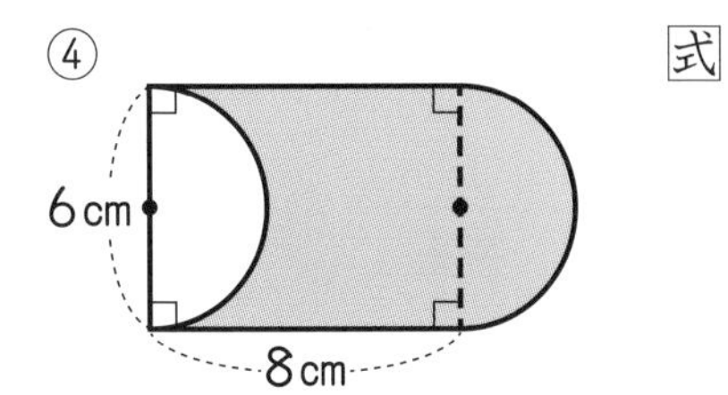

式

答え（　　　　）

の部分の面積をくふうして求めましょう。　〔1問　10点〕

①
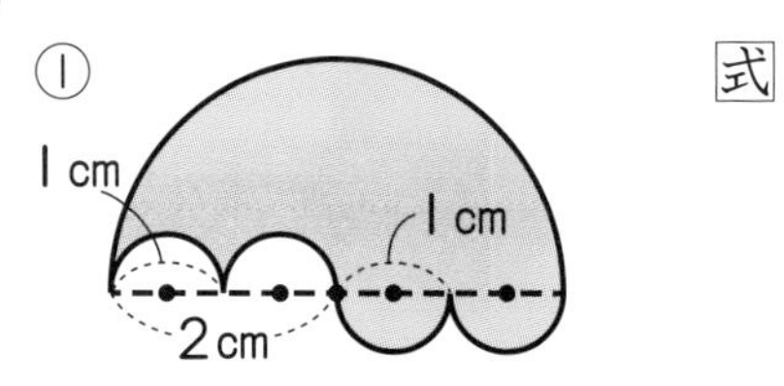

式

答え（　　　　　）

②
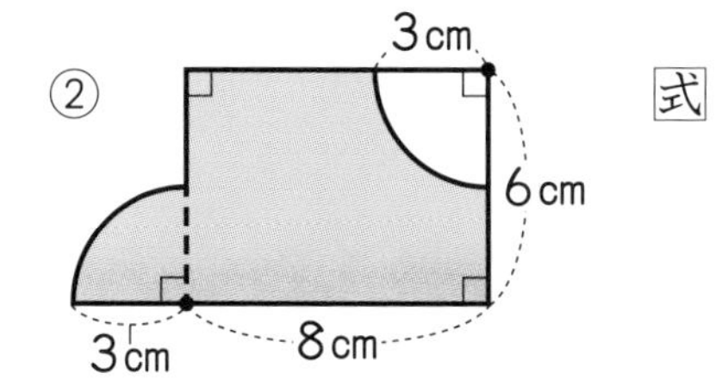

式

答え（　　　　　）

③
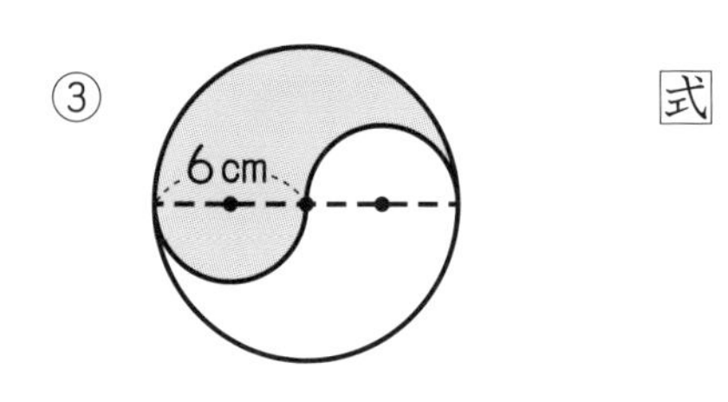

式

答え（　　　　　）

④
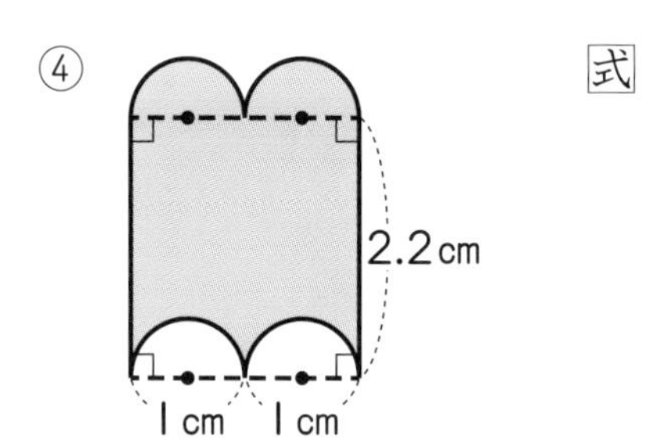

式

答え（　　　　　）

⑤
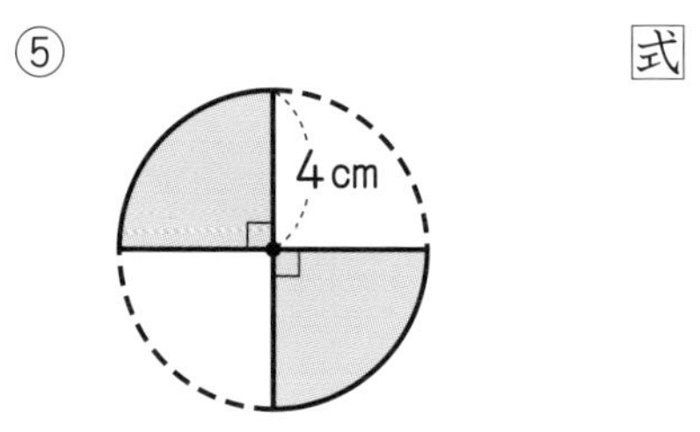

式

答え（　　　　　）

⑥
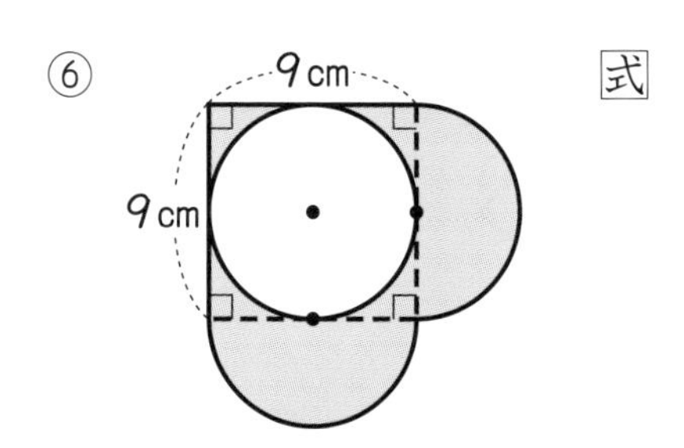

式

答え（　　　　　）

18 円⑨ まとめ

答え➡別冊8ページ

1 次のような図形の面積は何cm²ですか。 〔1問 7点〕

① 式

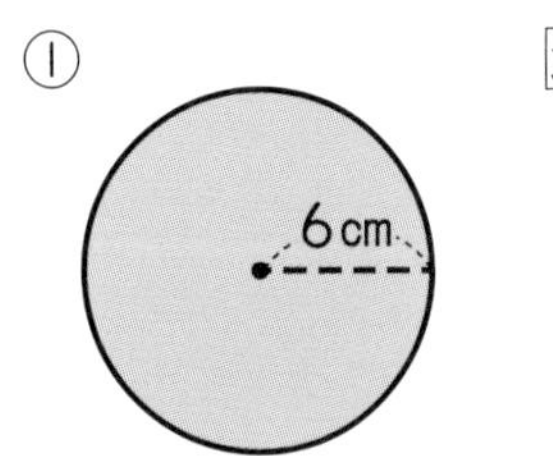

答え（　　　　）

② 式

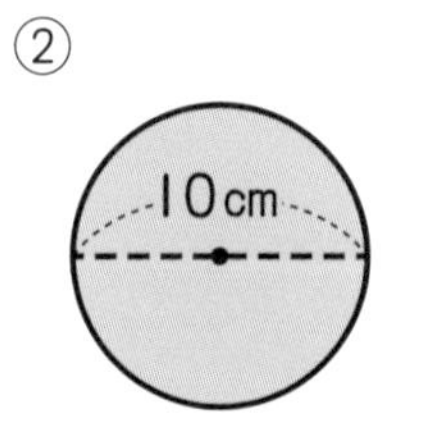

答え（　　　　）

③ 式

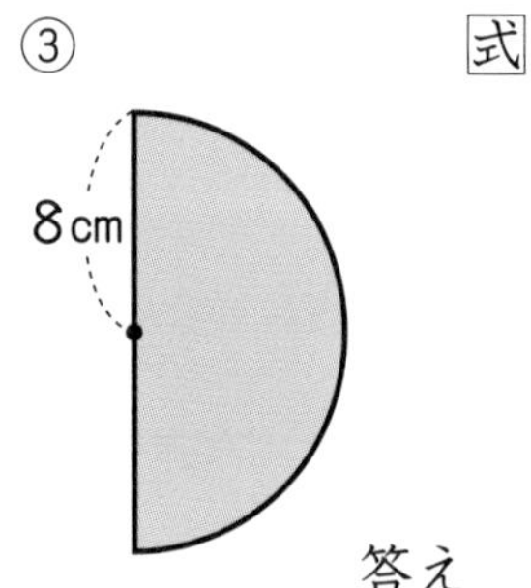

答え（　　　　）

④ 式

14cm

答え（　　　　）

⑤ 式

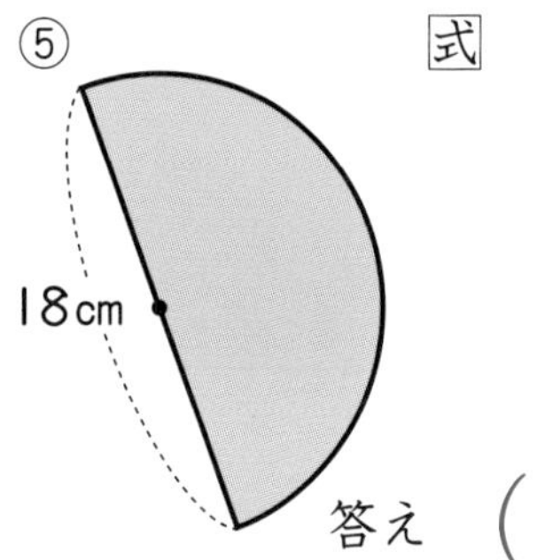

答え（　　　　）

⑥ 式

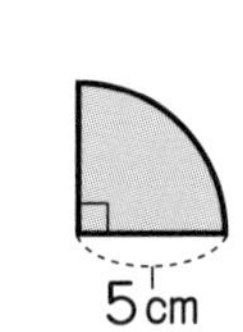

答え（　　　　）

⑦ 式

12cm

答え（　　　　）

⑧ 式

6cm

答え（　　　　）

2 次の図の□の部分の面積は何cm²ですか。 〔1問 9点〕

① 式

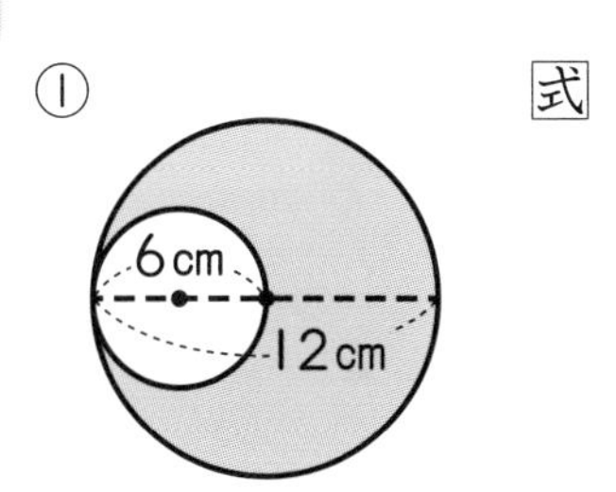

答え（　　　　）

② 式

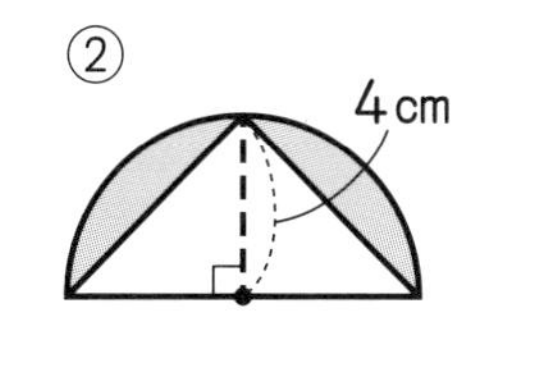

答え（　　　　）

③ 式

16cm

答え（　　　　）

④ 式

10cm

10cm

答え（　　　　）

3 次の図の□の部分の面積をくふうして求めましょう。 〔8点〕

式

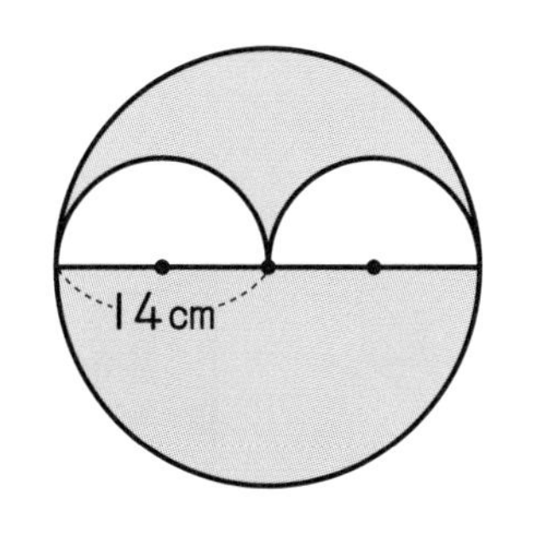

答え（　　　　）

体積①

底面と底面積

答え➡別冊8ページ

ポイント

角柱や円柱で，向かい合った2つの面を**底面**（ていめん）といいます。

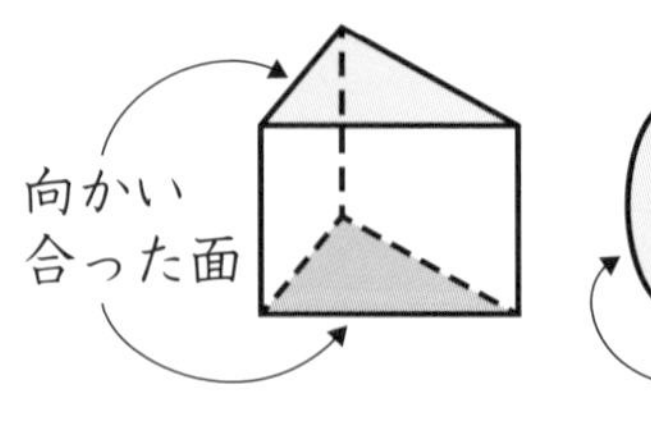

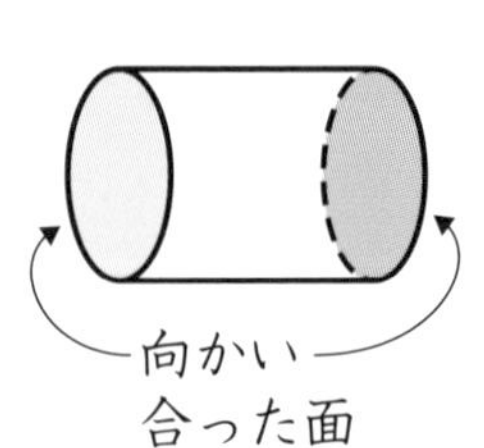

おぼえよう

角柱，円柱の底面の面積を**底面積**（ていめんせき）といいます。

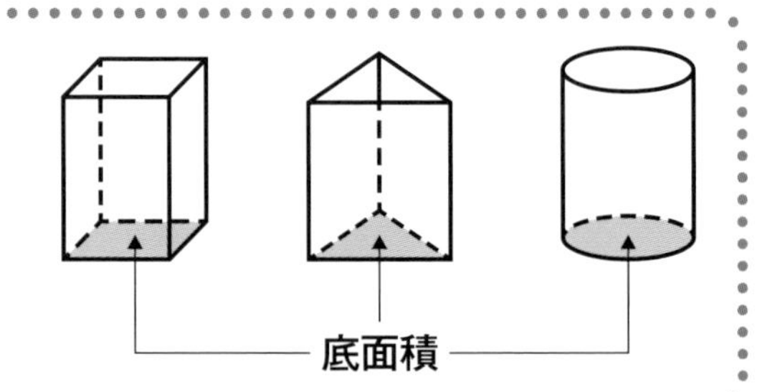

下の図の中で，色をぬった部分が底面を表しているものをすべて選んで，㋐～㋕の記号で答えましょう。〔10点〕

㋐ 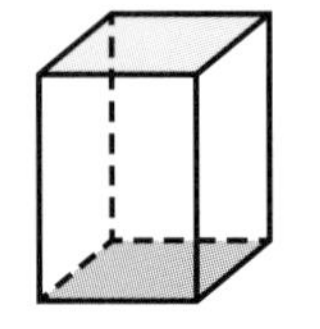

㋑ 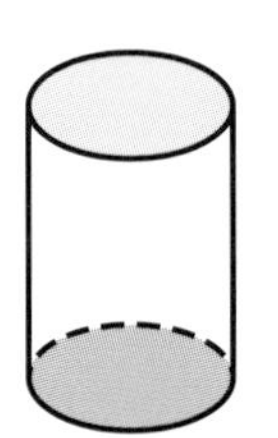

㋒ 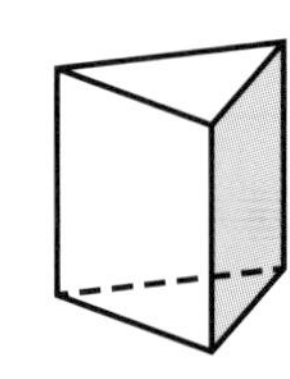

㋓ 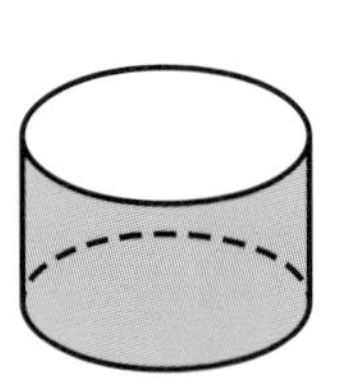

㋔ 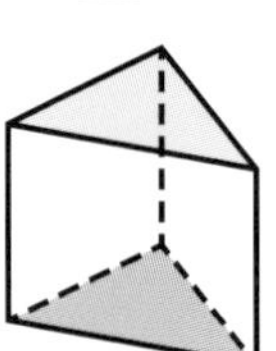

㋕ 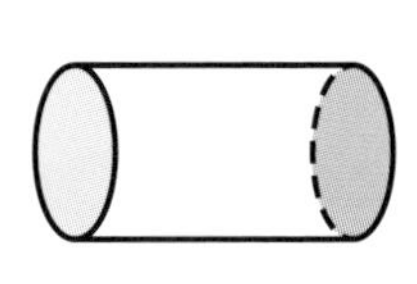

（　　　　　　　　　　　　）

角柱のまわりの長方形の面，円柱の平らでない面を側面といったね。

下の角柱や円柱の底面積を求めましょう。　〔1問　10点〕

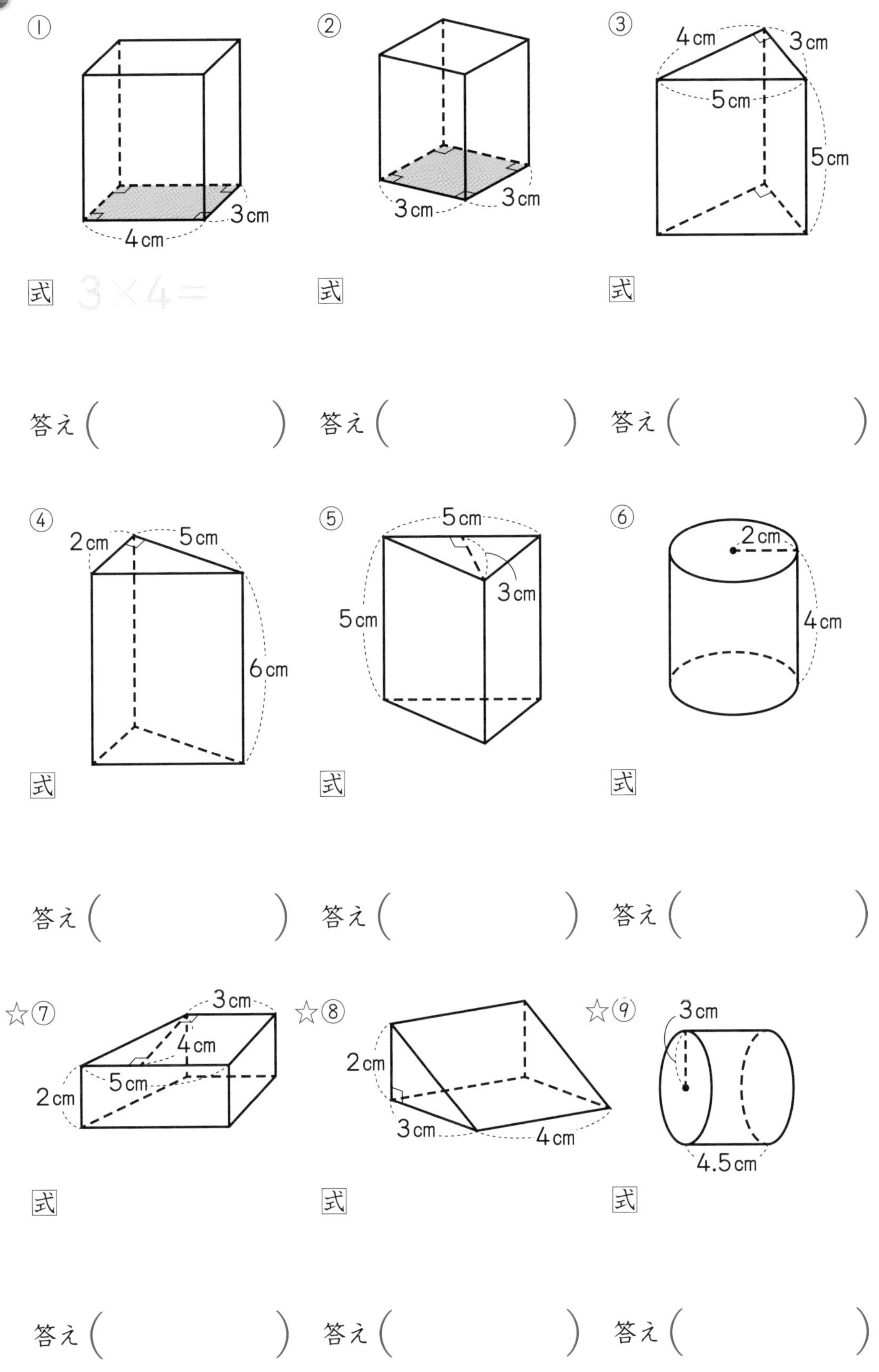

20

体積②

角柱の体積①

答え➡別冊8ページ

おぼえよう

角柱の体積＝底面積×高さ

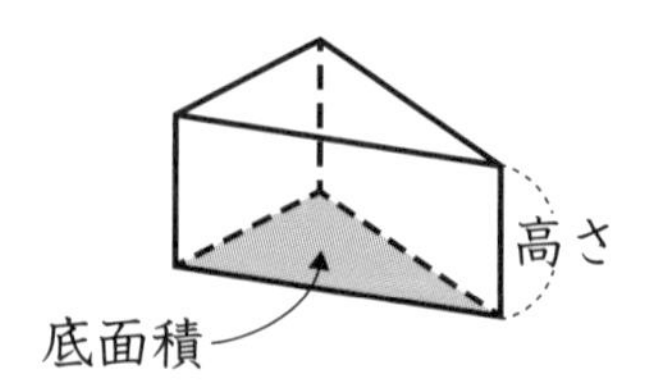

例

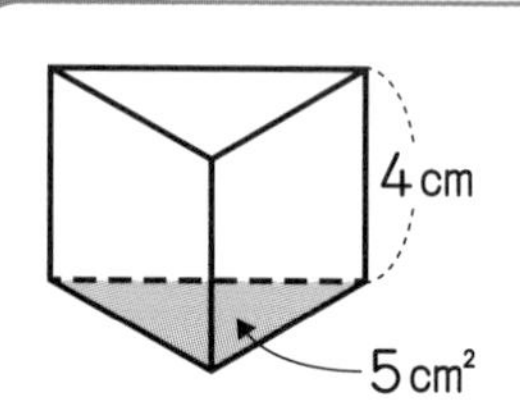

〈左の角柱の体積〉

5×4＝20

20cm³

1 下の図のような角柱の体積を求めましょう。〔1問　9点〕

①

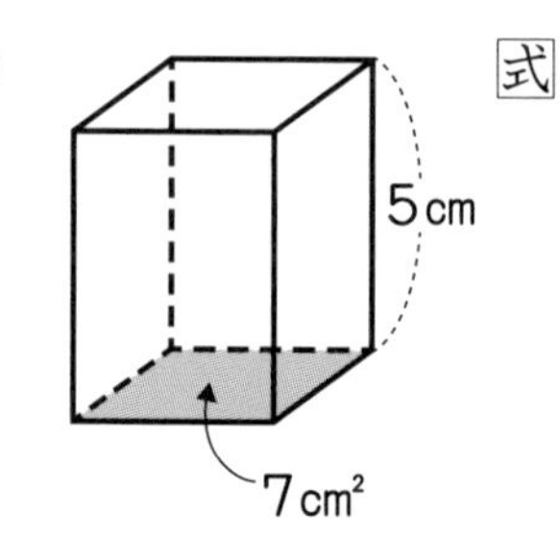

式

答え（　　　　　）

②

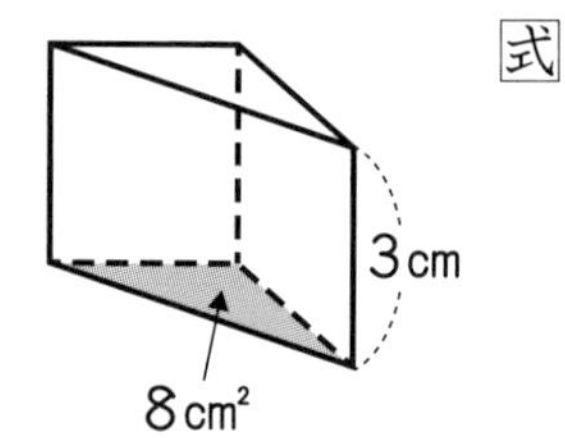

式

答え（　　　　　）

③

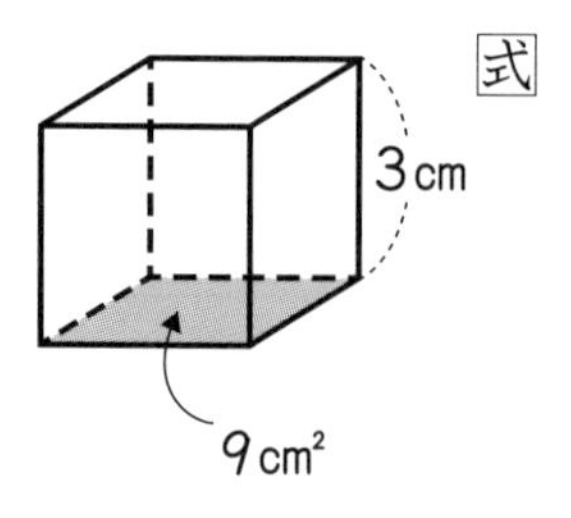

式

答え（　　　　　）

④

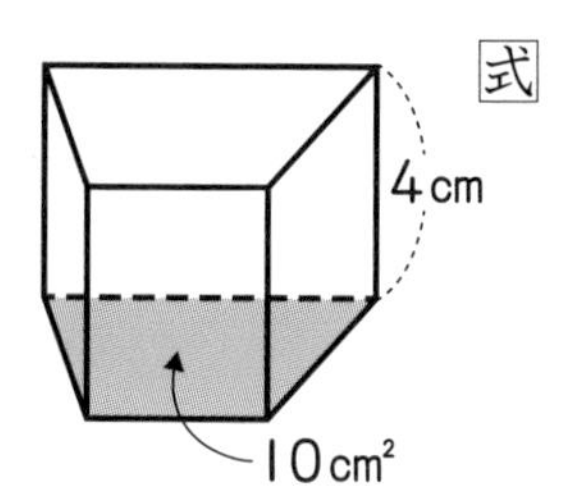

式

答え（　　　　　）

下の図のような角柱の体積を求めましょう。 〔1問　8点〕

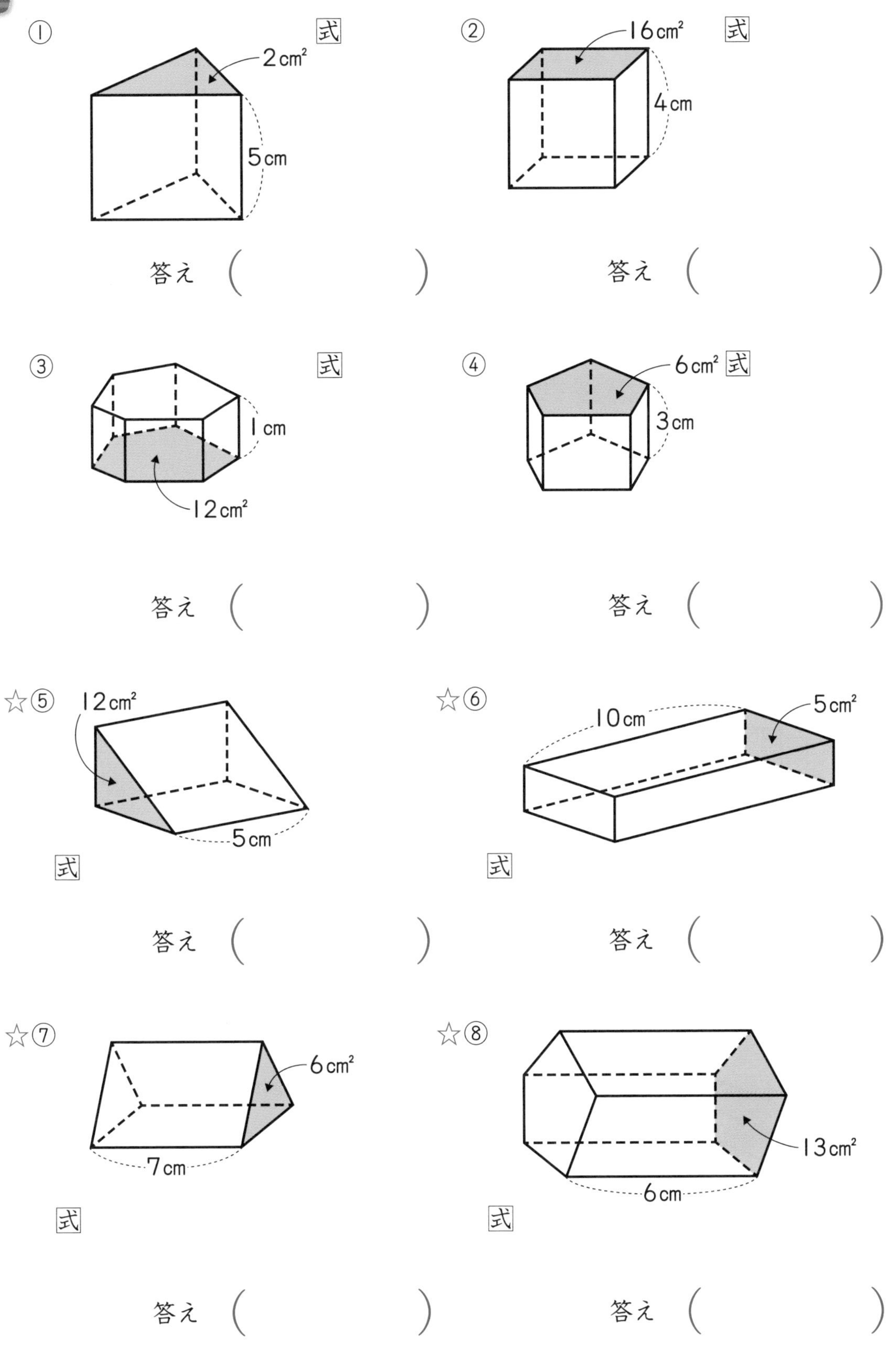

21 体積③ 角柱の体積②

答え➡別冊9ページ

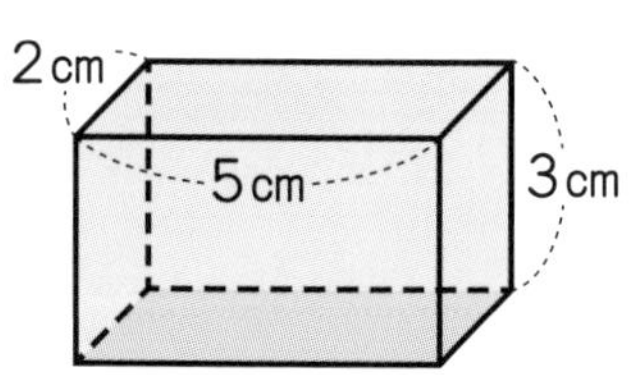

$\underline{2\times5}\times3$
$=30$

$\underline{30\text{cm}^3}$

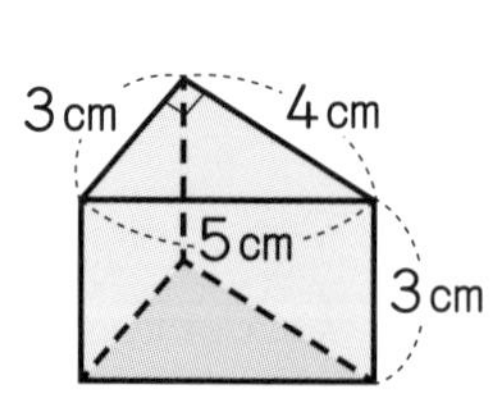

$\underline{3\times4\div2}\times3$
$=6\times3$
$=18$

$\underline{18\text{cm}^3}$

角柱の体積を求める式を見てみよう。
四角柱の体積を求める式の，2×5
三角柱の体積を求める式の，3×4÷2
の部分は，底面積を求めているよ。

1 下の図のような四角柱の体積を求めましょう。 〔1問 9点〕

①

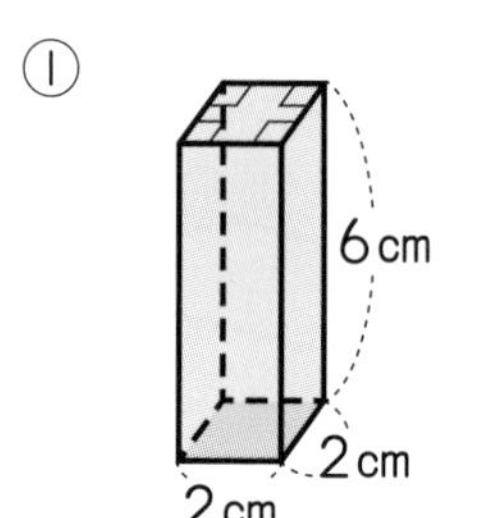

式 2×2×6
=

答え（　　　　）

②

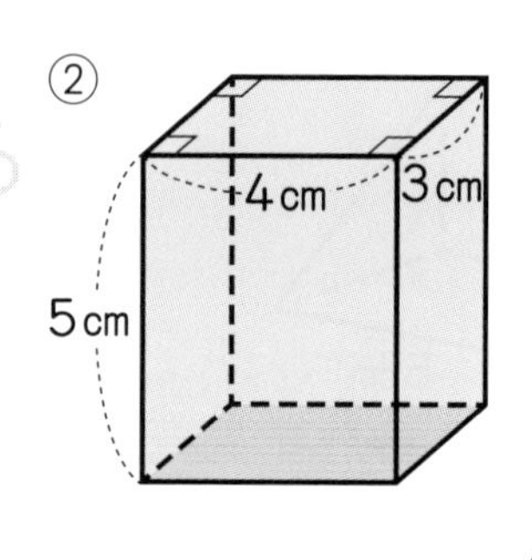

式

答え（　　　　）

③

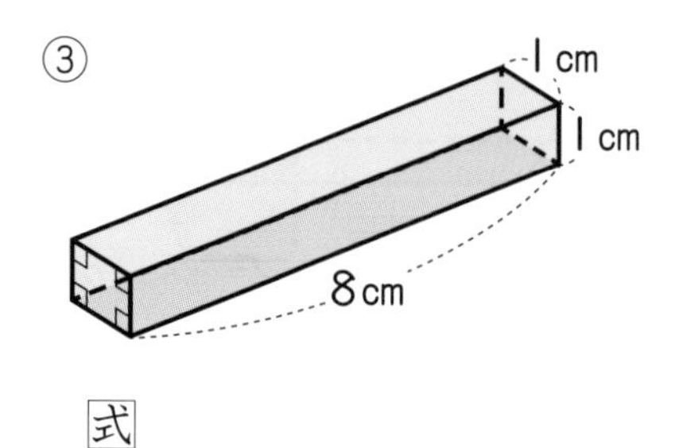

式

答え（　　　　）

④

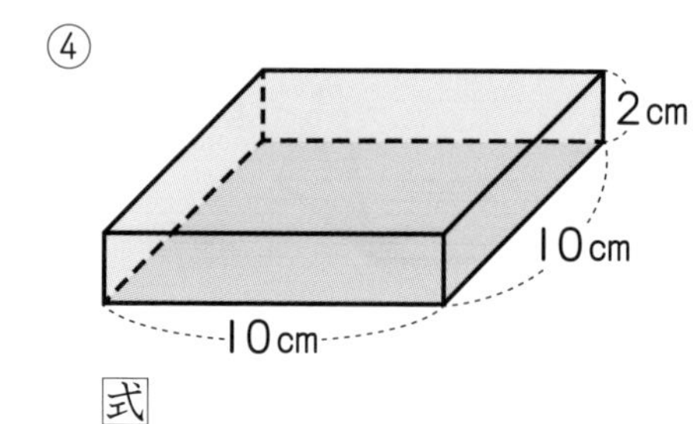

式

答え（　　　　）

下の図のような角柱の体積を求めましょう。　〔1問　8点〕

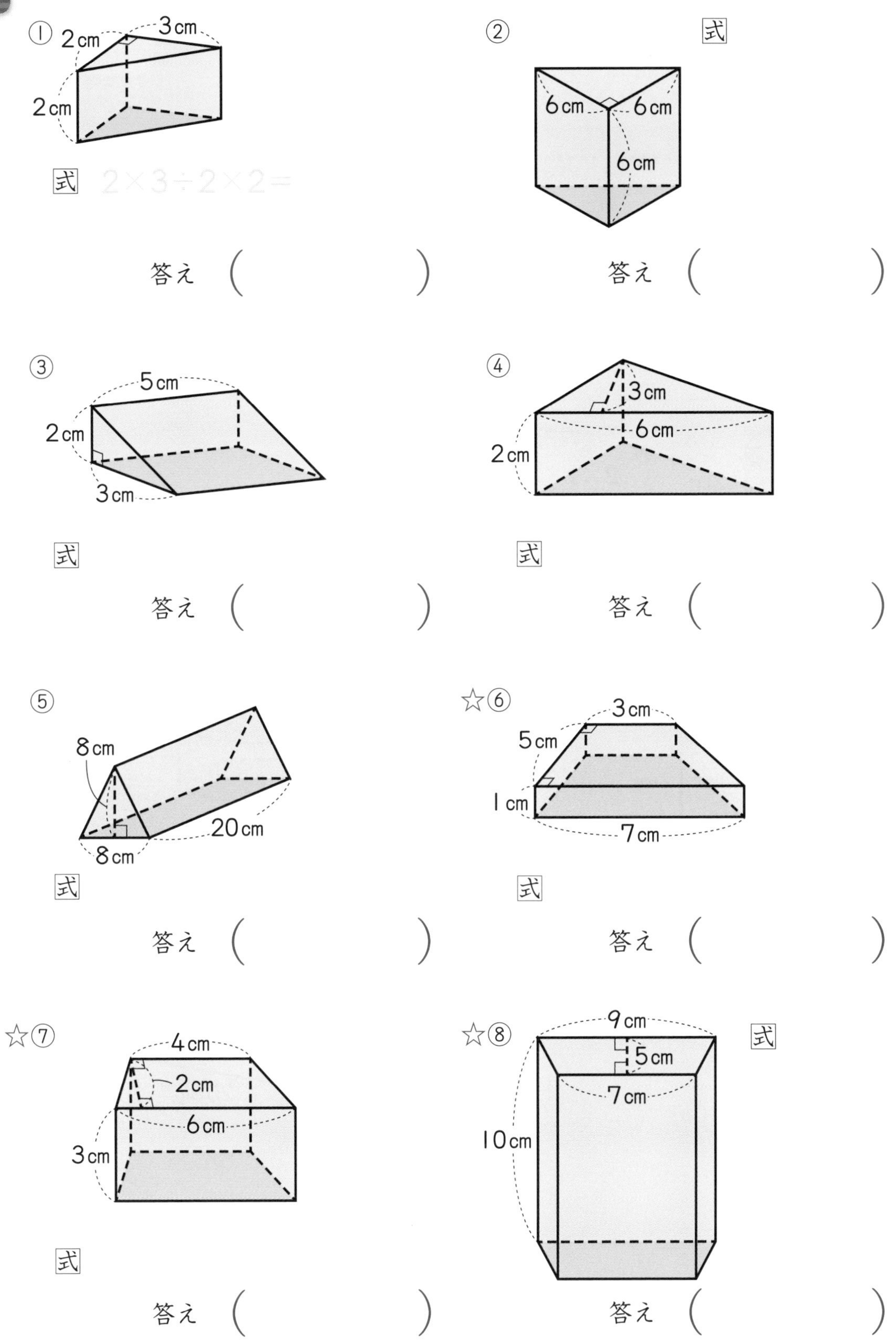

22 体積④ 円柱の体積①

答え➡別冊(べっさつ)9ページ

円柱の体積＝底面積×高さ

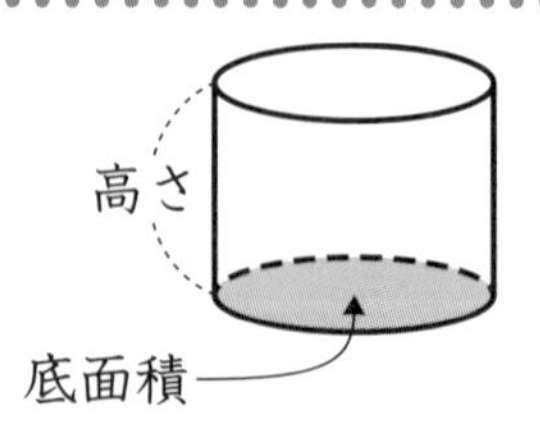

例

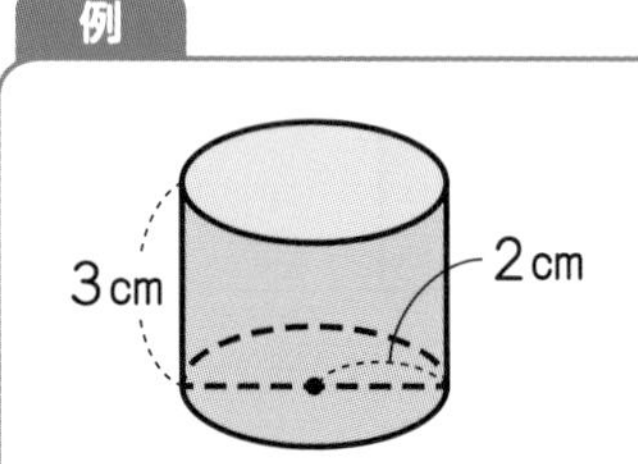

〈左の円柱の体積〉

2×2×3.14×3＝37.68

37.68cm³

1

下の図のような円柱の体積を求めましょう。〔1問　8点〕

①

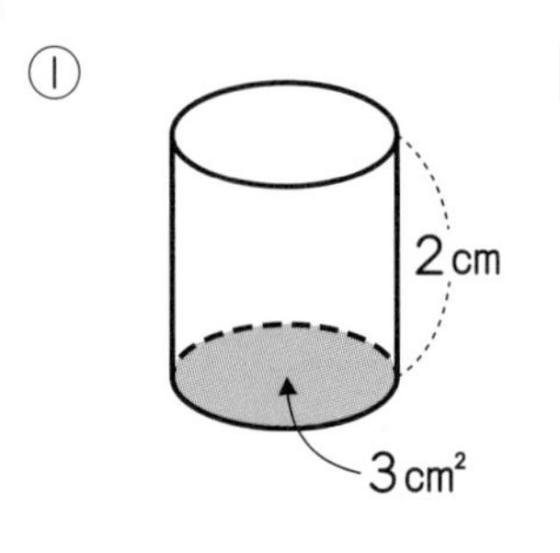

式　3×2

＝

答え（　　　　）

②

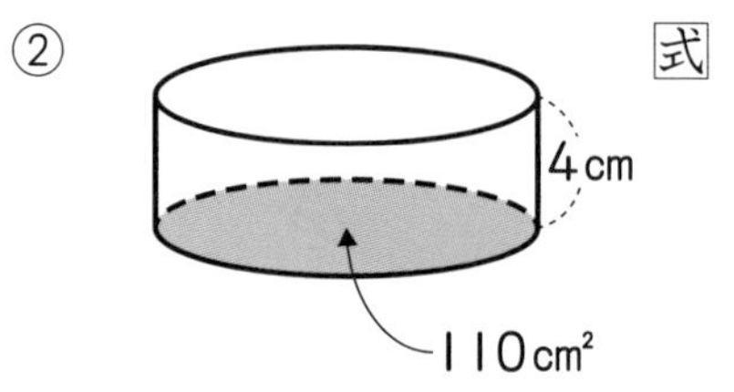

式

答え（　　　　）

③

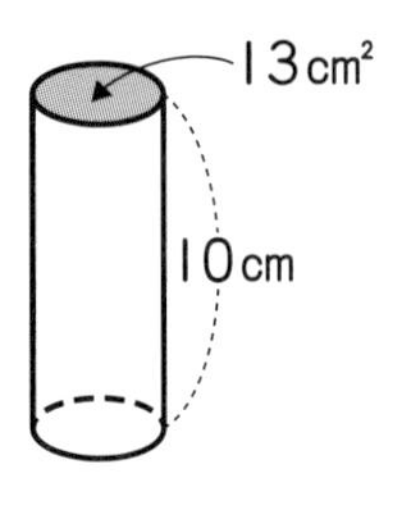

式

答え（　　　　）

④

20cm
4cm²

式

答え（　　　　）

下の図のような円柱の体積を求めましょう。　〔1問　8点〕

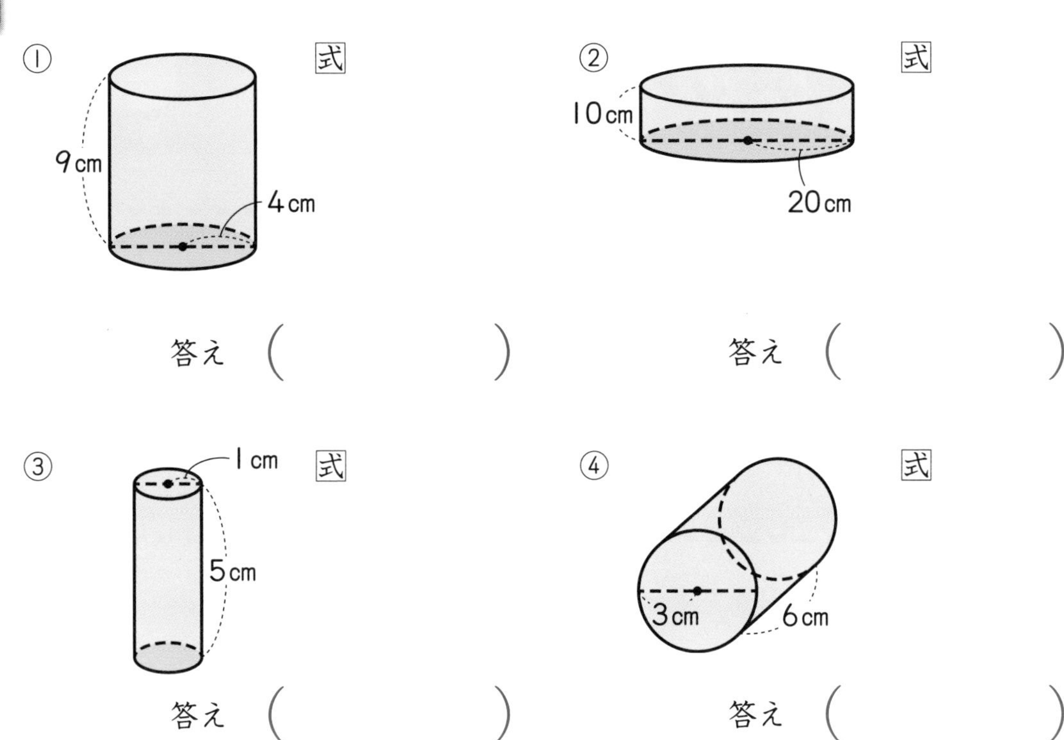

3

下の図のような円柱の体積を求めましょう。　〔1問　12点〕

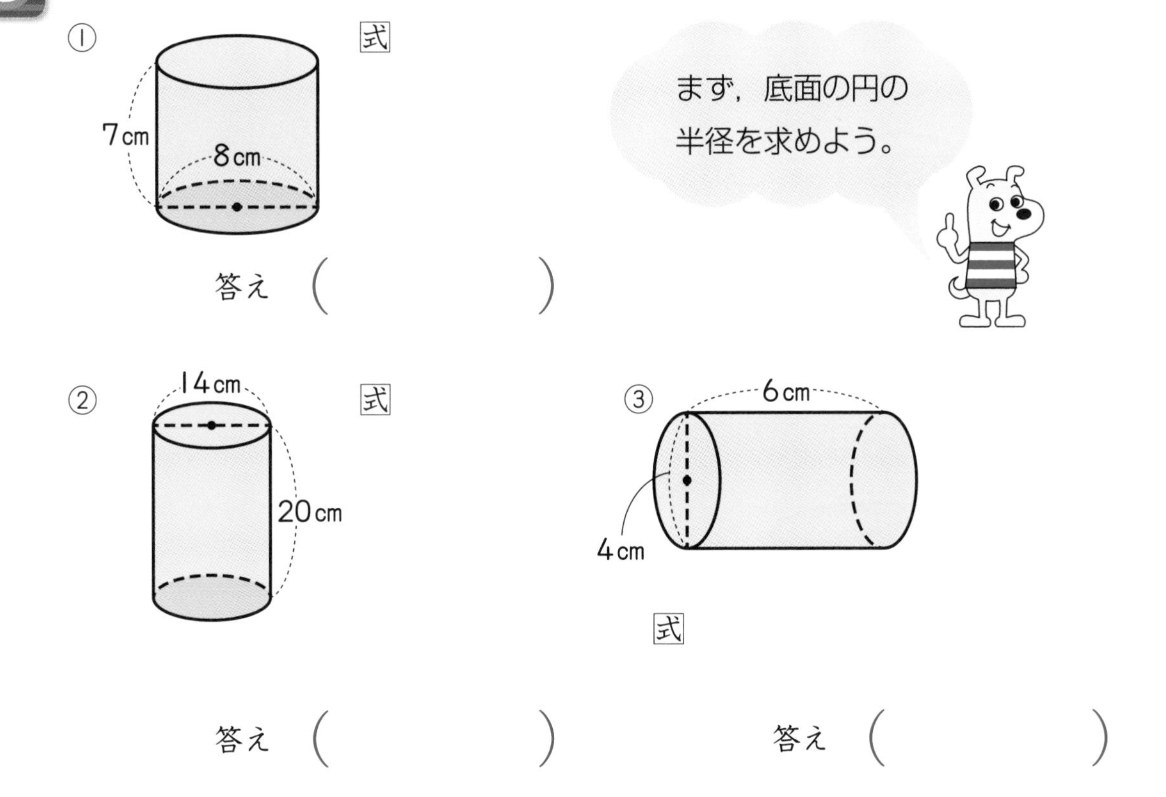

23 体積⑤ 円柱の体積②

答え➡別冊9ページ

ポイント

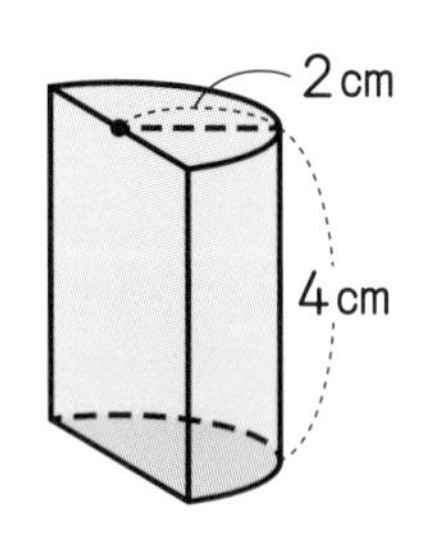

底面が半径2cmの円，高さが4cmの円柱の半分の体積を求めます。

$2 \times 2 \times 3.14 \times 4 = 50.24$

$50.24 \div 2 = 25.12$

$25.12cm^3$

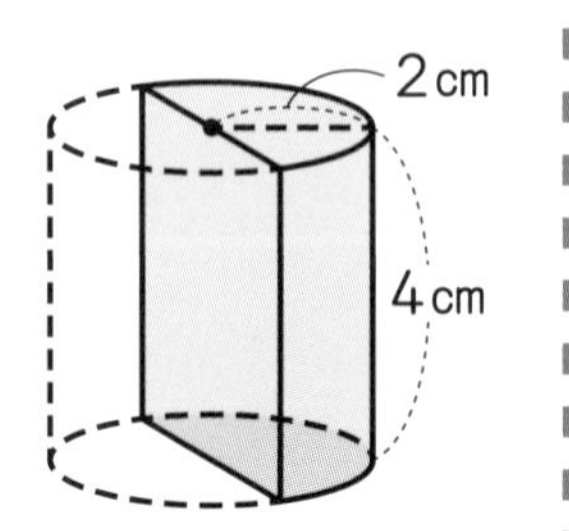

1

下の図のような円柱を半分にした立体の体積を求めましょう。 〔1問 8点〕

①

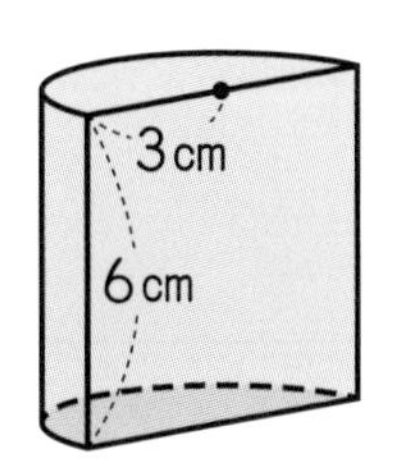

式

答え（ ）

②

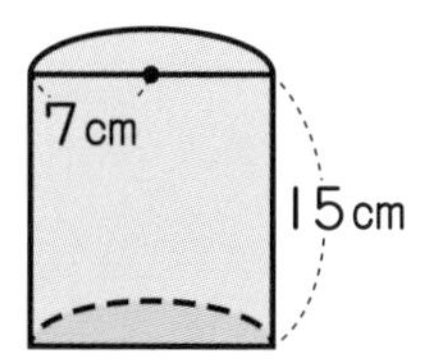

式

答え（ ）

③

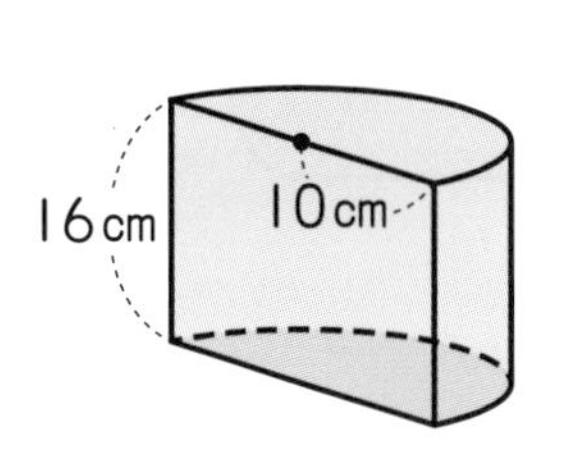

式

答え（ ）

2

下の図のような円柱を半分にした立体の体積を求めましょう。　〔1問　8点〕

①

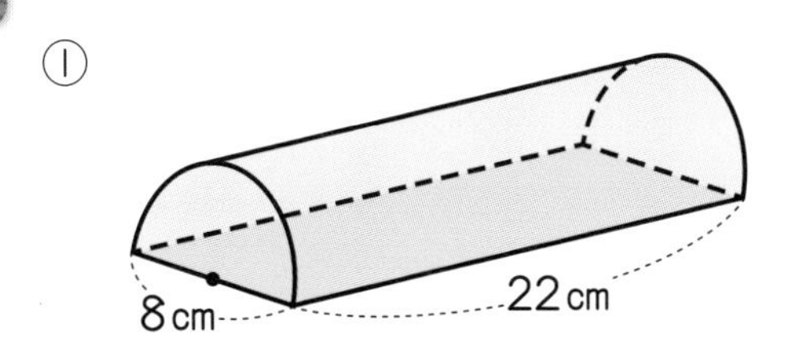

式

答え（　　　　　）

②

14cm
20cm

式

答え（　　　　　）

3

下の図のような立体の体積を求めましょう。　〔1問　15点〕

①

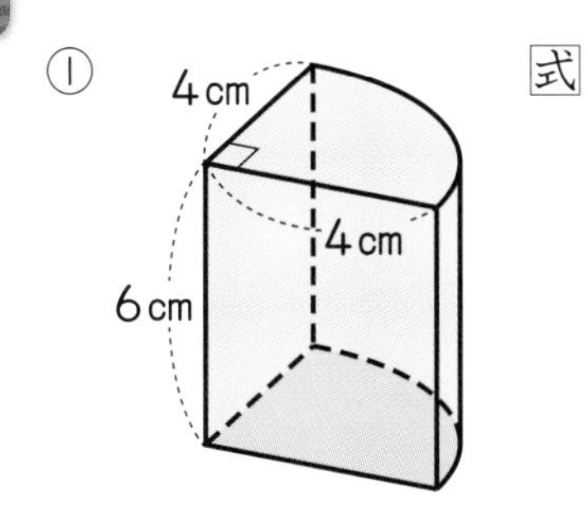

式

答え（　　　　　）

②

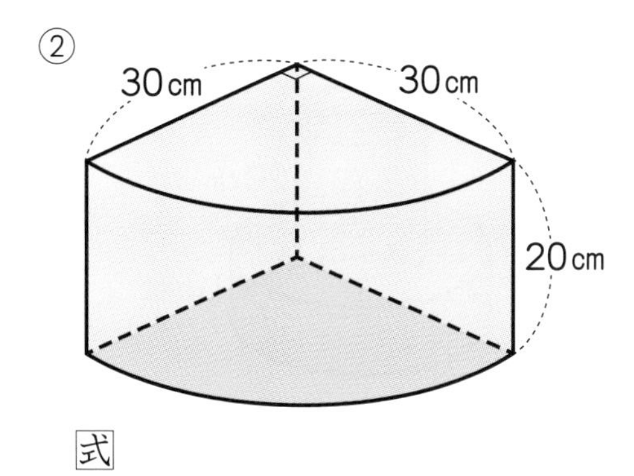

式

答え（　　　　　）

③

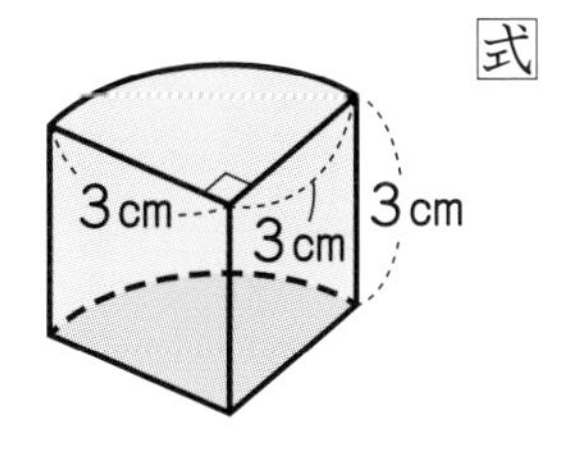

式

答え（　　　　　）

☆④

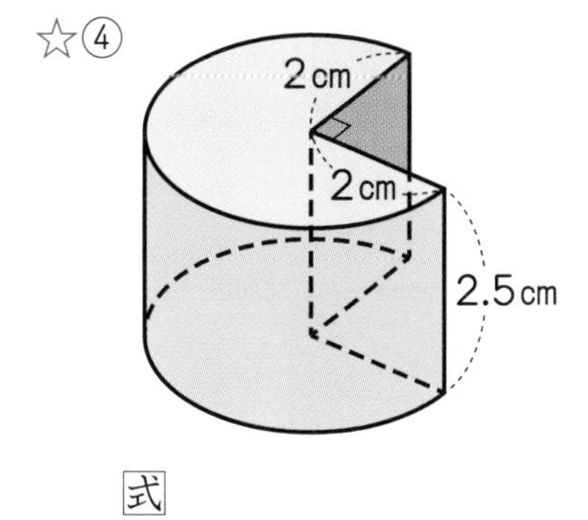

式

答え（　　　　　）

体積⑥

円柱の体積③

答え➡別冊9ページ

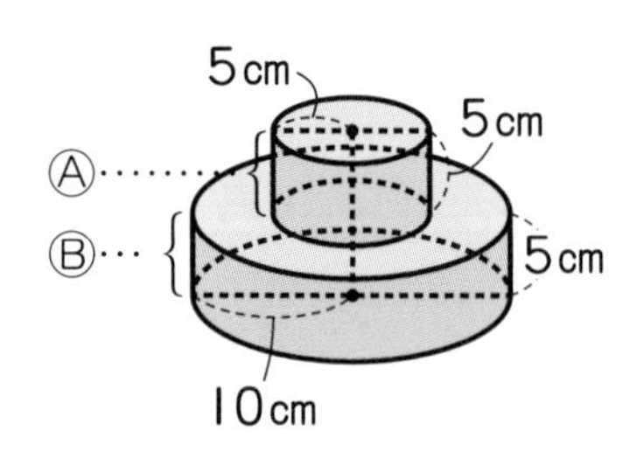

(Ⓐの円柱の体積)＋(Ⓑの円柱の体積) で，立体の全体の体積を求めます。

5×5×3.14×5 ＝ 392.5……Ⓐの円柱の体積
10×10×3.14×5 ＝ 1570…Ⓑの円柱の体積
392.5＋1570 ＝ 1962.5

1962.5cm³

1

下の図のような立体の体積を求めましょう。 〔1問　14点〕

① 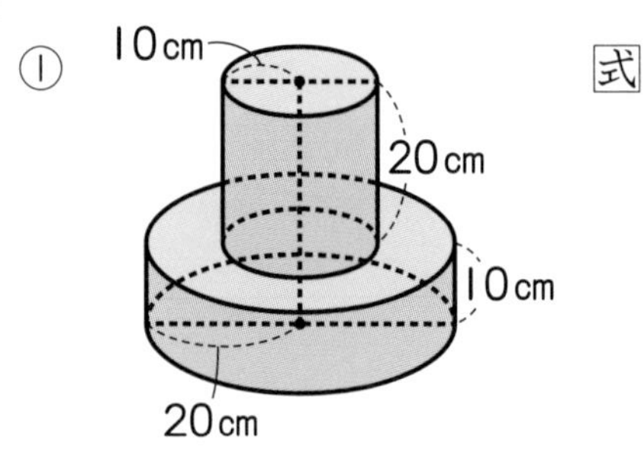

式

答え (　　　　　)

② 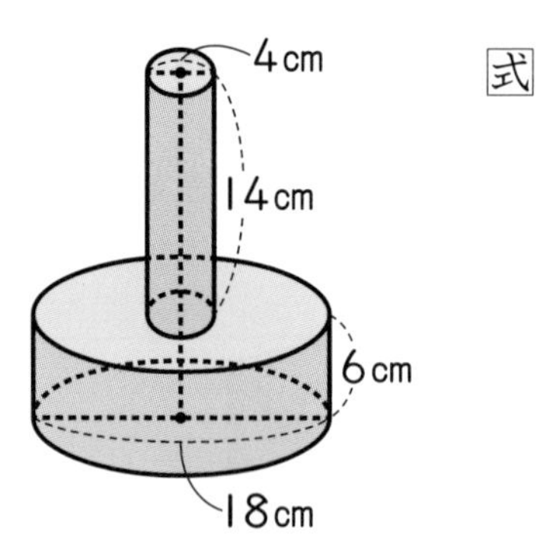

式

答え (　　　　　)

③ 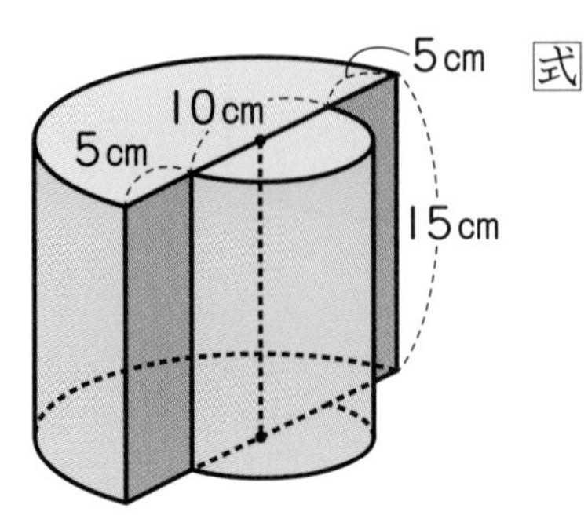

式

答え (　　　　　)

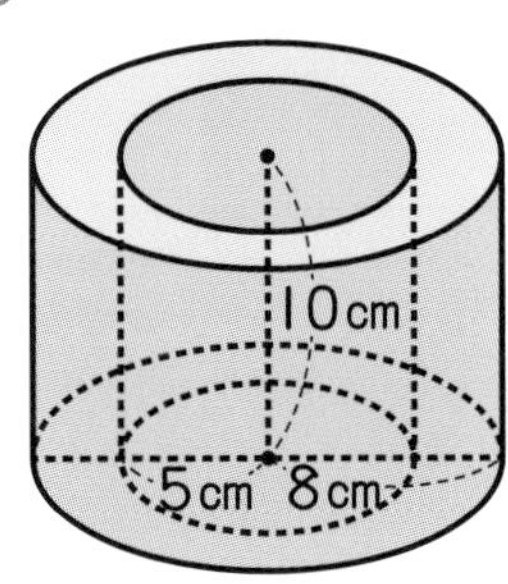

(大きい円柱の体積)−(小さい円柱の体積)で,
この立体の体積を求めます。

$8\times8\times3.14\times10=2009.6$
$5\times5\times3.14\times10=785$
$2009.6-785=1224.6$

1224.6 cm³

2 下の図のような立体の体積を求めましょう。 〔1問 14点〕

①

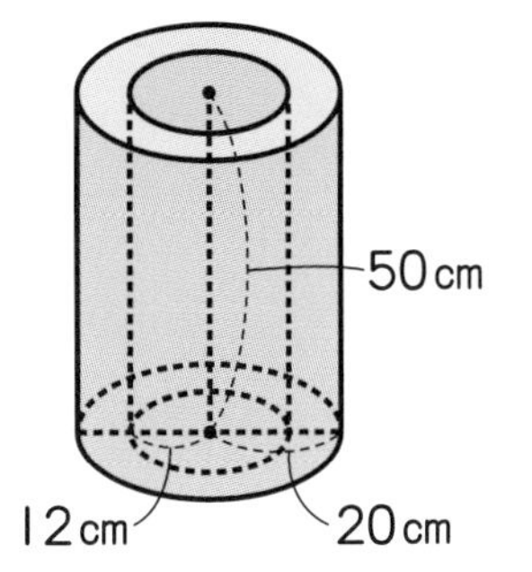

式

答え (　　　　)

②

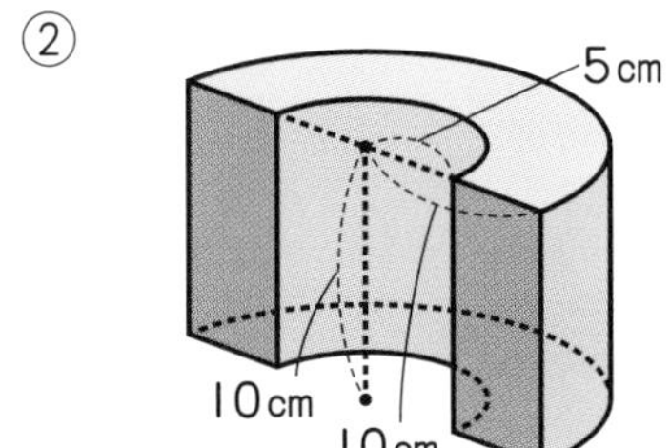

式

答え (　　　　)

3 下の図のような立体の体積を求めましょう。 〔1問 15点〕

①

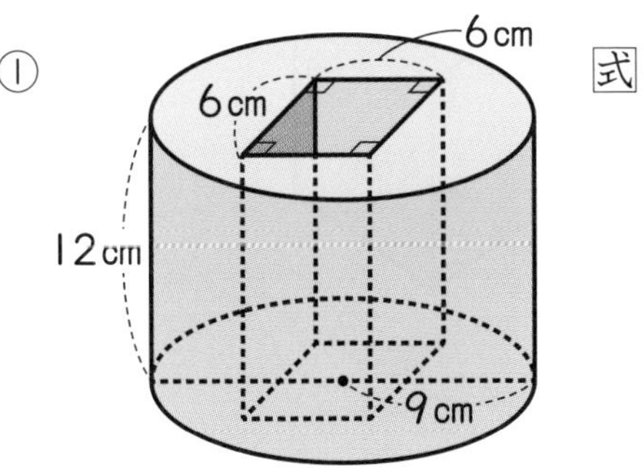

式

答え (　　　　)

②

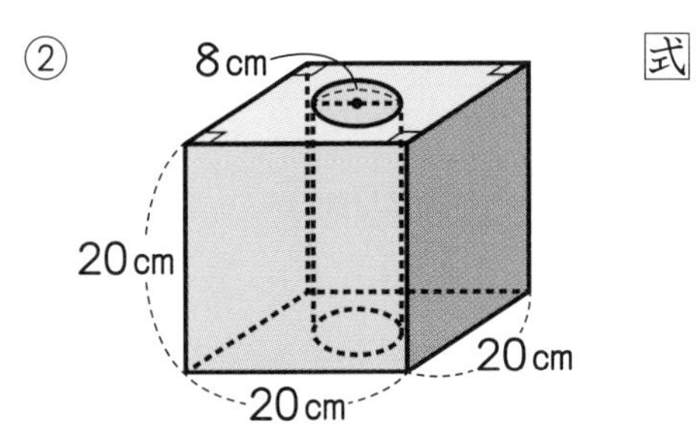

式

答え (　　　　)

25 体積⑦ まとめ

答え➡別冊10ページ

1 下の図のような立体の体積を求めましょう。 〔1問 6点〕

①

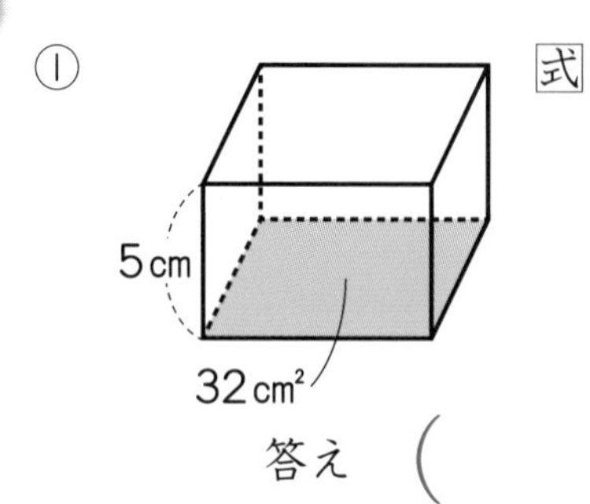

式

答え（　　　　）

②

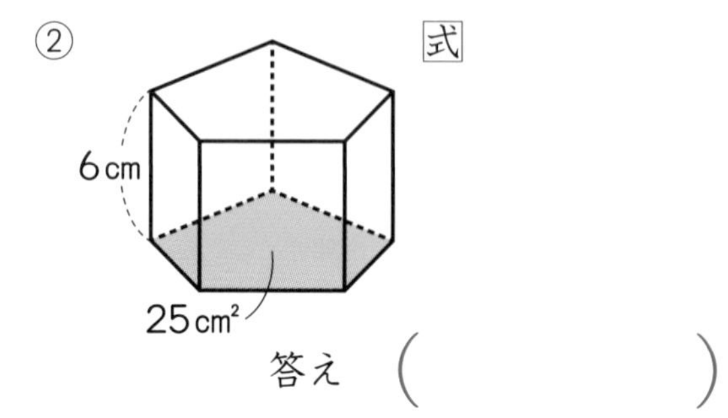

式

答え（　　　　）

③

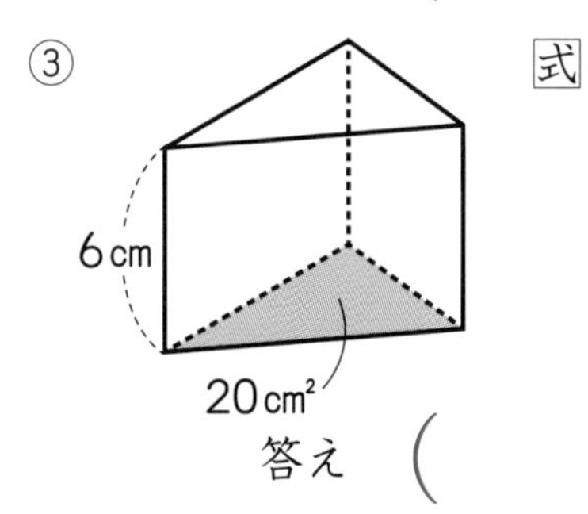

式

答え（　　　　）

④

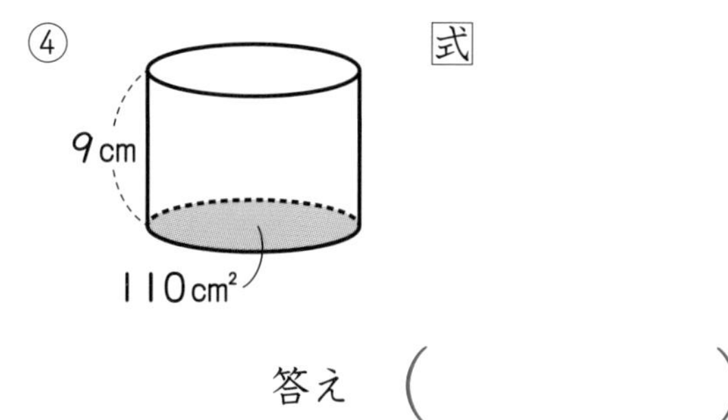

式

答え（　　　　）

2 下の図のような立体の体積を求めましょう。 〔1問 7点〕

①

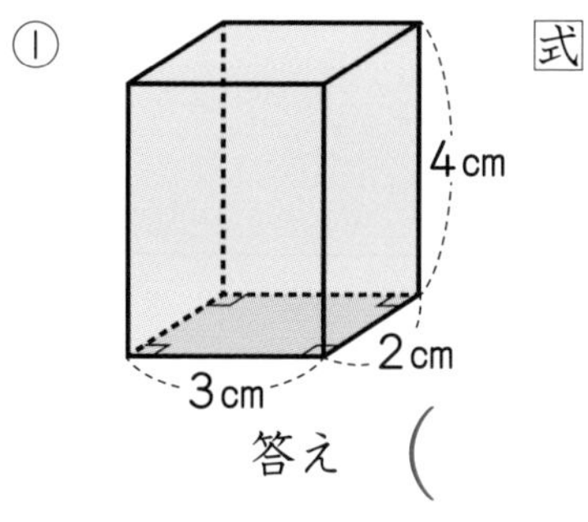

式

答え（　　　　）

②

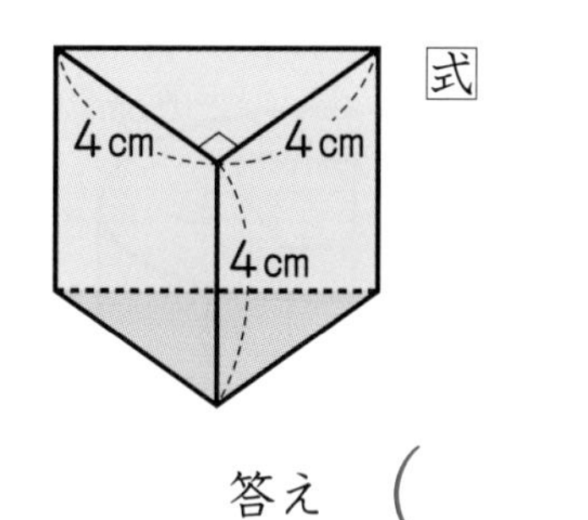

式

答え（　　　　）

③

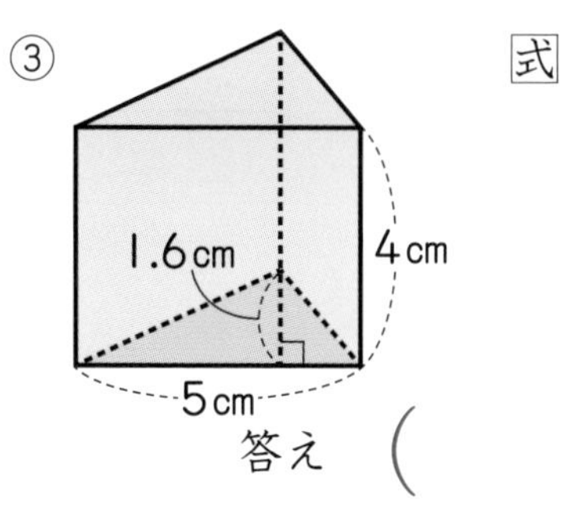

式

答え（　　　　）

④

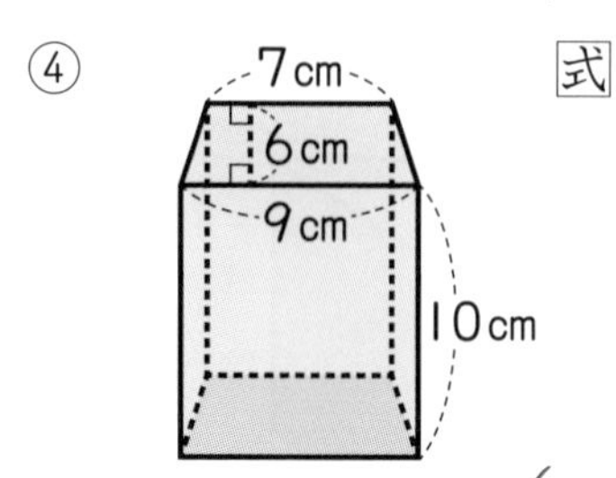

式

答え（　　　　）

3 下の図のような立体の体積を求めましょう。　〔1問　7点〕

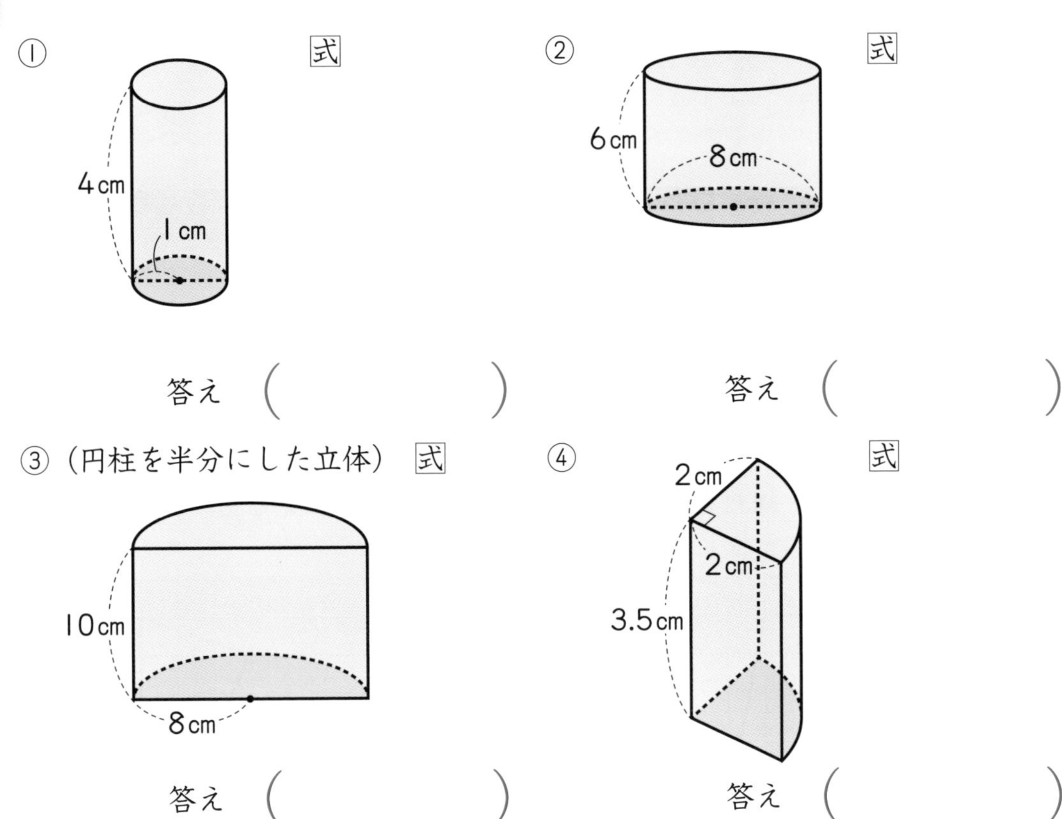

4 下の図のような立体の体積を求めましょう。　〔1問　10点〕

①

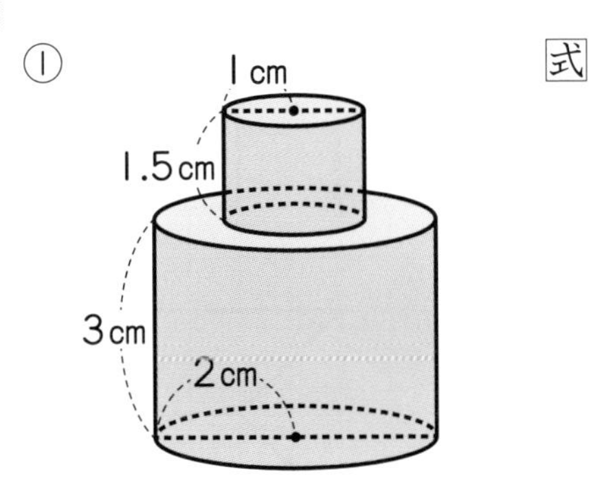

式

答え（　　　　　）

②

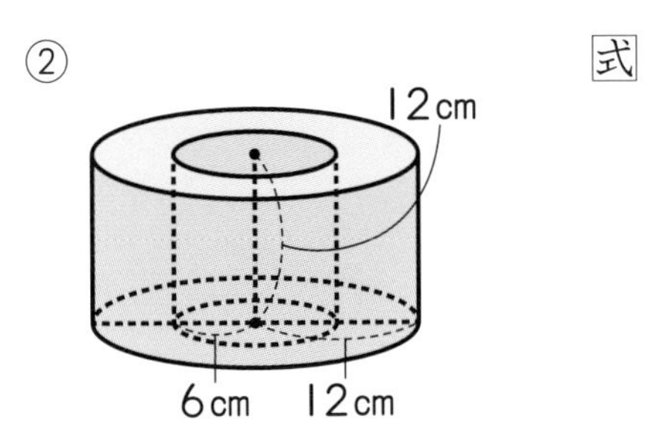

式

答え（　　　　　）

26 対称な形①
線対称①

答え➡別冊10ページ

おぼえよう

1本の直線を折り目にして，2つに折るとぴったり重なる図形を**線対称**な図形であるといいます。

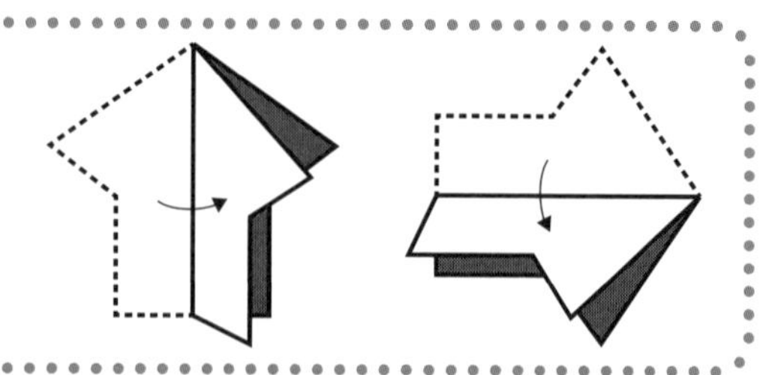

1 下の図の中で，線対称な図形はどれですか。あてはまるものをすべて選んで，㋐～㋘の記号で答えましょう。〔50点〕

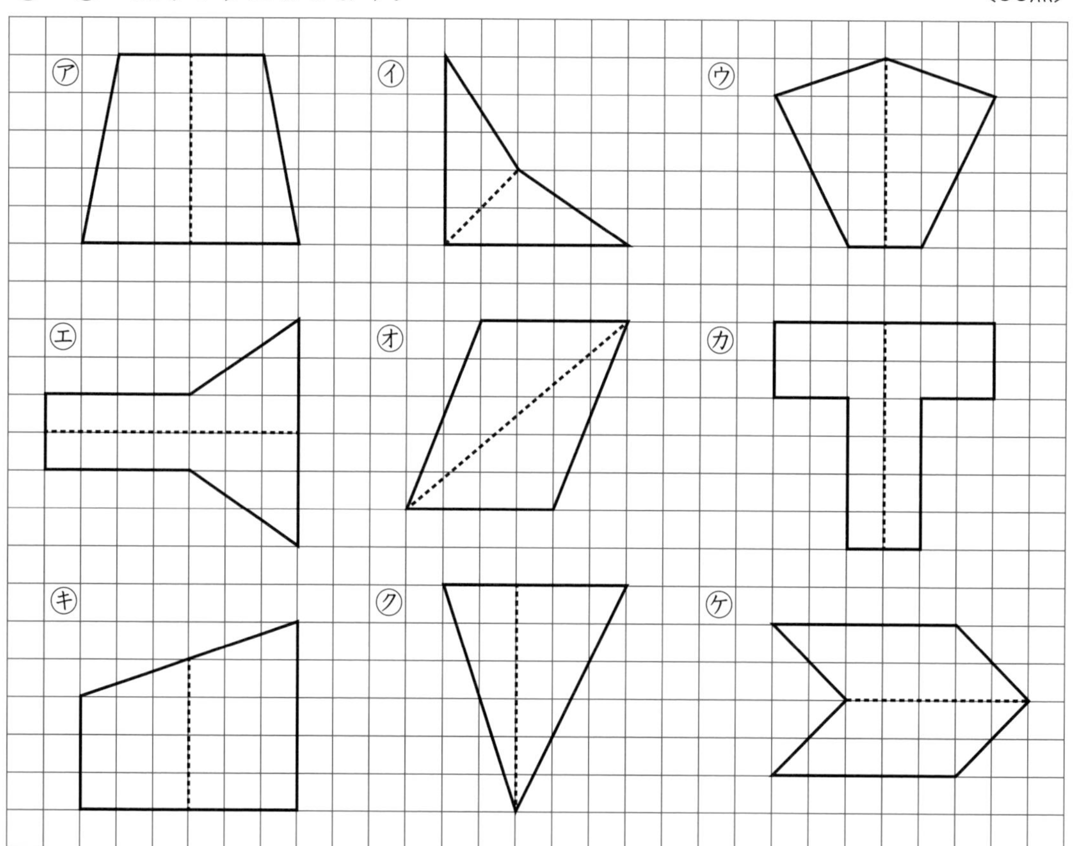

みぢかにあるもので，線対称な形をさがしてみよう。

（　　　　　　　　　　）

2 下の図の中で，線対称（せんたいしょう）な図形はどれですか。（　　）に○をつけましょう。

〔全部できて　50点〕

㋐

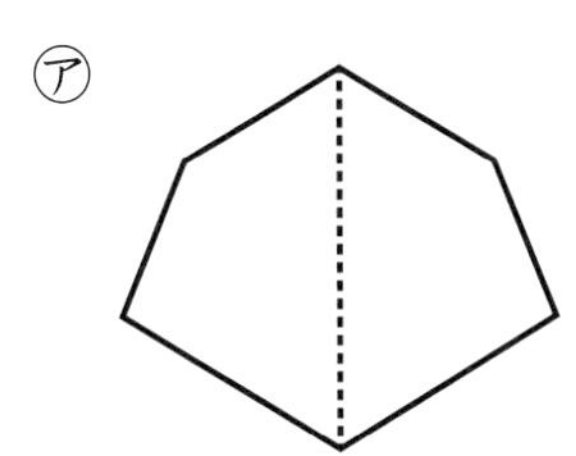

（　　　）

㋑

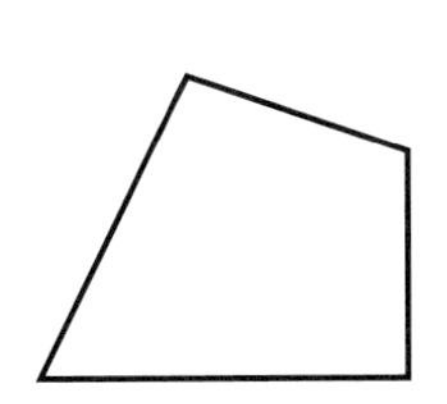

（　　　）

㋒

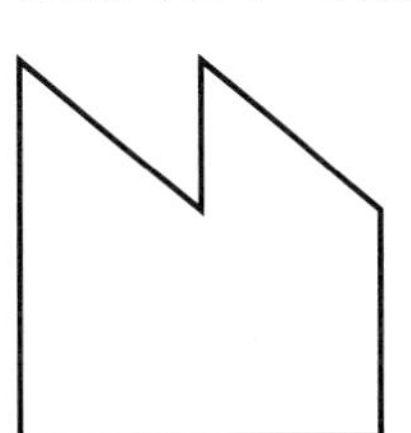

（　　　）

㋓

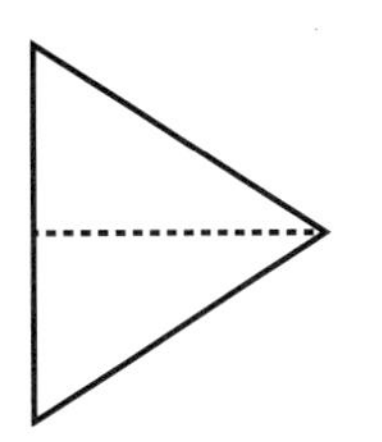

（　　　）

㋔

（　　　）

㋕

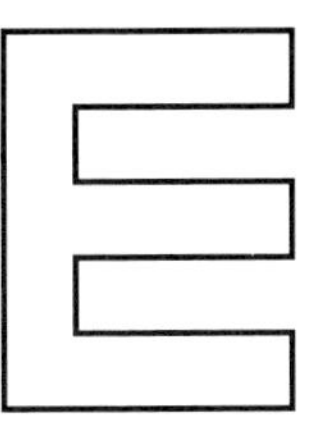

（　　　）

㋖

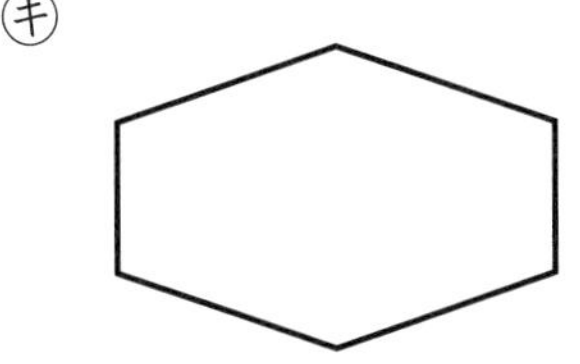

（　　　）

㋗

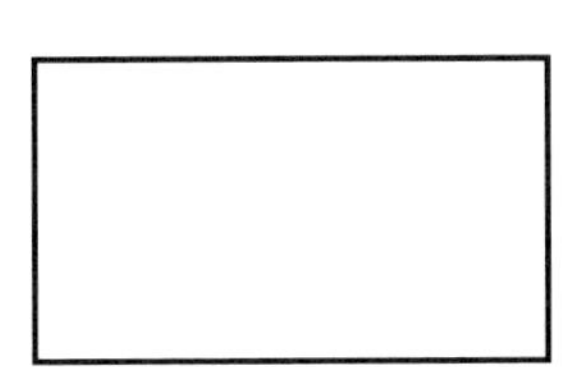

（　　　）

㋘

（　　　）

㋙

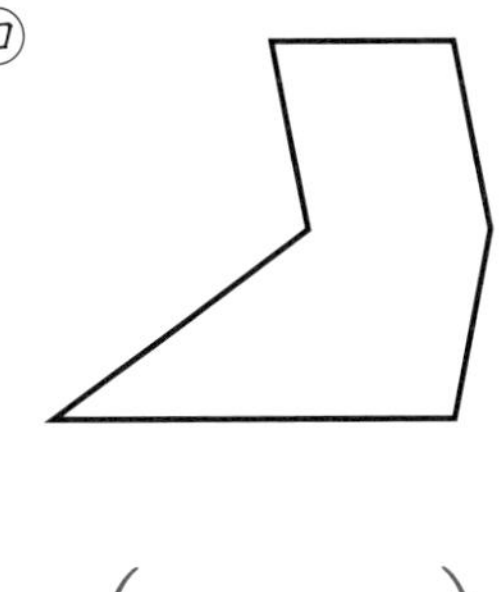

（　　　）

㋚

（　　　）

㋛

（　　　）

27 対称な形② 線対称②

答え➡別冊10ページ

おぼえよう

線対称な図形で，折り目にあたる直線を**対称の軸**といいます。

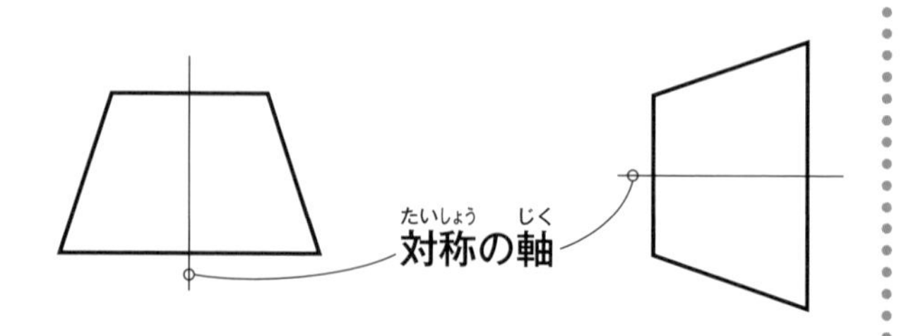

1

下の図は線対称な図形です。対称の軸を――でかき入れましょう。

〔1問　6点〕

①

②

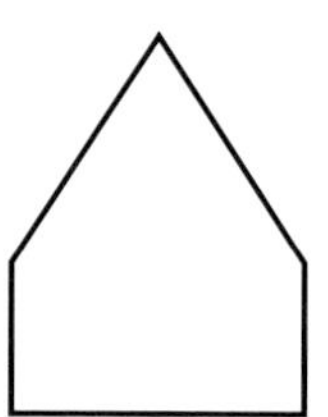

③

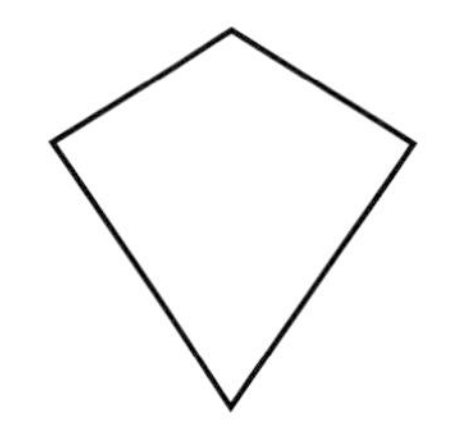

④

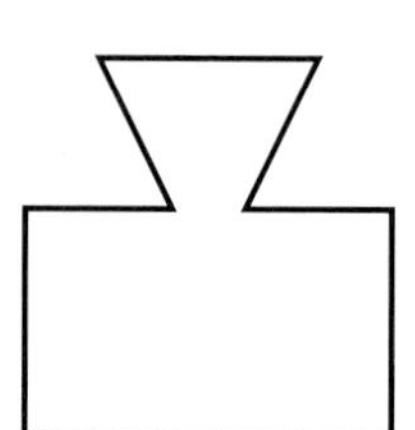

⑤

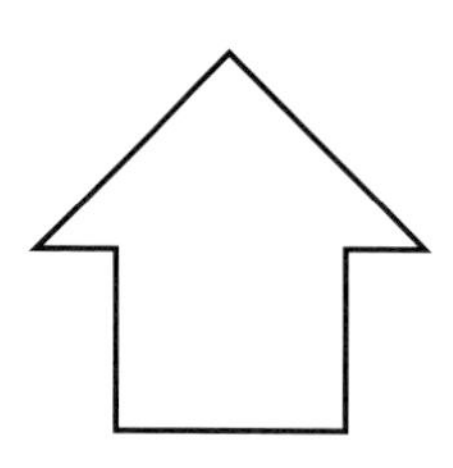

⑥

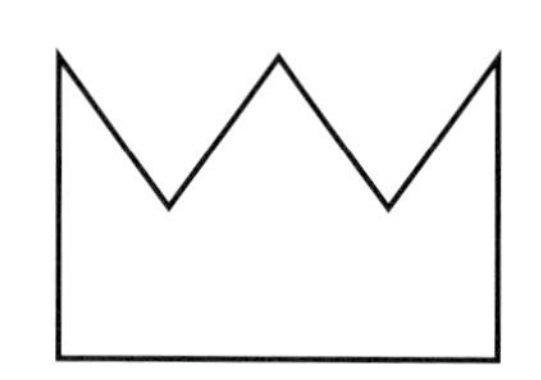

2 下の図は線対称な図形です。対称の軸を———でかき入れましょう。

〔1問　6点〕

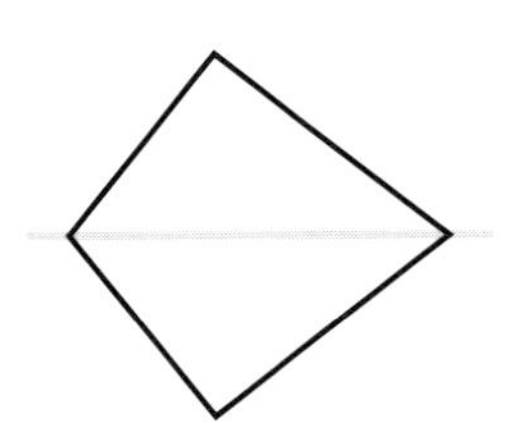

②

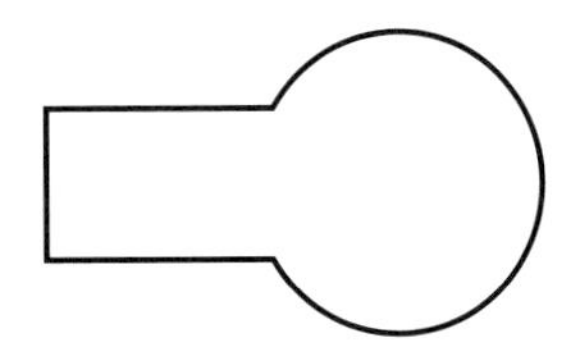

③

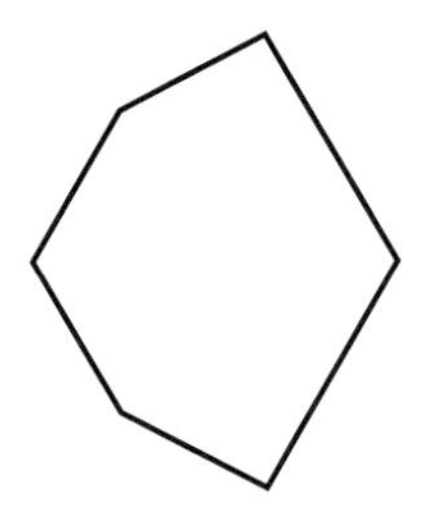

④

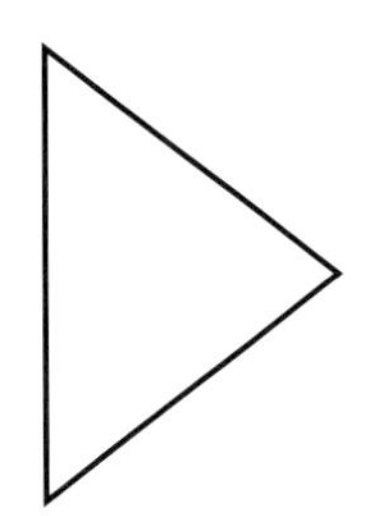

⑤

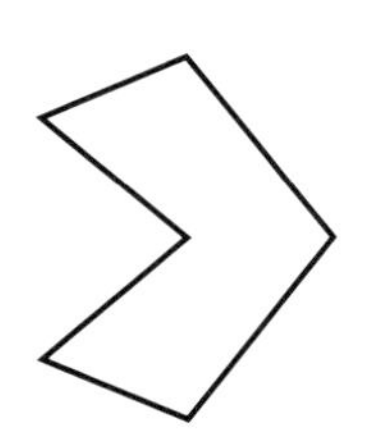

⑥

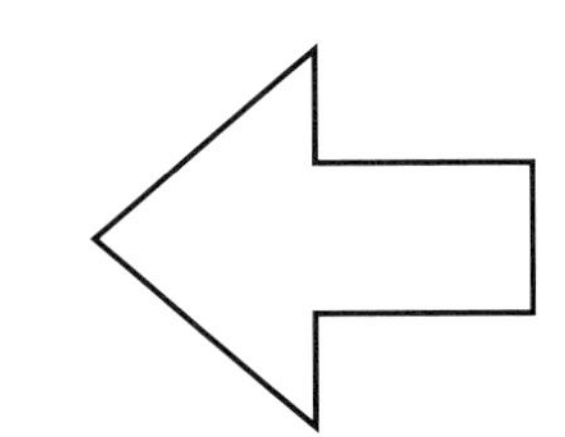

3 下の図は線対称な図形です。対称の軸は何本ありますか。　〔1問　7点〕

①

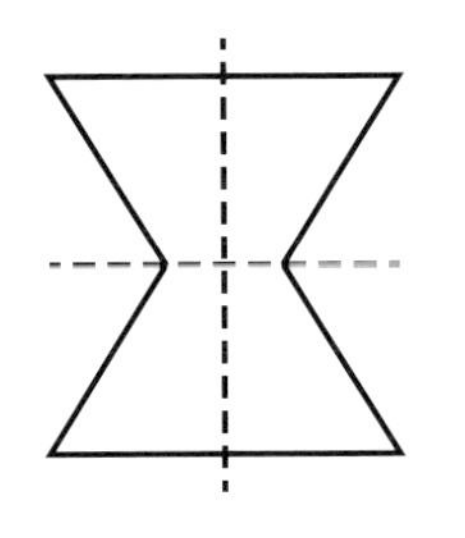

（　　　　）

②

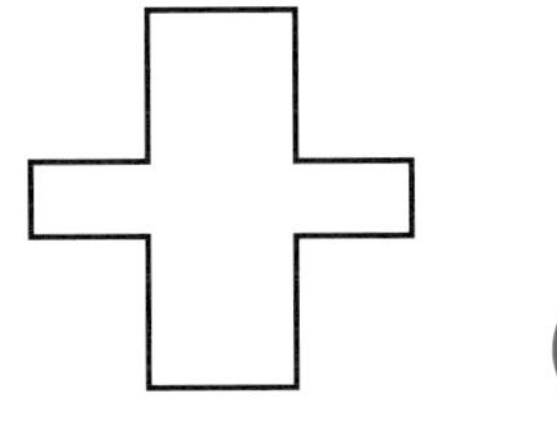

（　　　　）

③

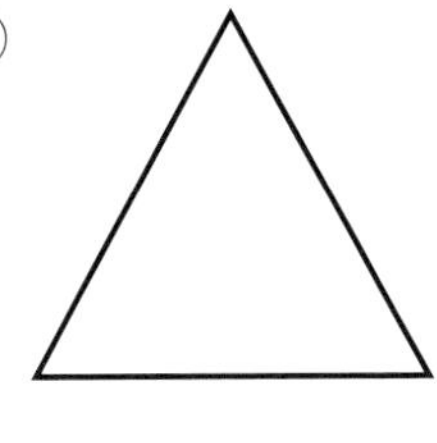

（　　　　）

④

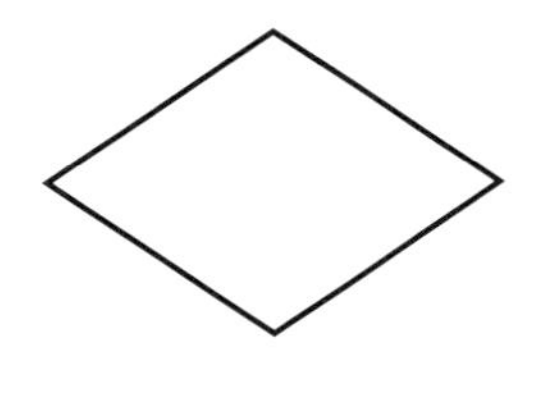

（　　　　）

28 対称な形③ 線対称③

答え➡別冊11ページ

おぼえよう

線対称な図形で，2つ折りにしたときに重なりあう点，辺，角を，**対応する点**，**対応する辺**，**対応する角**といいます。

例

・点アに対応する点は，点カです。

・辺アイに対応する辺は，辺カオです。

・角アに対応する角は，角カです。

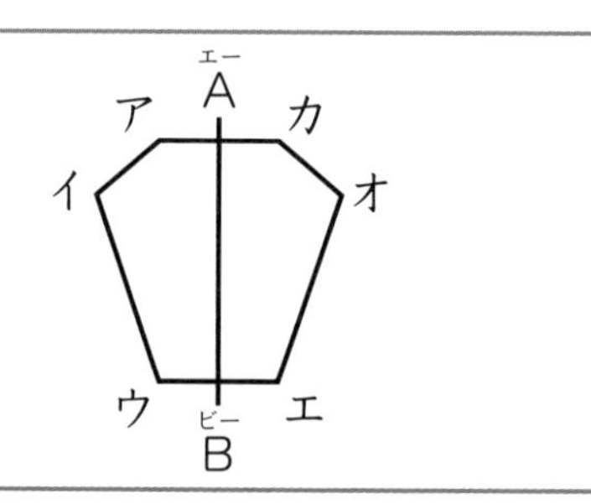

1

右の図は線対称な図形です。この図形について，次の問題に答えましょう。

〔1つ　4点〕

①　次のそれぞれの点に対応する点はどれですか。

点ア（　　　　）　点イ（　　　　）

点ウ（　　　　）　点エ（　　　　）

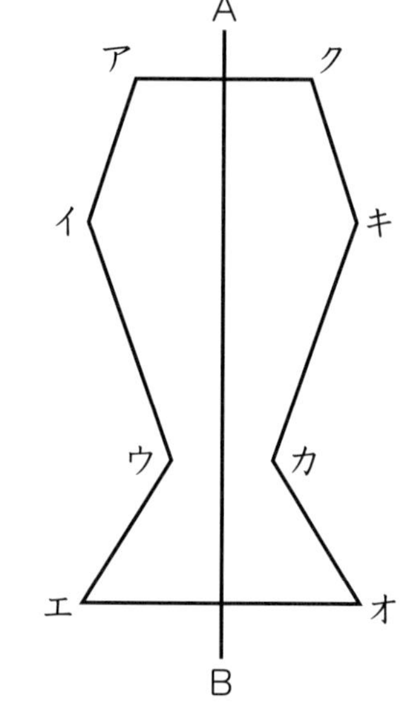

②　次のそれぞれの辺に対応する辺はどれですか。

辺アイ（　　　　）　辺イウ（　　　　）

辺ウエ（　　　　）

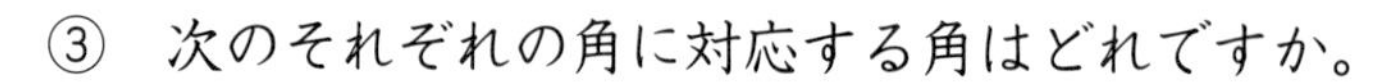

③　次のそれぞれの角に対応する角はどれですか。

角ア（　　　　）　角イ（　　　　）

角ウ（　　　　）　角エ（　　　　）

おぼえよう

対応する辺の長さや対応する角の大きさは等しくなっています。

・対称の軸ＡＢで折りまげたとき，ぴったりと重なります。

(右の図において)
対応する辺…辺アイと辺クキ，辺イウと辺キカ，
辺ウエと辺カオ
対応する角…角アと角ク，角イと角キ，角ウと角カ，角エと角オ

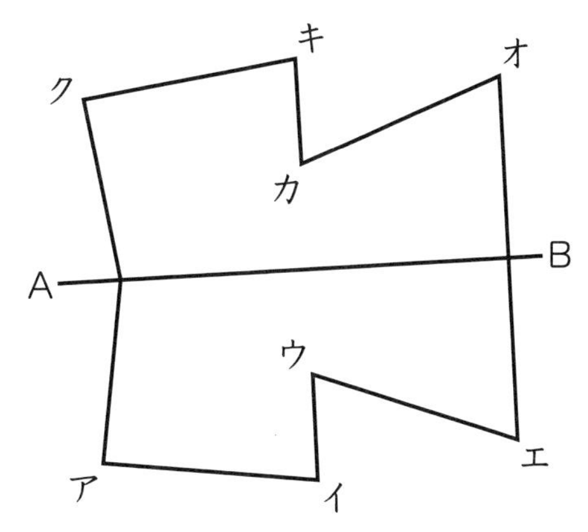

2

右の図は線対称な図形です。この図形について，次の問題に答えましょう。
〔1問　8点〕

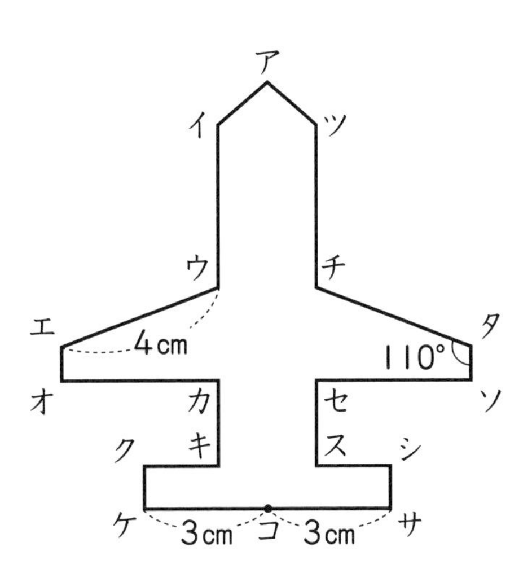

① 点カに対応する点はどれですか。
(　　　)

② 点ソに対応する点はどれですか。
(　　　)

③ 辺セスに対応する辺はどれですか。
(　　　)

④ 辺ウエの長さは4cmです。辺チタの長さは何cmですか。(　　　)

⑤ 角イに対応する角はどれですか。(　　　)

⑥ 角タは110°です。角エは何度ですか。(　　　)

☆⑦ 対称の軸はどれですか。(直線　　　)

29 対称な形④ 線対称④

線対称な図形では，対応する２つの点を結ぶ直線は，対称の軸と垂直（90°）に交わります。

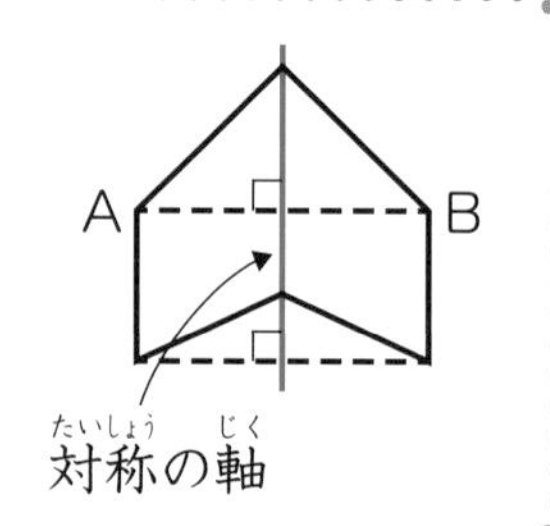

1 右の図は，直線ＡＢを対称の軸とする線対称な図形です。次の問題に答えましょう。
〔1問　20点〕

① 直線アサと対称の軸ＡＢは何度で交わっていますか。

（　　　　）

② 直線エクと対称の軸ＡＢは何度で交わっていますか。

（　　　　）

③ 直線オキと対称の軸ＡＢは何度で交わっていますか。

（　　　　）

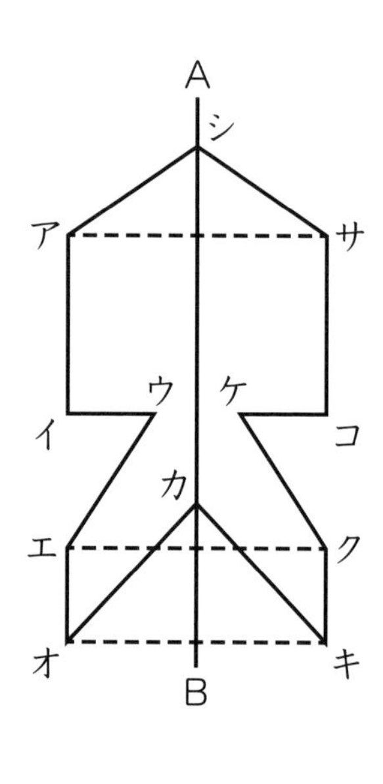

2 下の図は，線対称な図形です。点アに対応する点イをかきましょう。
〔1問　20点〕

①

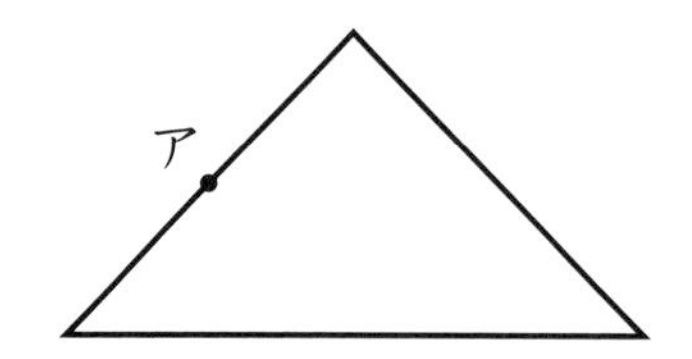

②

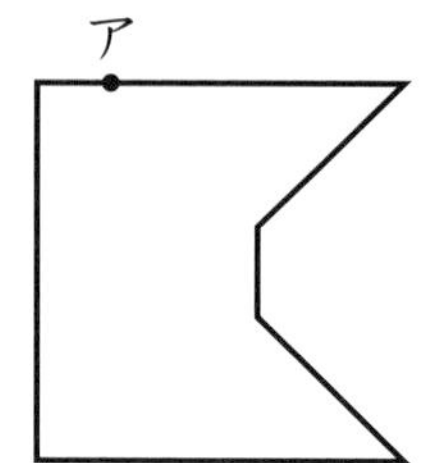

30 対称な形⑤ 線対称⑤

答え➡別冊11ページ

おぼえよう

線対称な図形では，対称の軸と交わる点から，対応する２つの点までの長さは等しくなっています。

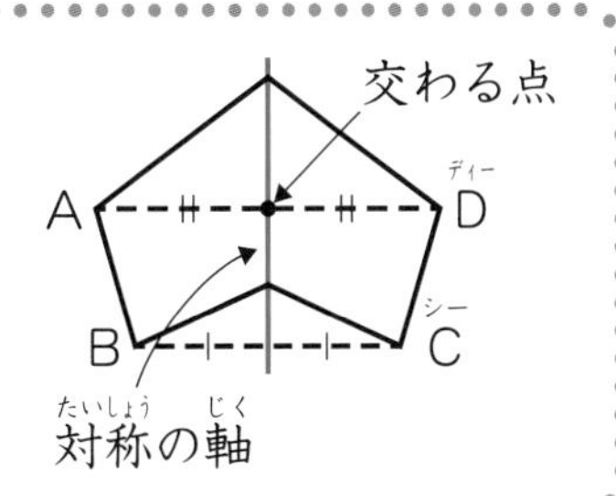

1 右の図は，直線ＡＢを対称の軸とする線対称な図形です。次の問題に答えましょう。〔1問　20点〕

① 直線イケと長さが等しい直線はどれですか。

(　　　　)

② 直線ウコと長さが等しい直線はどれですか。

(　　　　)

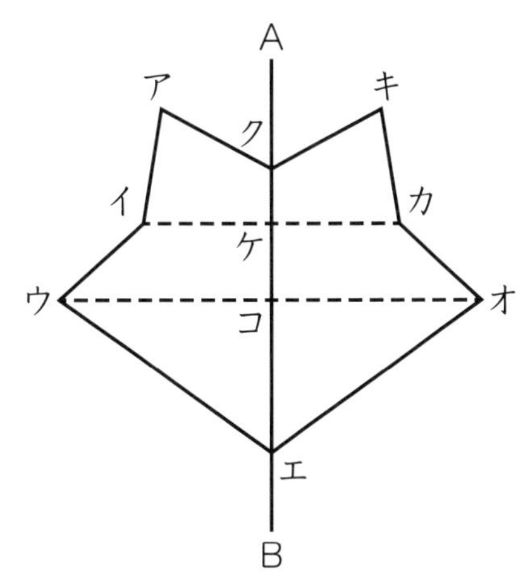

2 右の図は，直線ＡＢを対称の軸とする線対称な図形です。次の問題に答えましょう。〔1問　20点〕

① 直線アサの長さは6cmです。直線ケサの長さは何cmですか。

(　　　　)

② 直線イシの長さは5cmです。直線クシの長さは何cmですか。

(　　　　)

③ 直線ウキの長さは16cmです。直線ウスの長さは何cmですか。

(　　　　)

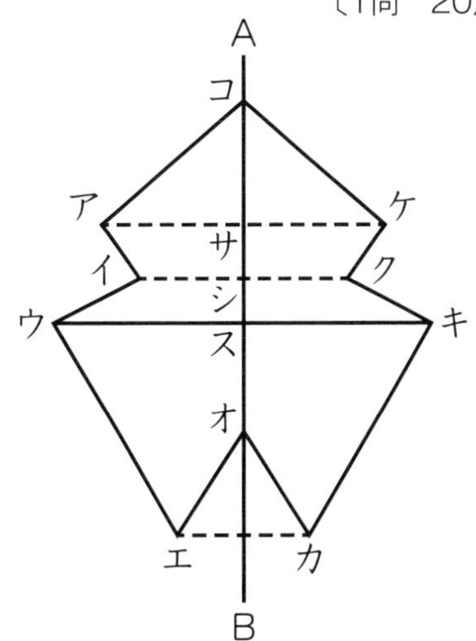

31 対称な形⑥
線対称⑥

答え➡別冊11ページ

ポイント

線対称な図形のかき方

① それぞれの頂点から対称の軸に垂直な線をひく。

② 対応する頂点を求める。

③ 頂点を順に結ぶ。

線対称な図形で，対応する２つの点は，対称の軸と垂直に交わる点までの長さが等しくなっています。

1 直線ＡＢが対称の軸になるように，線対称な図形をかきましょう。〔1問　7点〕

①

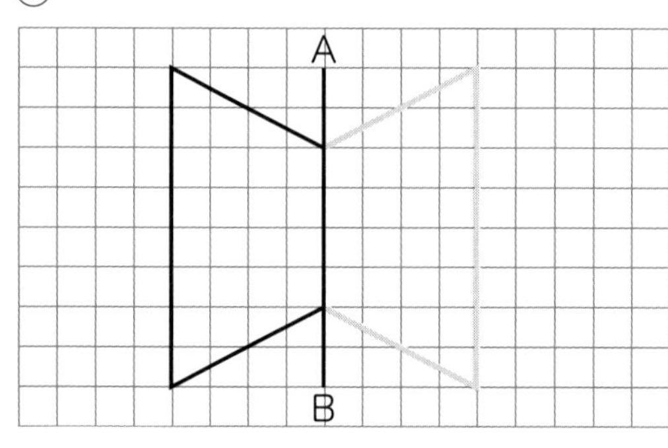

②

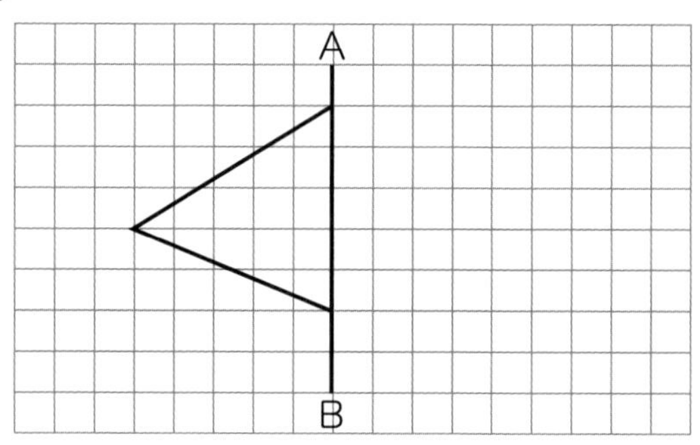

③

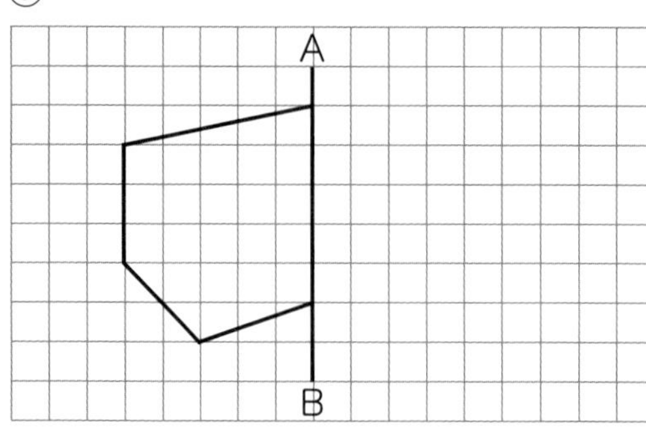

④

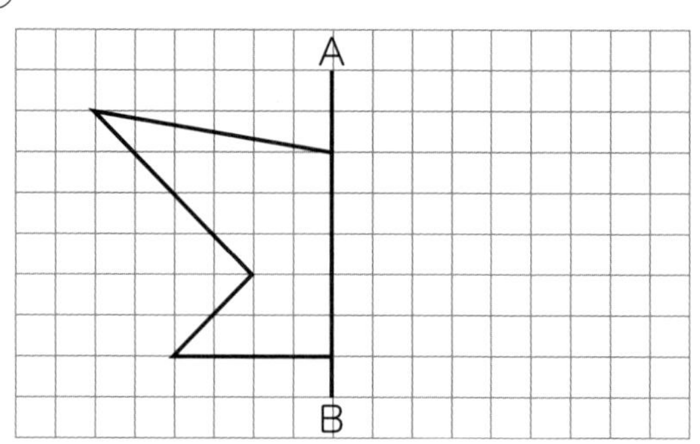

直線ＡＢが対称(たいしょう)の軸(じく)になるように，線対称(せんたいしょう)な図形をかきましょう。〔1問　8点〕

①

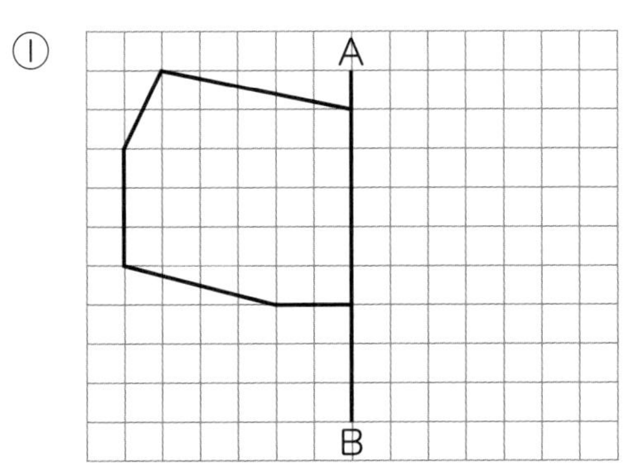

②

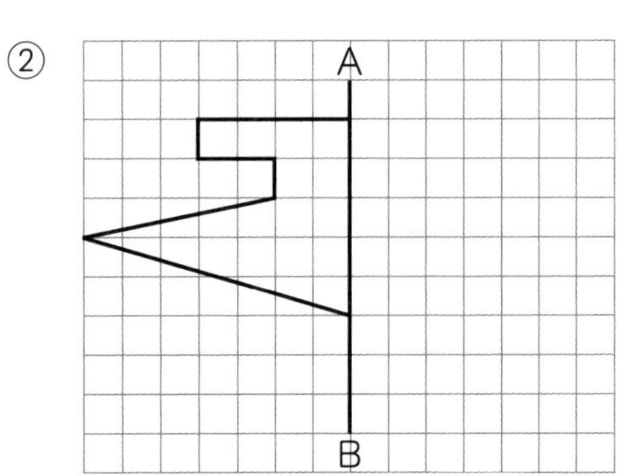

③

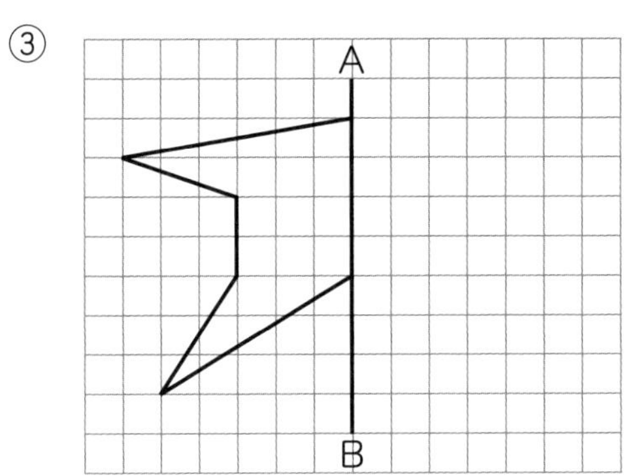

④

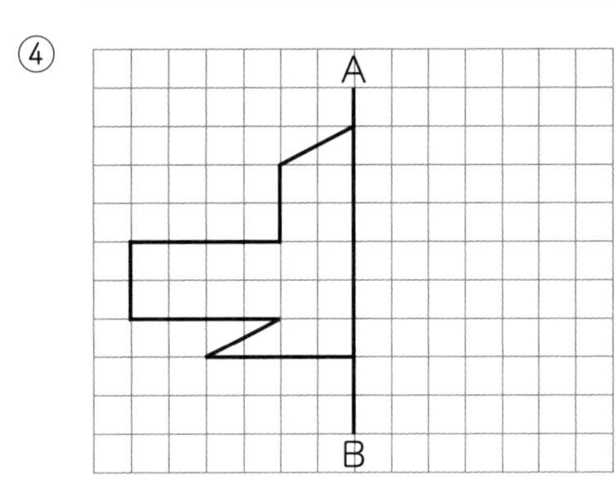

3 直線ＡＢが対称(たいしょう)の軸(じく)になるように，線対称(せんたいしょう)な図形をかきましょう。〔1問　10点〕

①

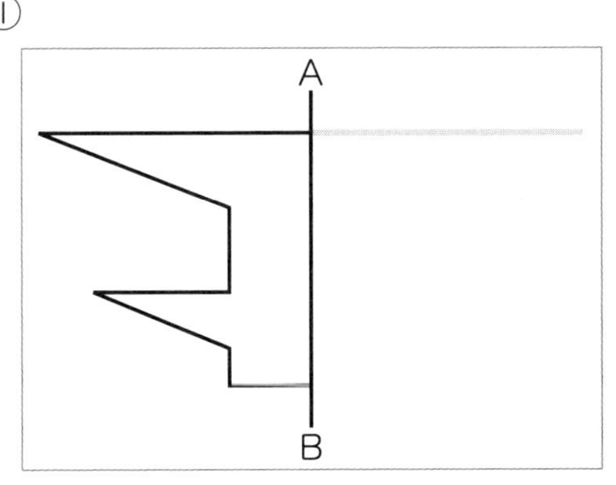

②

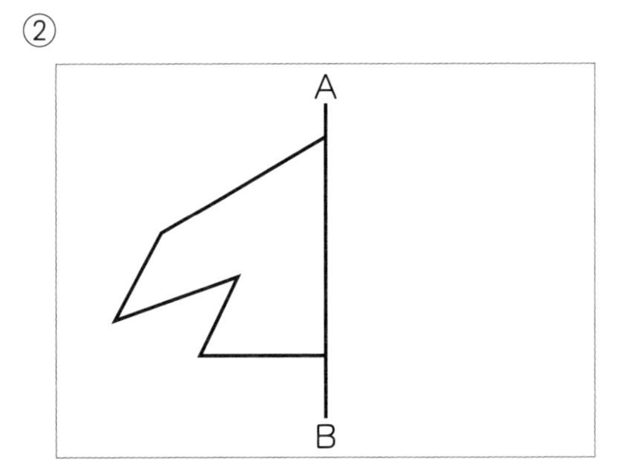

③

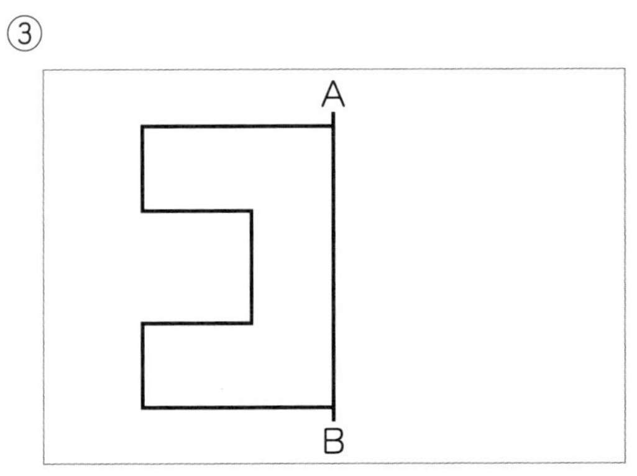

④

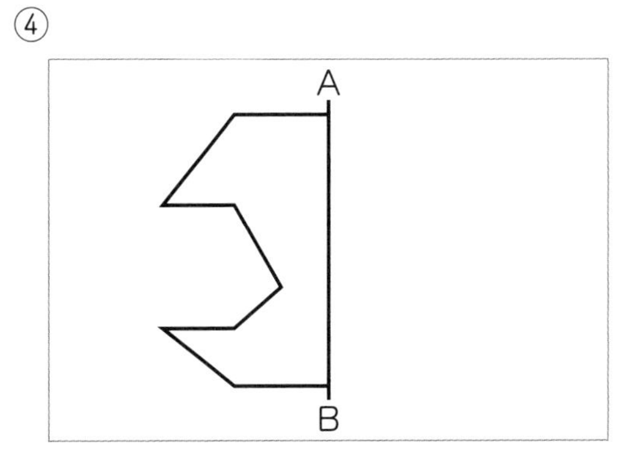

対称な形⑦
点対称①

答え➡別冊12ページ

おぼえよう

・１つの点のまわりに180°回転させたとき，もとの形とぴったり重なる図形を，**点対称**な図形といいます。

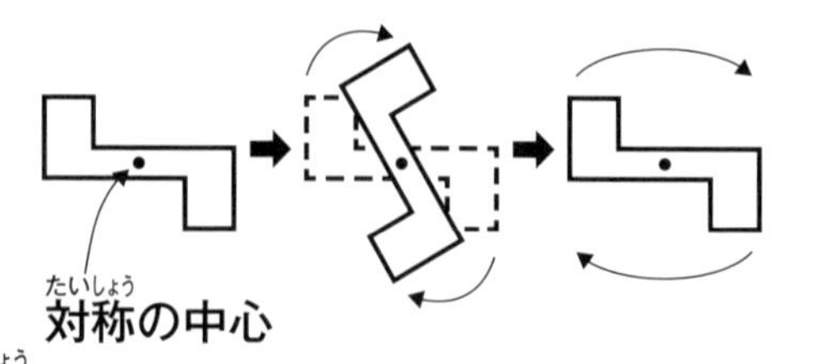

・点対称な図形では，回転の中心となる点を**対称の中心**といいます。

下の図の中で，点対称な図形はどれですか。あてはまるものをすべて選んで，㋐～㋘の記号で答えましょう。〔50点〕

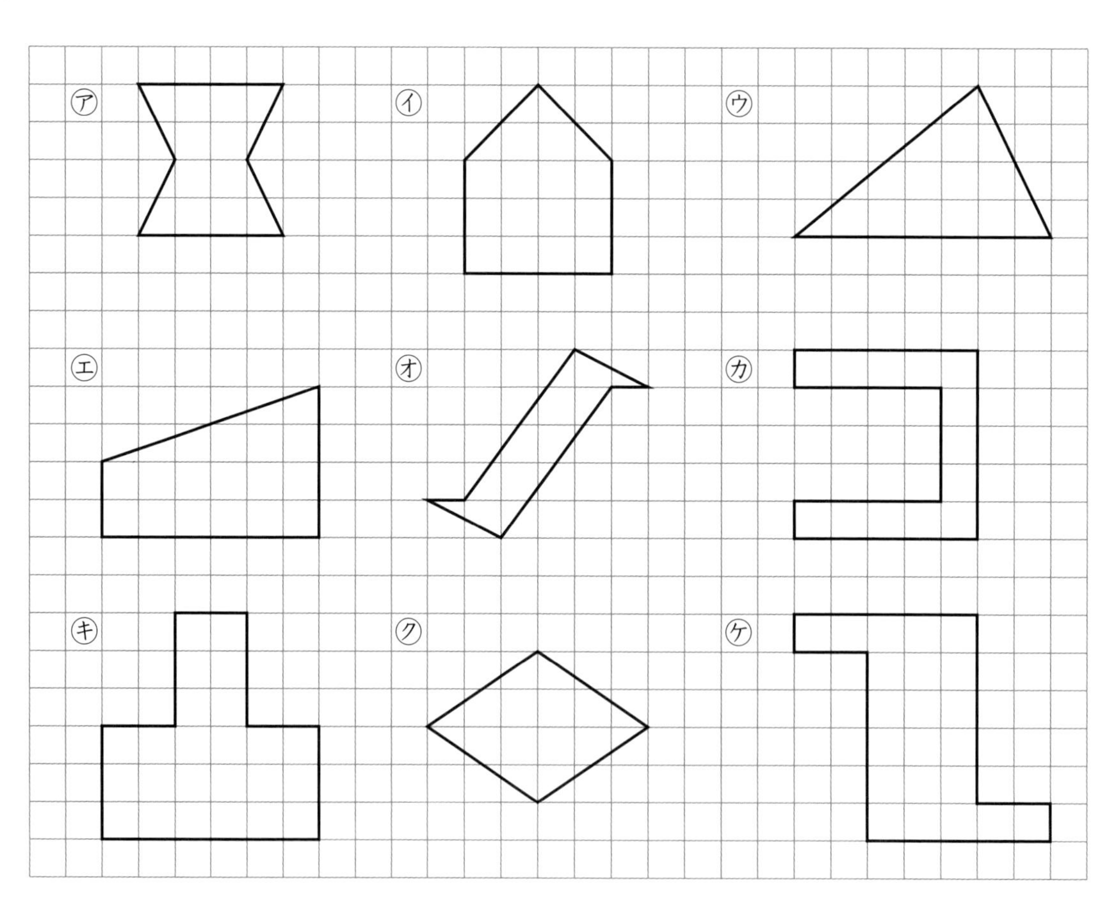

（　　　　　　　　）

下の図の中で，点対称(てんたいしょう)な図形はどれですか。(　　)に○をつけましょう。

〔全部できて　50点〕

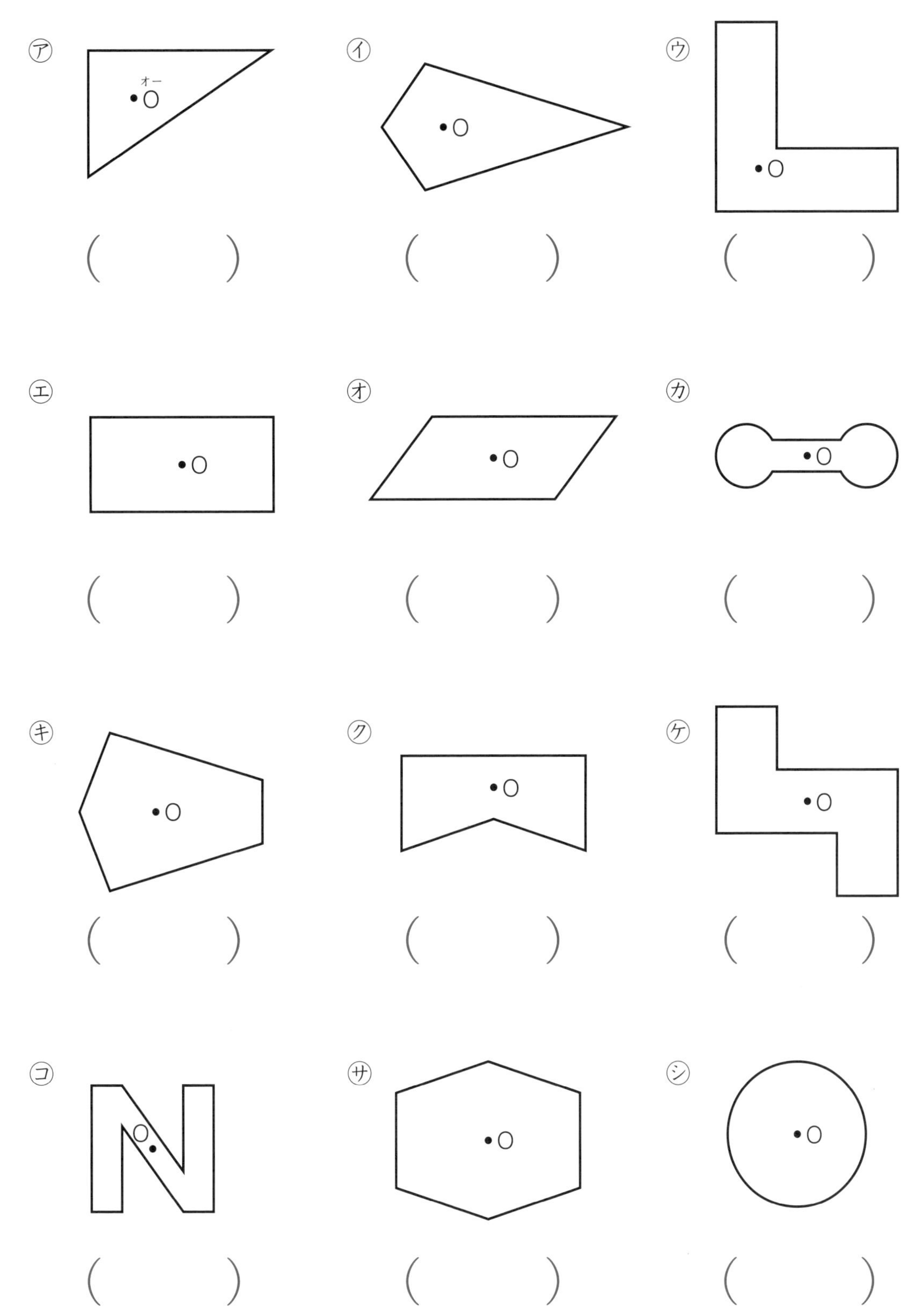

33 対称な形⑧ 点対称②

おぼえよう

対称の中心のまわりに180°回転して重なる点，辺，角を**対応する点**，**対応する辺**，**対応する角**といいます。

例

・点Aに対応する点は，点Eです。

・辺BCに対応する辺は，辺FGです。

・角Dに対応する角は，角Hです。

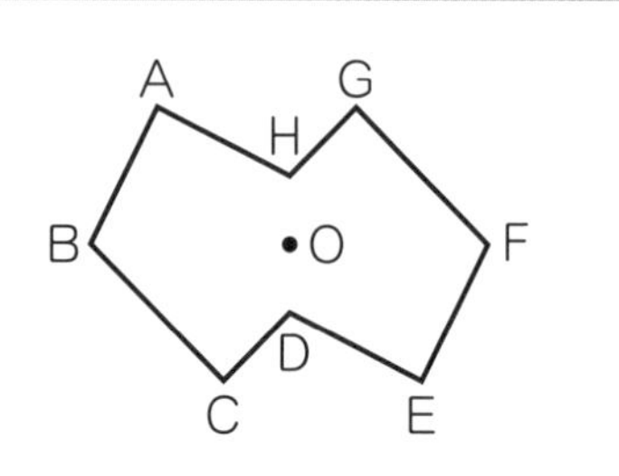

1 右の点対称な図形について，次の問題に答えましょう。 〔1問 6点〕

① 点Aに対応する点はどれですか。

(　　　)

② 点Bに対応する点はどれですか。

(　　　)

③ 辺AHに対応する辺はどれですか。

(　　　)

④ 辺GFに対応する辺はどれですか。

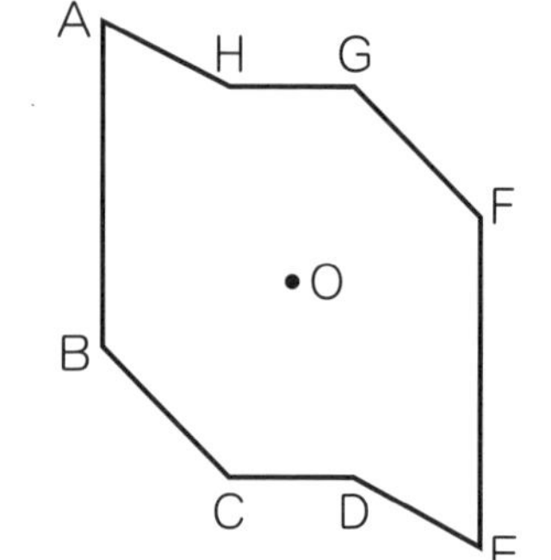

⑤ 角Aに対応する角はどれですか。

(　　　)

⑥ 角Hに対応する角はどれですか。

(　　　)

おぼえよう

・点対称な図形では，対応する点を結んだ直線は対称の中心を通ります。

・点対称な図形では，対称の中心から対応する点までの長さは等しくなっています。

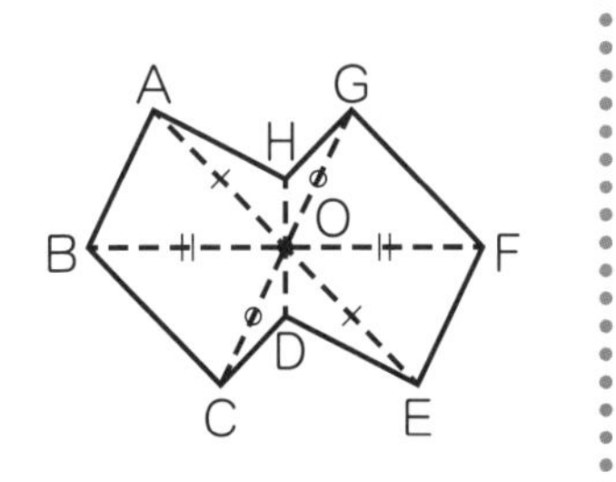

2 右の図は点Oを対称の中心とする点対称な図形です。この図形について，次の問題に答えましょう。〔1問　8点〕

① 対応する点を結んだ直線ＡＥ，ＢＦ，ＣＧ，ＤＨがすべて通る点は，どの点ですか。（　　　）

② 直線ＯＡと長さが等しい直線はどれですか。（　　　）

③ 直線ＯＢと長さが等しい直線はどれですか。（　　　）

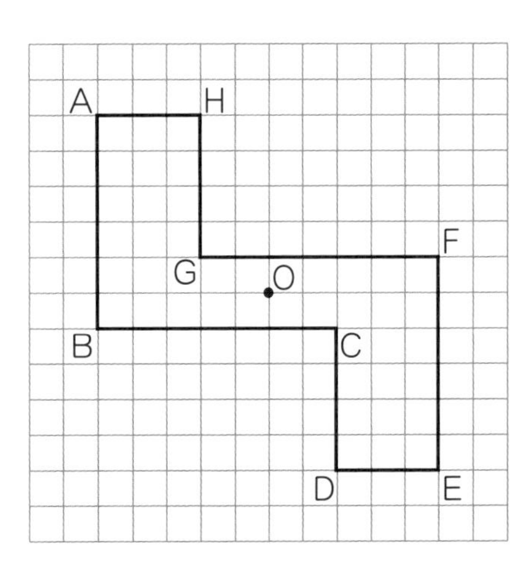

3 右の図は点Oを対称の中心とする点対称な図形です。この図形について，次の問題に答えましょう。〔1問　10点〕

① 辺ＨＧの長さは何cmですか。（　　　）

② 角Gは110°です。角Bは何度ですか。（　　　）

③ 直線ＯＤの長さは2.1cmです。直線ＯＩの長さは何cmですか。（　　　）

④ 直線ＡＦの長さは3.2cmです。直線ＯＦの長さは何cmですか。（　　　）

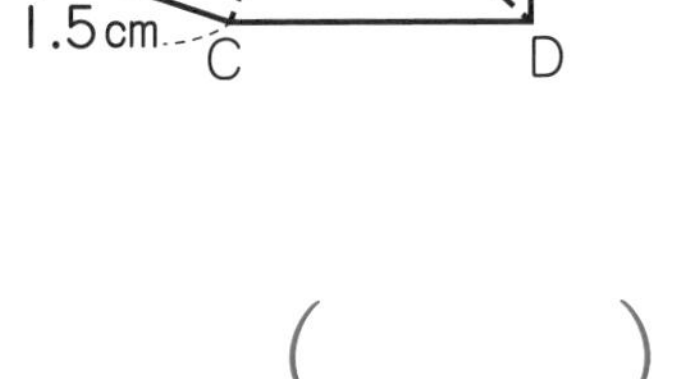

対称な形⑨
点対称③

答え➡別冊12ページ

対称の中心の求め方

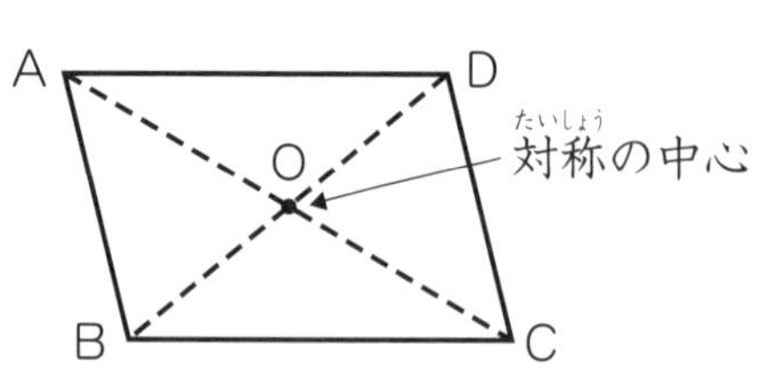

点対称な図形の対称の中心は，
対応する点を結んだ直線が
交わる点です。

① 点Aと点Cを直線で結ぶ。
② 点Bと点Dを直線で結ぶ。

1 下の図は点対称な図形です。対応する点を結んで，対称の中心Oをかき入れましょう。〔1問 6点〕

①

②

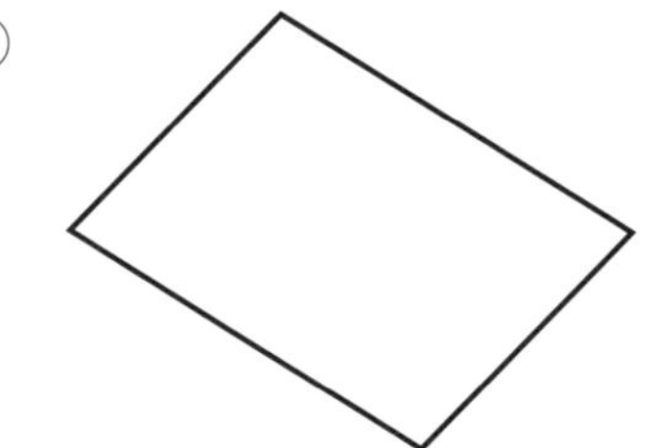

③

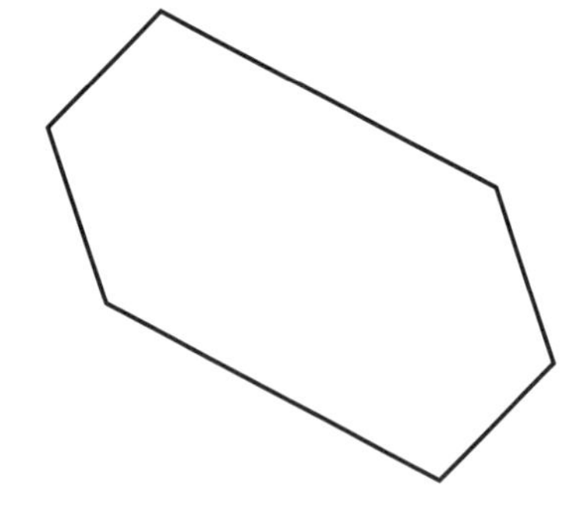

④

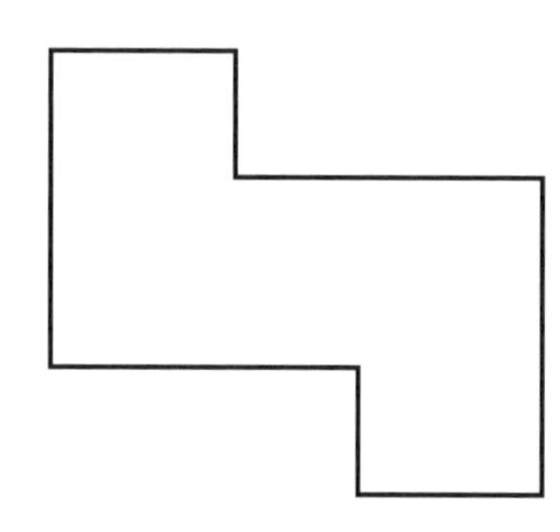

⑤

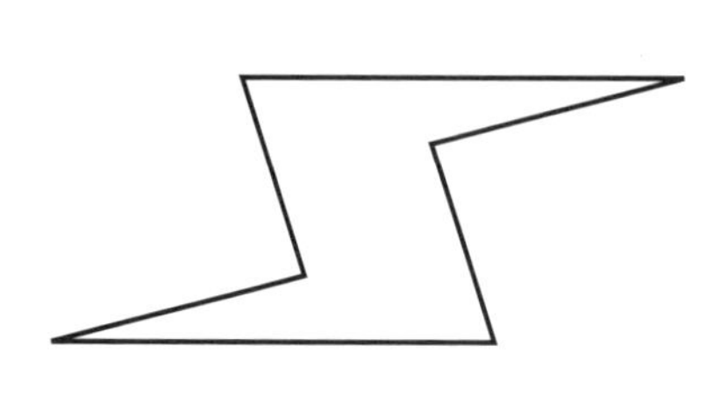

⑥

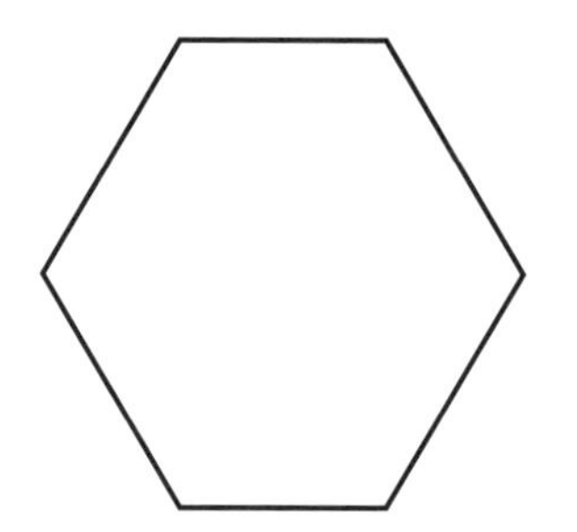

下の図は点対称(てんたいしょう)な図形です。対応する点を結んで，対称(たいしょう)の中心Oをかき入れましょう。

〔1問　8点〕

①

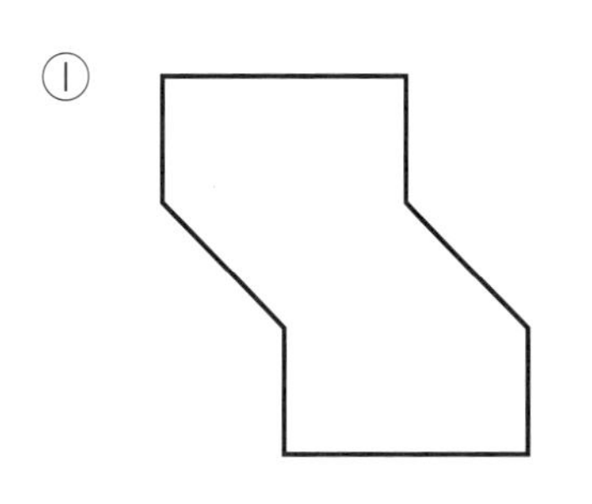

②

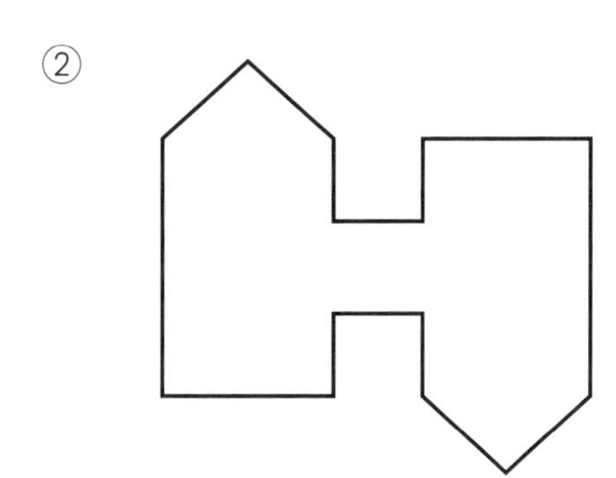

③

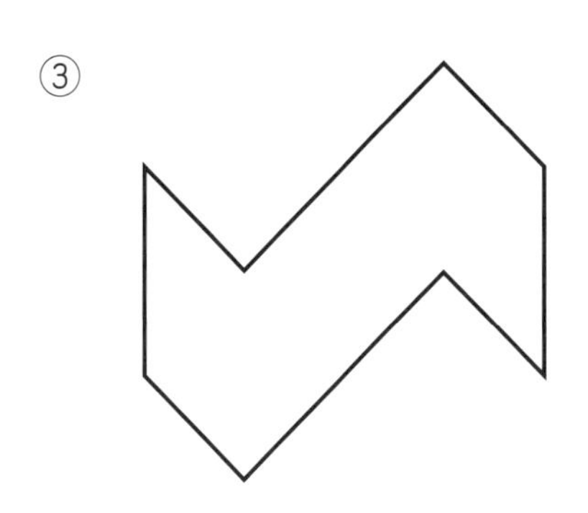

④

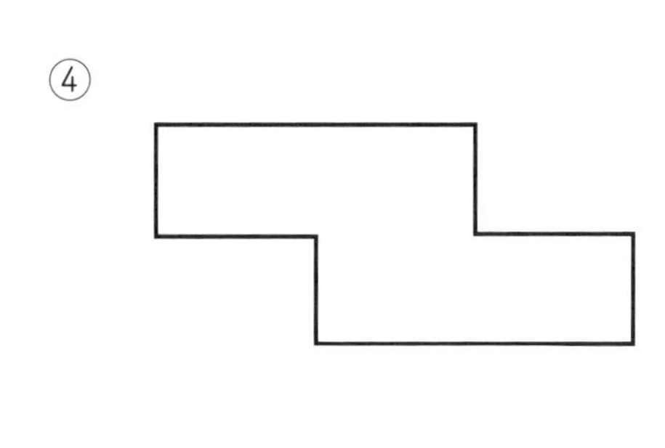

3

下の図は点Oを対称(たいしょう)の中心とする点対称(てんたいしょう)な図形です。点Aに対応する点Bをかき入れましょう。

〔1問　8点〕

①

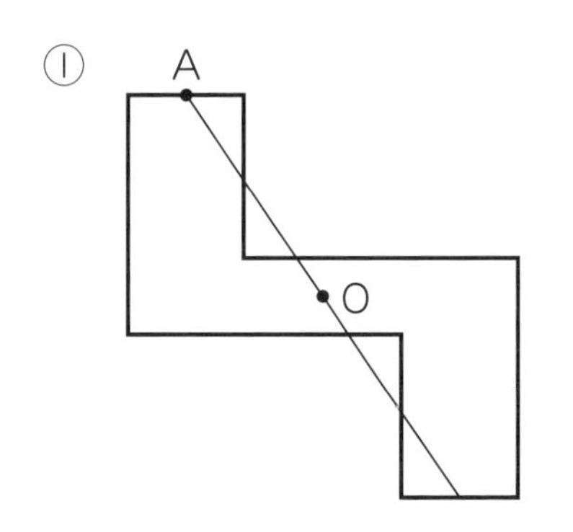

②

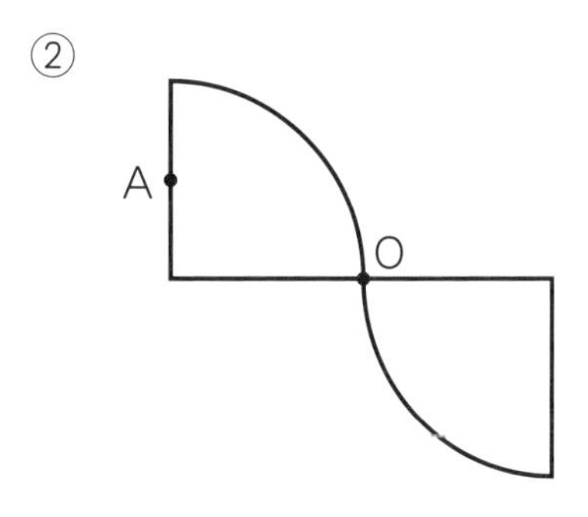

③

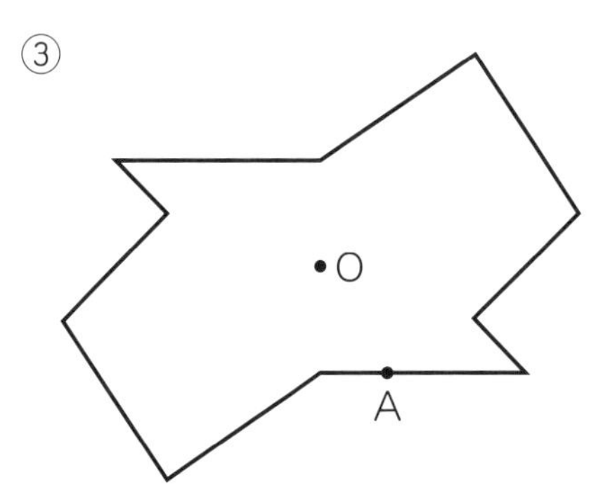

④

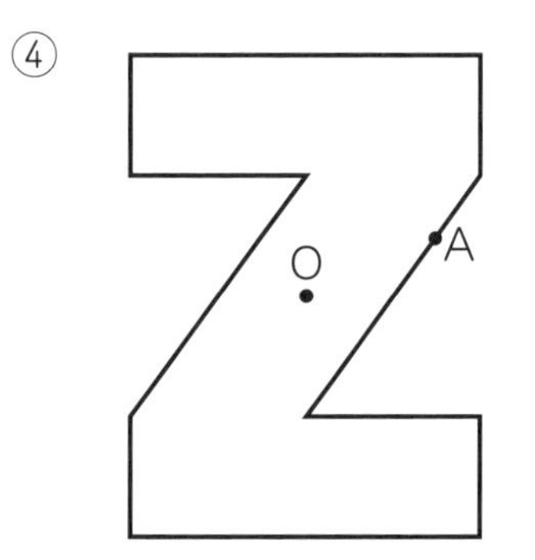

35 対称な形⑩ 点対称④

得点　　点

答え➡別冊12ページ

ポイント

点対称な図形のかき方

① それぞれの頂点と対称の中心を通る直線をひく。

② 対応する頂点を決める。

③ 頂点を順に結ぶ。

点対称な図形で，対応する2つの点は，対称の中心までの長さが等しくなっています。

1 点Oが対称の中心になるように，点対称な図形をかきましょう。〔1問　7点〕

①

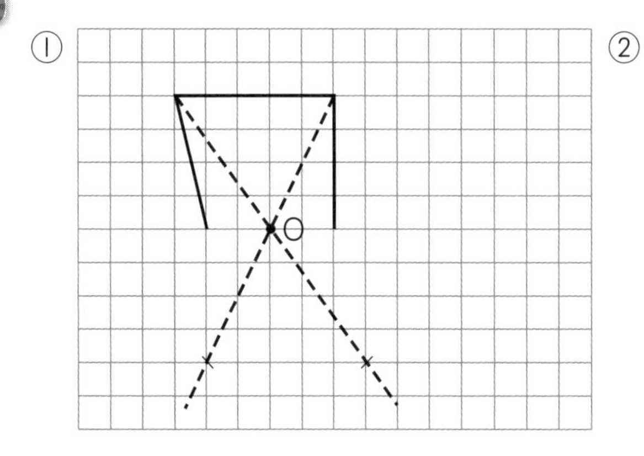

②

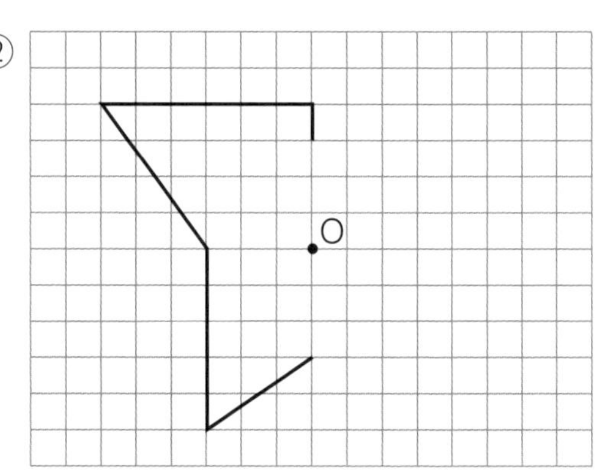

③

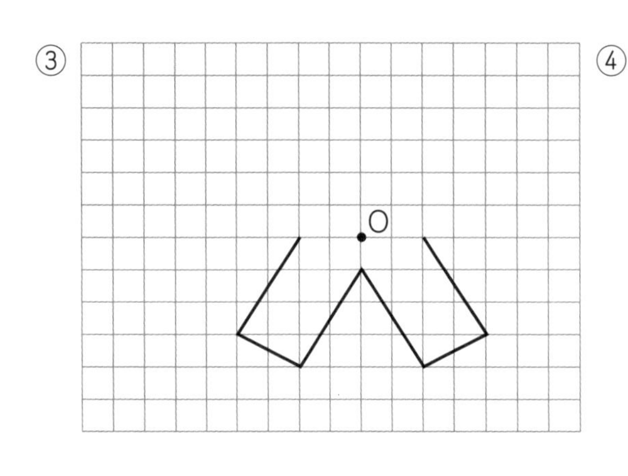

④

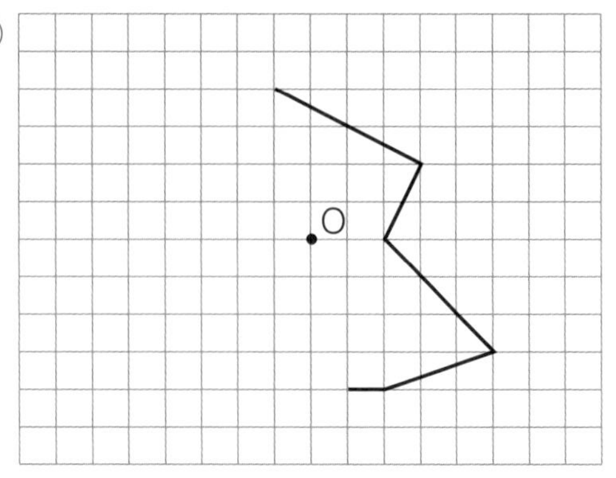

2 点Oが対称の中心になるように，点対称な図形をかきましょう。〔1問　9点〕

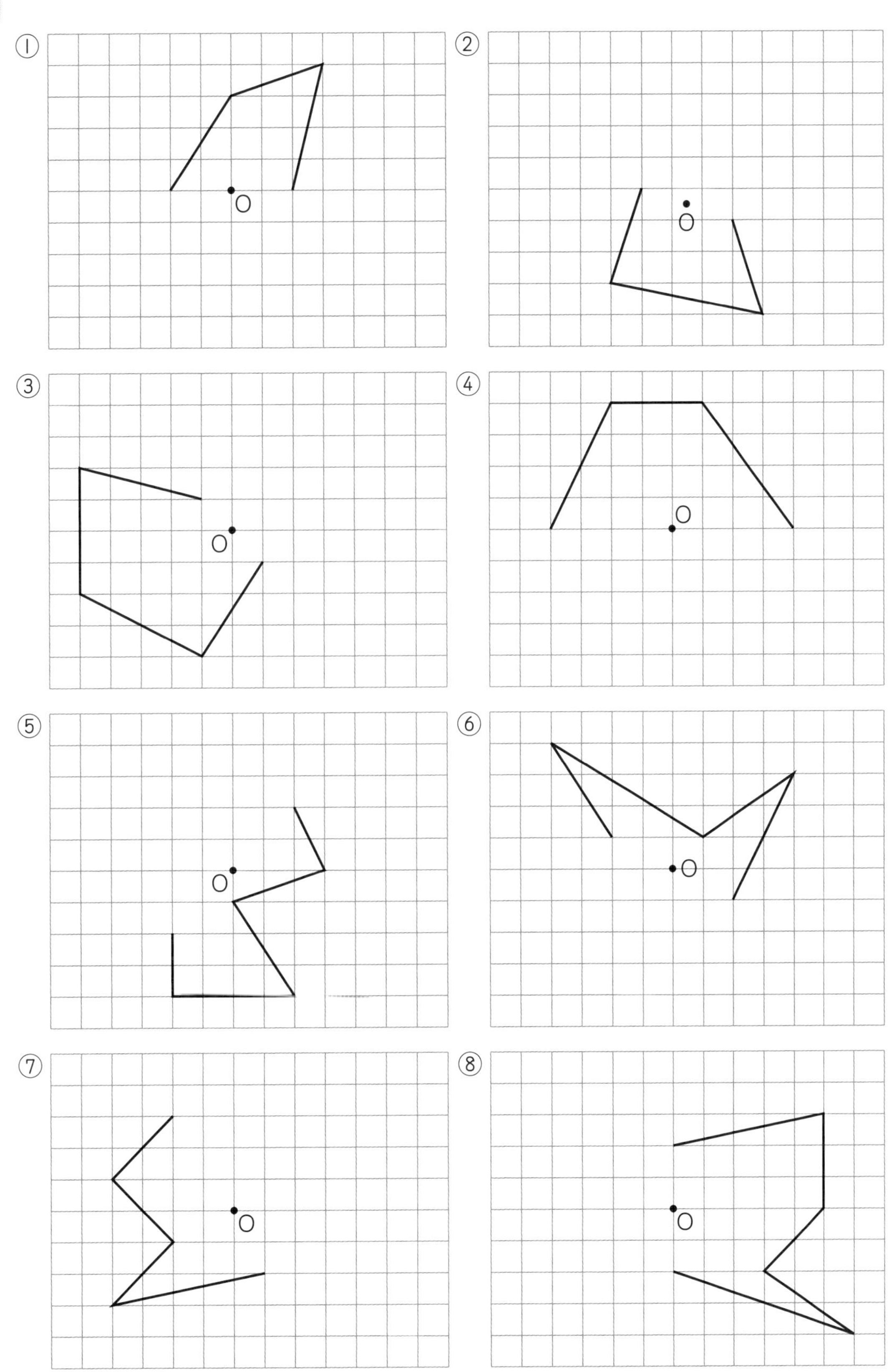

36 対称な形⑪ 四角形と対称

答え➡別冊13ページ

ポイント

平行四辺形　ひし形　長方形　正方形

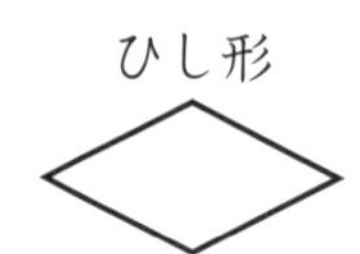

点対称

線対称でもあり，点対称でもある図形

1

次の図形を見て，答えましょう。　〔1問　4点〕

① 線対称な図形はどれですか。(　　)に○をつけましょう。

㋐ 平行四辺形　㋑ ひし形　㋒ 長方形　㋓ 正方形

(　　)　(　　)　(　　)　(　　)

② 点対称な図形はどれですか。(　　)に○をつけましょう。

㋐ 平行四辺形　㋑ ひし形　㋒ 長方形　㋓ 正方形

(　　)　(　　)　(　　)　(　　)

③ 線対称でも，点対称でもある図形はどれですか。(　　)に○をつけましょう。

㋐ 平行四辺形　㋑ ひし形　㋒ 長方形　㋓ 正方形

(　　)　(　　)　(　　)　(　　)

2

次の図形は，線対称な図形です。対称の軸はそれぞれ何本ですか。〔1問　7点〕

① ひし形　② 長方形　③ 正方形　④ 台形

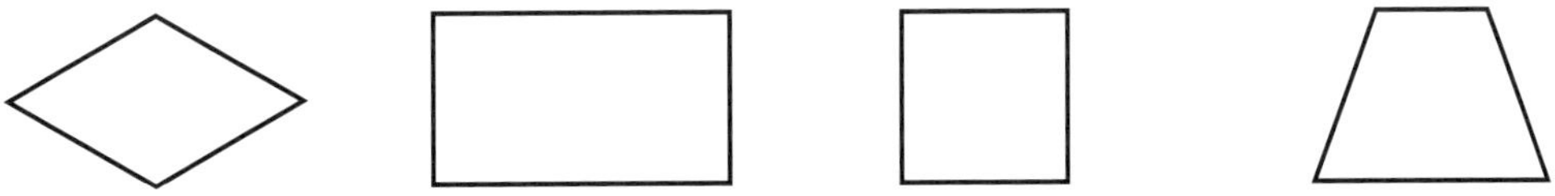

（　　本）（　　）（　　）（　　）

3

次の図形に対称の中心Oをそれぞれかき入れましょう。〔1問　7点〕

① 正方形　② 長方形　③ ひし形　④ 平行四辺形

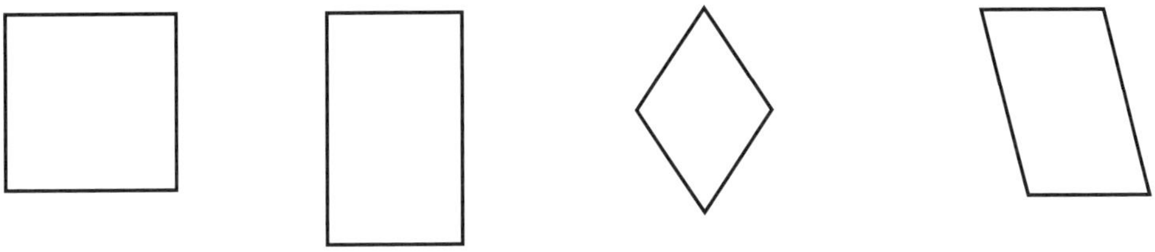

4

次の問題にあてはまる図形を，すべて選んで㋐～㋔の記号で答えましょう。また，どれもあてはまらない場合は，（　　）に×をつけましょう。〔1問　8点〕

㋐ 長方形　㋑ 平行四辺形　㋒ ひし形　㋓ 正方形　㋔ 台形

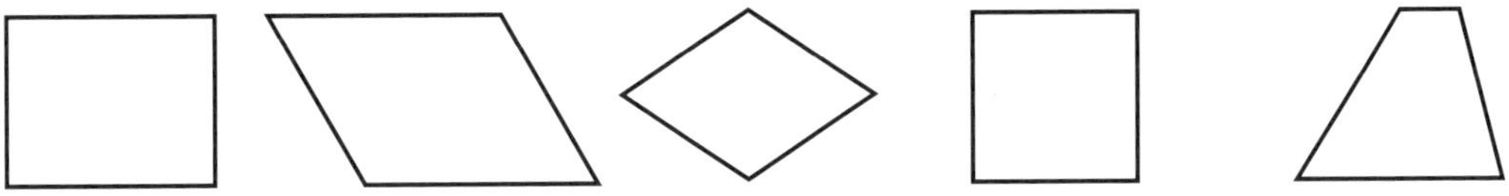

① 線対称な図形（　　）

② 点対称な図形（　　）

③ 線対称でも，点対称でもある図形（　　）

④ 線対称でも，点対称でもない図形（　　）

対称な形⑫

三角形と対称

答え➡別冊14ページ

ポイント

直角三角形　直角二等辺三角形　二等辺三角形　正三角形

線対称でも点対称でもない図形　　線対称な図形

三角形は，点対称な図形ではありません。

1　次の図形を見て，線対称であるだけの図形には○，点対称であるだけの図形には△，線対称でも点対称でもない図形には×を，（　　）につけましょう。

〔1問　8点〕

① 直角三角形

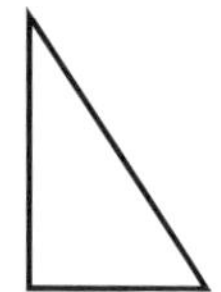
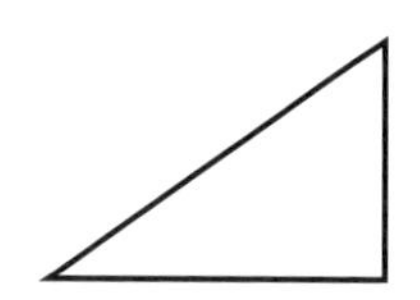
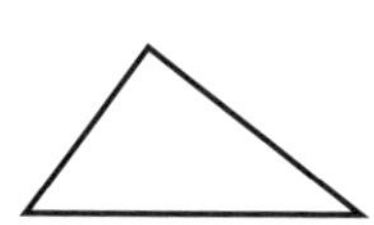

（　　）

② 直角二等辺三角形

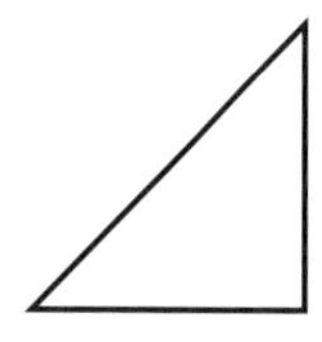
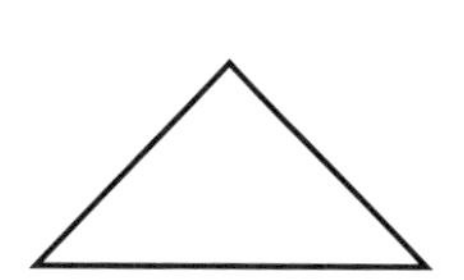
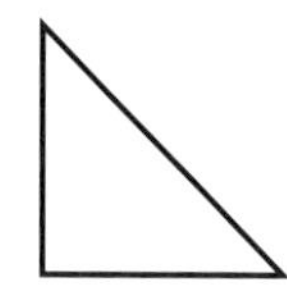

（　　）

③ 二等辺三角形

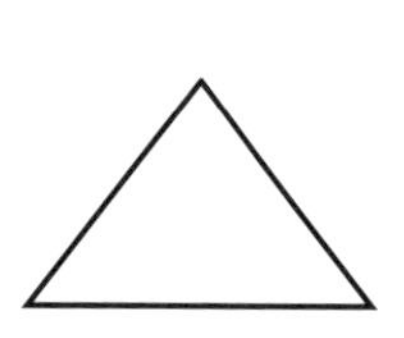
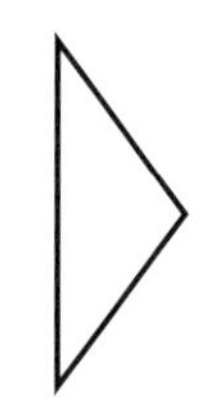
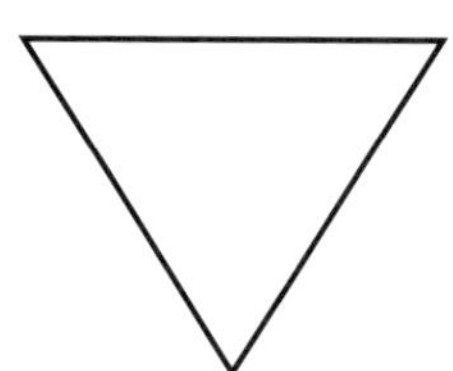

（　　）

④ 正三角形

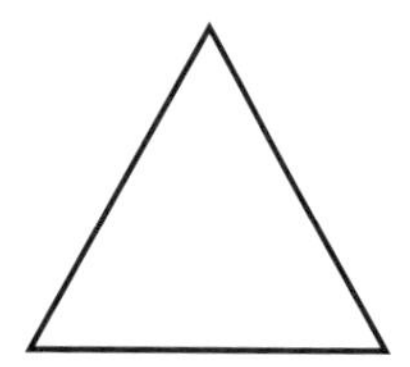
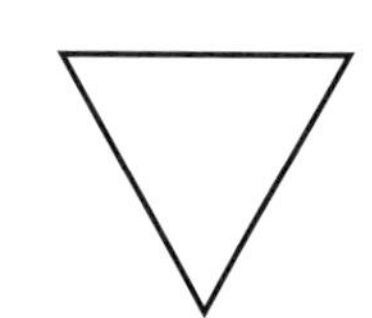
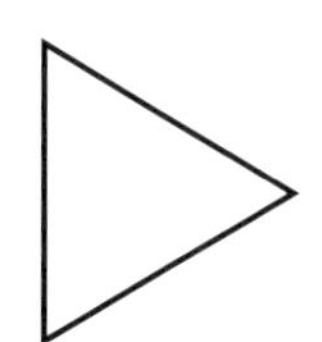

（　　）

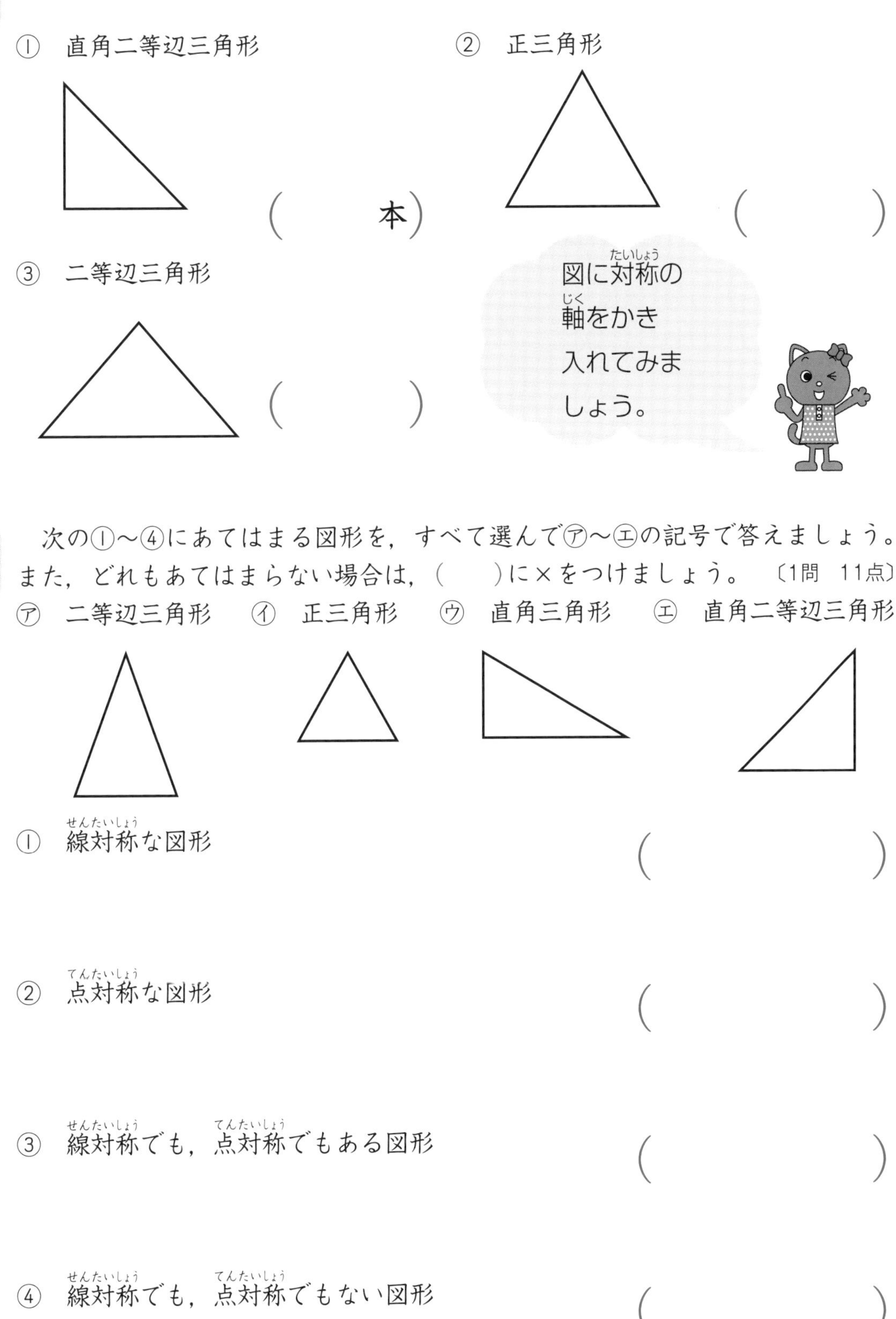

2

次の図形の対称の軸はそれぞれ何本ですか。　〔1問　8点〕

① 直角二等辺三角形　（　　　本）

② 正三角形　（　　　）

③ 二等辺三角形　（　　　）

3

次の①～④にあてはまる図形を，すべて選んで㋐～㋓の記号で答えましょう。また，どれもあてはまらない場合は，（　　）に×をつけましょう。　〔1問　11点〕

㋐ 二等辺三角形　㋑ 正三角形　㋒ 直角三角形　㋓ 直角二等辺三角形

① 線対称な図形　（　　　）

② 点対称な図形　（　　　）

③ 線対称でも，点対称でもある図形　（　　　）

④ 線対称でも，点対称でもない図形　（　　　）

38 対称な形⑬ 対称な図形

答え➡別冊14ページ

ポイント

正五角形

正六角形

正八角形

円

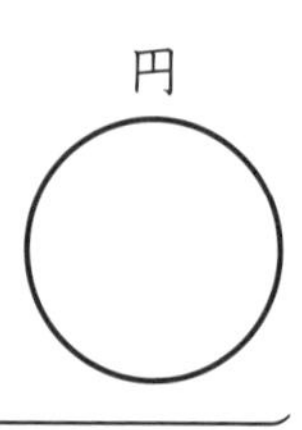

線対称な図形

線対称でもあり，点対称でもある図形

次の図形を見て，答えましょう。 〔1問　6点〕

① 線対称な図形はどれですか。(　　)に○をつけましょう。

㋐ 正五角形　㋑ 正六角形　㋒ 正八角形　㋓ 円

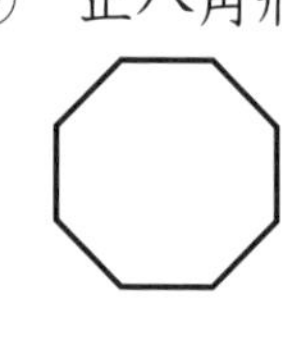

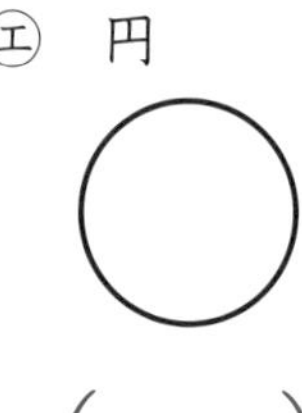

(　　)　(　　)　(　　)　(　　)

② 点対称な図形はどれですか。(　　)に○をつけましょう。

㋐ 正五角形　㋑ 正六角形　㋒ 正八角形　㋓ 円

(　　)　(　　)　(　　)　(　　)

③ 線対称でも，点対称でもある図形はどれですか。(　　)に○をつけましょう。

㋐ 正五角形　㋑ 正六角形　㋒ 正八角形　㋓ 円

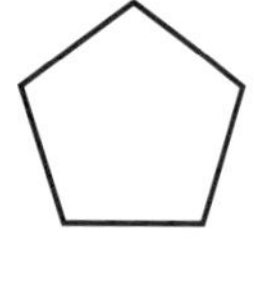

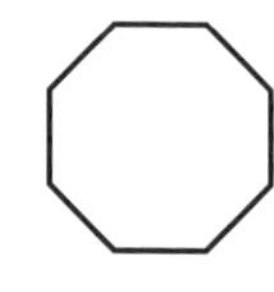

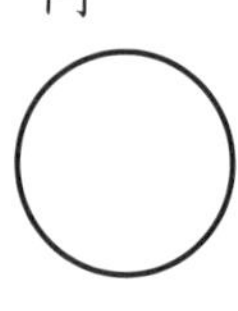

(　　)　(　　)　(　　)　(　　)

2　次の図形の対称の軸はそれぞれ何本ですか。　〔1問　7点〕

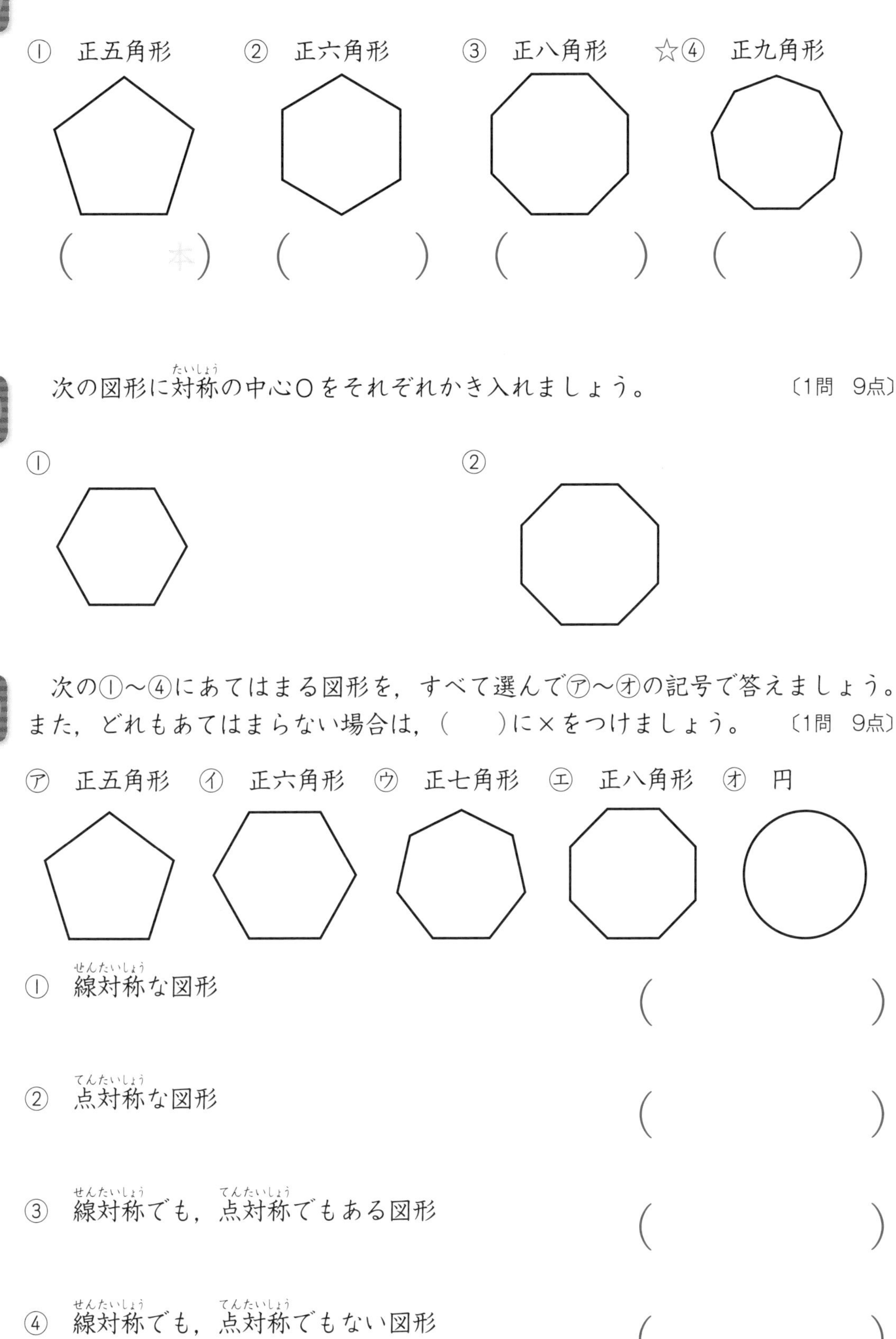

① 正五角形　② 正六角形　③ 正八角形　☆④ 正九角形

(　　本)　(　　)　(　　)　(　　)

3　次の図形に対称の中心Oをそれぞれかき入れましょう。　〔1問　9点〕

①

②

4　次の①～④にあてはまる図形を，すべて選んで㋐～㋔の記号で答えましょう。また，どれもあてはまらない場合は，(　　)に×をつけましょう。　〔1問　9点〕

㋐ 正五角形　㋑ 正六角形　㋒ 正七角形　㋓ 正八角形　㋔ 円

① 線対称な図形　(　　)

② 点対称な図形　(　　)

③ 線対称でも，点対称でもある図形　(　　)

④ 線対称でも，点対称でもない図形　(　　)

39 対称な形⑭
まとめ

答え➡別冊14ページ

1 下の図で，線対称な図形には○，点対称な図形には△を，（　　）につけましょう。
〔1問　4点〕

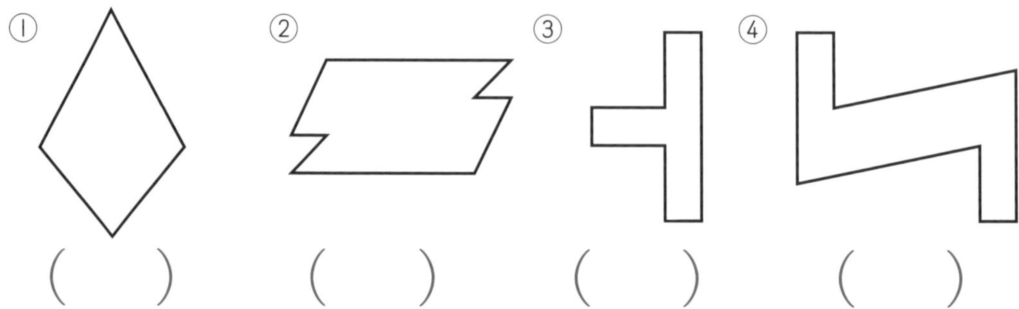

（　　）　（　　）　（　　）　（　　）

2 右の図は，直線ＡＢを対称の軸とする線対称な図形です。次の問題に答えましょう。
〔1問　6点〕

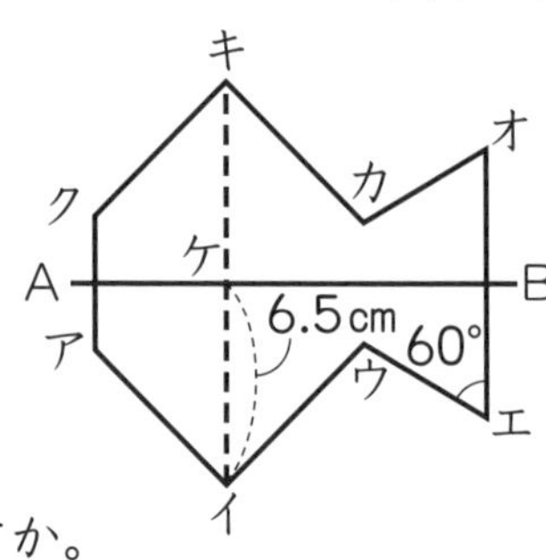

① 点アに対応する点はどれですか。

（　　　）

② 直線イケの長さは6.5cmです。直線キケの長さは何cmですか。

（　　　）

③ 角エの大きさは60°です。角オの大きさは何度ですか。

（　　　）

3 右の図は，点Ｏを対称の中心とする点対称な図形です。次の問題に答えましょう。
〔1問　6点〕

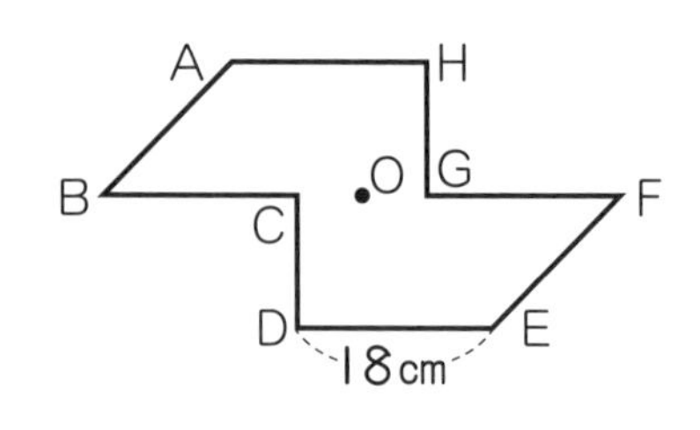

① 点Ｂに対応する点はどれですか。

（　　　）

② 直線ＤＥの長さは18cmです。直線ＡＨの長さは何cmですか。

（　　　）

③ 角Ｆの大きさは45°です。角Ｂの大きさは何度ですか。

（　　　）

4

下の①と③では，直線ＡＢが対称の軸になるように線対称な図形を，②と④では点Ｏが対称の中心になるように点対称な図形をかきましょう。〔1問　6点〕

①

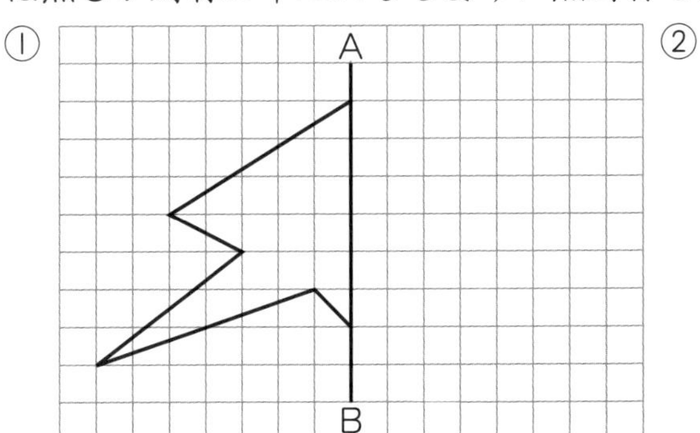

②

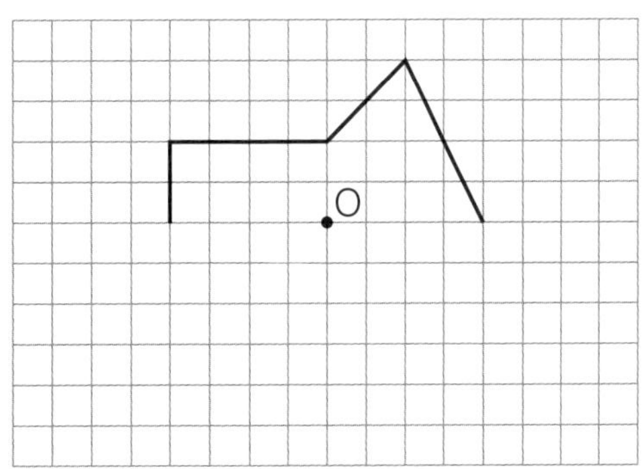

③

A

B

④

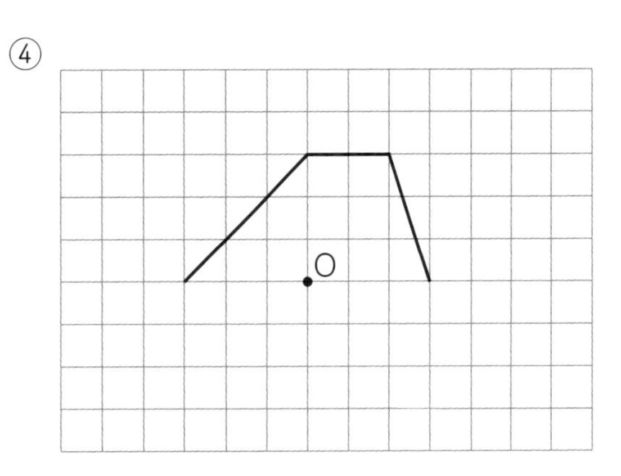

5

次の①～④にあてはまる図形を，すべて選んで㋐～㋕の記号で答えましょう。〔1問　6点〕

㋐ 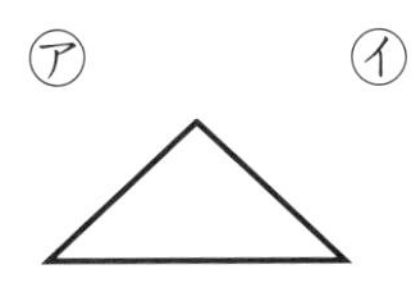
二等辺三角形

㋑ 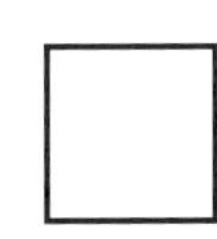
正方形

㋒ 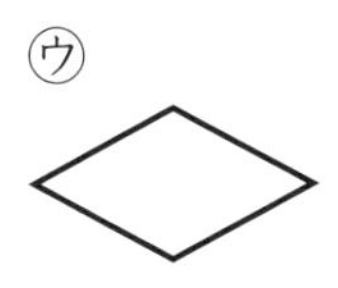
ひし形

㋓ 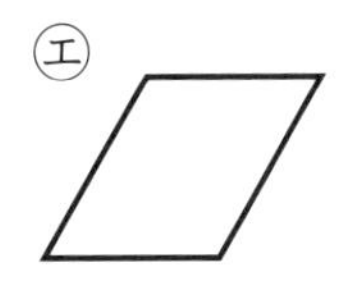
平行四辺形

㋔ 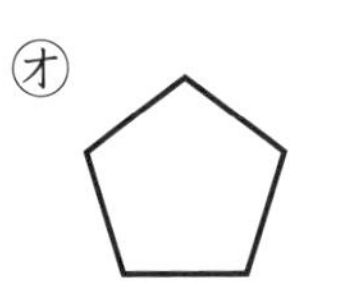
正五角形

㋕ 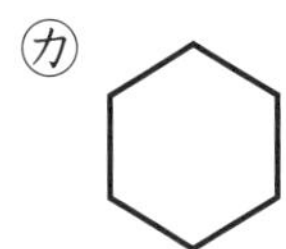
正六角形

① 線対称な図形　（　　　　）

② 対称の軸が４本の図形　（　　　　）

③ 点対称な図形　（　　　　）

④ 線対称でも，点対称でもある図形　（　　　　）

40 拡大図と縮図①

拡大図①

答え➡別冊14ページ

おぼえよう

対応する角の大きさがそれぞれ等しく，対応する辺の長さの比が等しくなるようにもとの図を大きくした図を**拡大図**といいます。

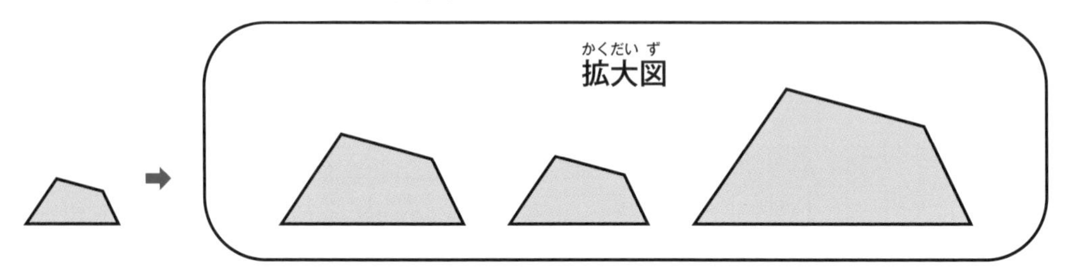

1 次の図について，下の問題に㋐～㋙の記号で答えましょう。 〔1問 12点〕

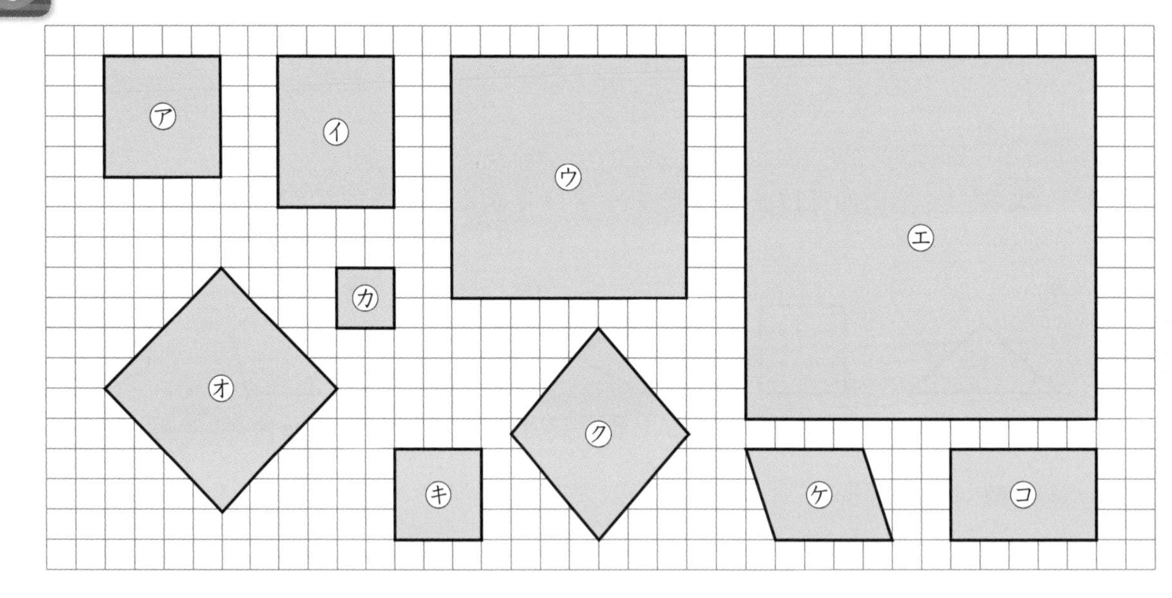

① 対応する角の大きさがすべて㋐と等しく，対応する辺の長さが㋐の3倍になっている図形はどれですか。 （　　　　　）

② 対応する角の大きさがすべて㋕と等しく，対応する辺の長さが㋕の4倍になっている図形はどれですか。 （　　　　　）

③ ㋐の拡大図をすべて答えましょう。 （　　　　　）

次の図について，下の問題に答えましょう。　〔1問　13点〕

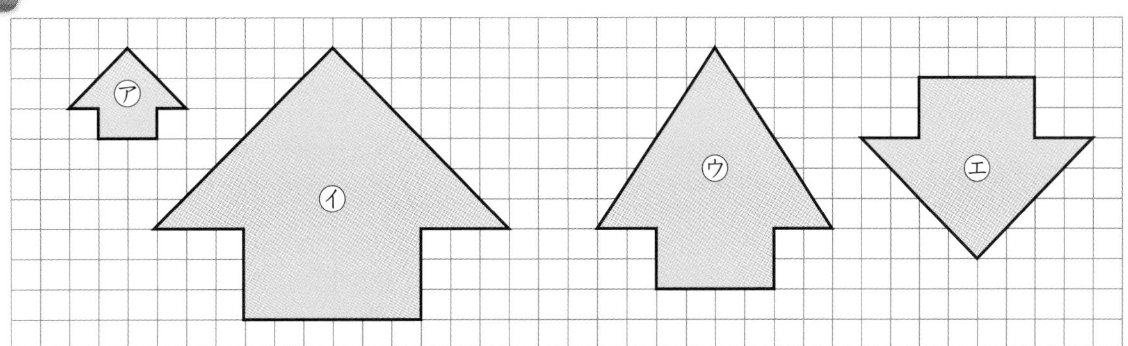

① ㋐と㋑は対応する角の大きさがすべて等しくなっています。㋑の対応する辺の長さは，㋐の何倍になっていますか。（　　　）

② ㋐と㋓は対応する角の大きさがすべて等しくなっています。㋓の対応する辺の長さは，㋐の何倍になっていますか。（　　　）

③ ㋑は㋓の拡大図（かくだいず）といえますか。そのわけも書きましょう。

（　　　）

④ ㋒は㋐の拡大図（かくだいず）といえますか。そのわけも書きましょう。

（　　　）

3

下の図で，㋐の三角形の拡大図（かくだいず）になっている三角形はどれですか。すべて選んで㋑～㋖の記号で答えましょう。　〔12点〕

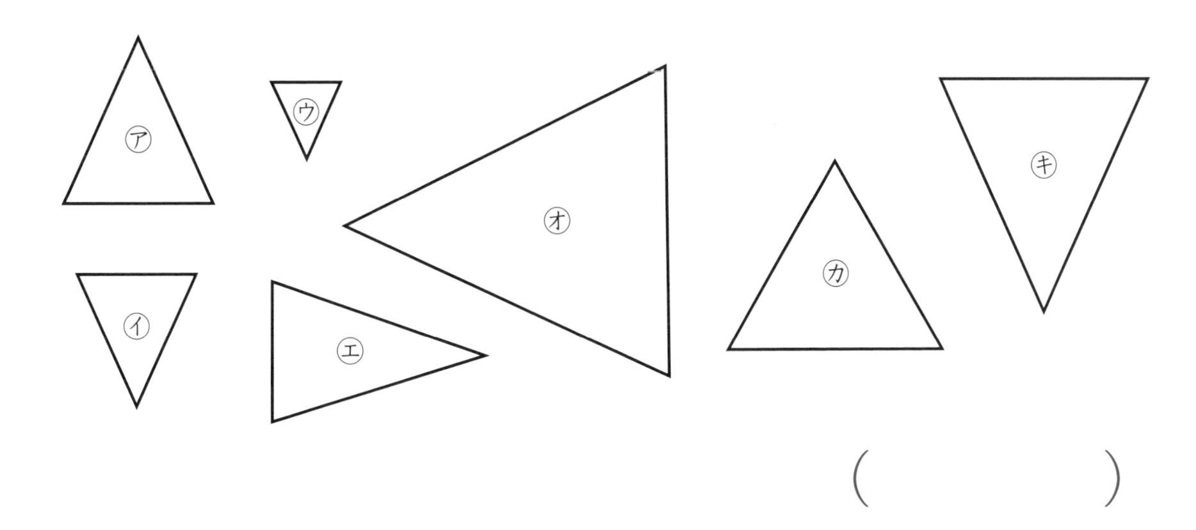

（　　　）

41 拡大図と縮図②
拡大図②

答え➡別冊15ページ

おぼえよう

もとの図に対して，対応する辺の長さを2倍にした図を，もとの図の「2倍の拡大図」といいます。

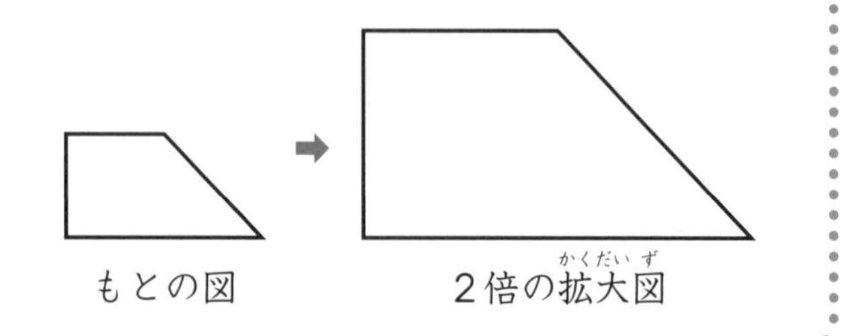

1 次の図について，下の問題に答えましょう。〔1問　14点〕

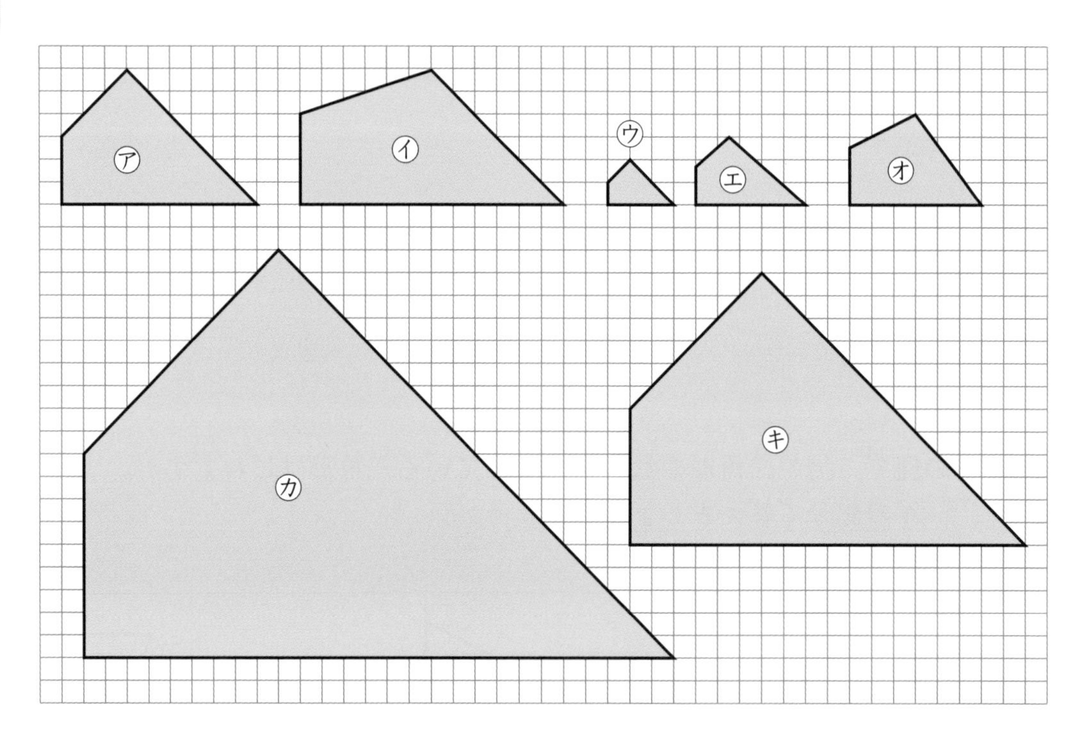

① ㋐の2倍の拡大図はどれですか。㋑～㋖の記号で答えましょう。（　　　）

② ㋐の3倍の拡大図はどれですか。㋑～㋖の記号で答えましょう。（　　　）

③ ㋐は，㋒の何倍の拡大図ですか。（　　　）

次の図について，下の問題に㋑～㋖の記号で答えましょう。〔1問　14点〕

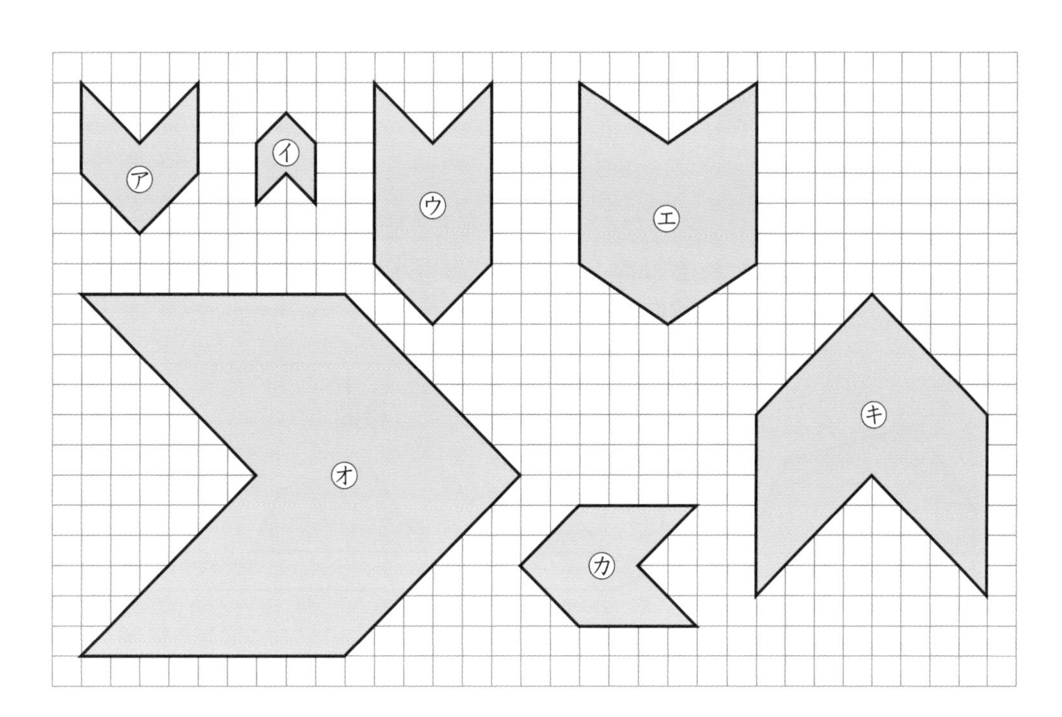

① ㋐の2倍の拡大図(かくだいず)はどれですか。（　　　）

② ㋐の3倍の拡大図(かくだいず)はどれですか。（　　　）

3

下の図の中から，㋐の拡大図(かくだいず)を選んで㋑～㋖の記号で答えましょう。また，それは何倍の拡大図(かくだいず)ですか。〔1問　15点〕

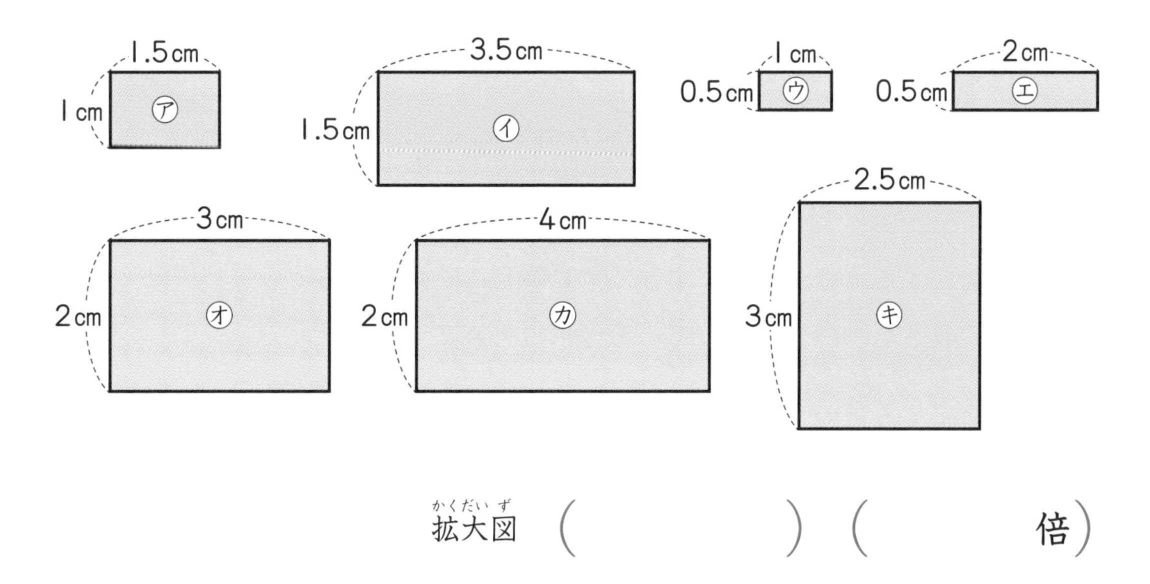

拡大図(かくだいず)（　　　）（　　　倍）

拡大図と縮図③
縮図①

答え➡別冊15ページ

おぼえよう

対応する角の大きさがそれぞれ等しく，対応する辺の長さの比が等しくなるようにもとの図を小さくした図を**縮図**といいます。

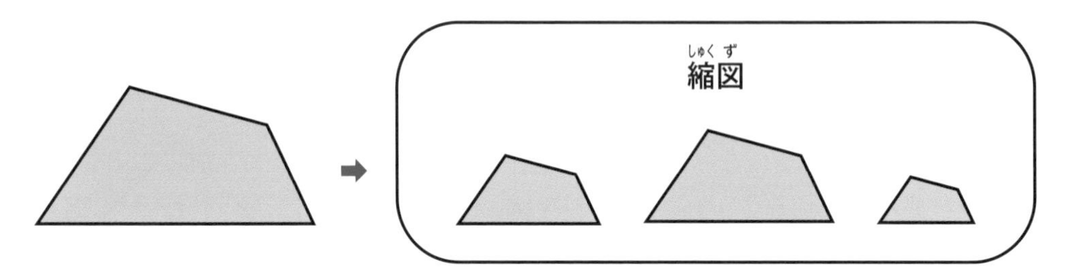

1 次の図について，下の問題に㋐～㋖の記号で答えましょう。〔1問　12点〕

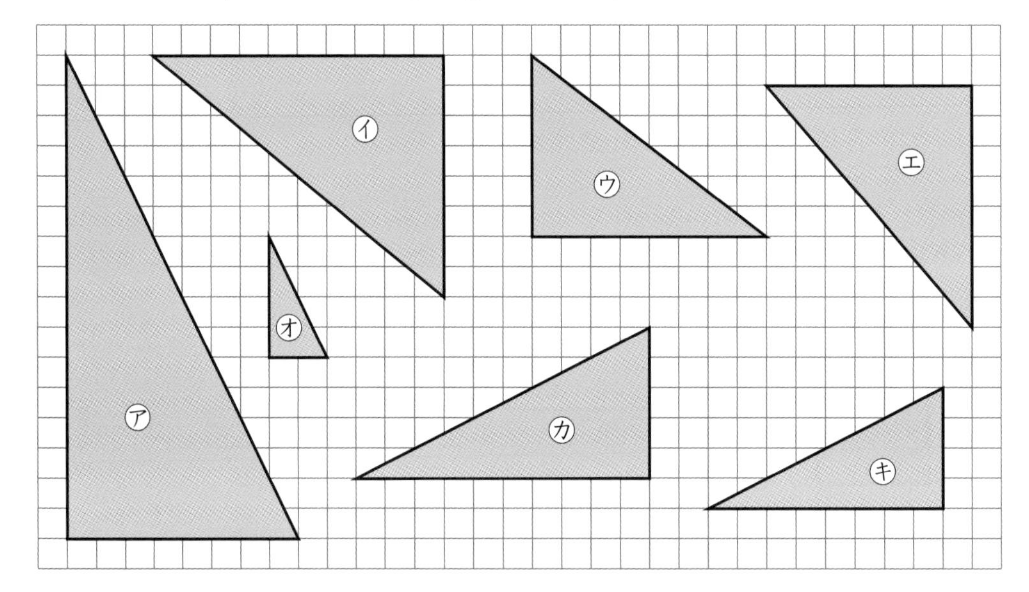

① 対応する角の大きさがすべて㋐と等しく，対応する辺の長さが㋐の$\frac{1}{2}$になっている図形はどれですか。（　　　　）

② 対応する角の大きさがすべて㋐と等しく，対応する辺の長さが㋐の$\frac{1}{4}$になっている図形はどれですか。（　　　　）

③ ㋐の縮図をすべて答えましょう。（　　　　）

次の図のア～エは，すべて，対応する角の大きさが等しい図形です。下の問題に答えましょう。　〔1問　13点〕

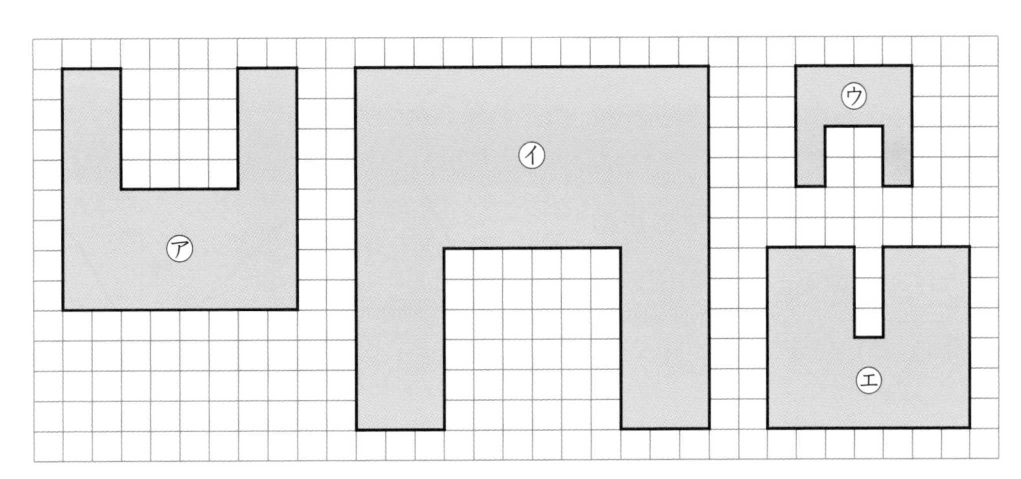

① アとウは対応する辺の比がすべて等しくなっています。
ウの辺の長さは，対応するアの辺の長さの何分の１ですか。（　　　）

② イとウは対応する辺の比がすべて等しくなっています。
ウの辺の長さは，対応するイの辺の長さの何分の１ですか。（　　　）

③ ウはイの縮図（しゅくず）といえますか。そのわけも書きましょう。

（　　　）

④ エはイの縮図（しゅくず）といえますか。そのわけも書きましょう。

（　　　）

3 下の図の中から，アの縮図（しゅくず）を選んでイ～エの記号で答えましょう。　〔12点〕

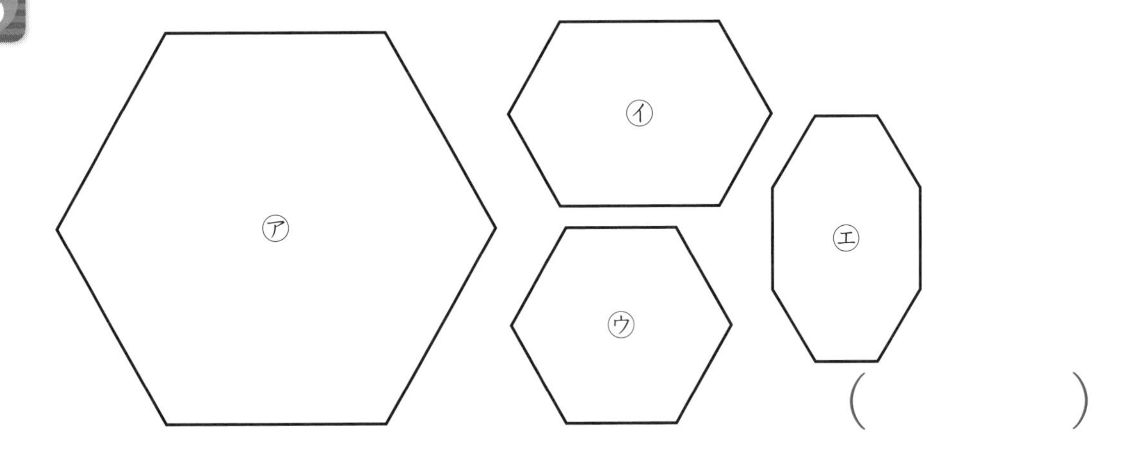

（　　　）

43 拡大図と縮図④ 縮図②

答え➡別冊15ページ

おぼえよう

もとの図に対して，対応する辺の長さを$\frac{1}{2}$にした図を，もとの図の「$\frac{1}{2}$の縮図」といいます。

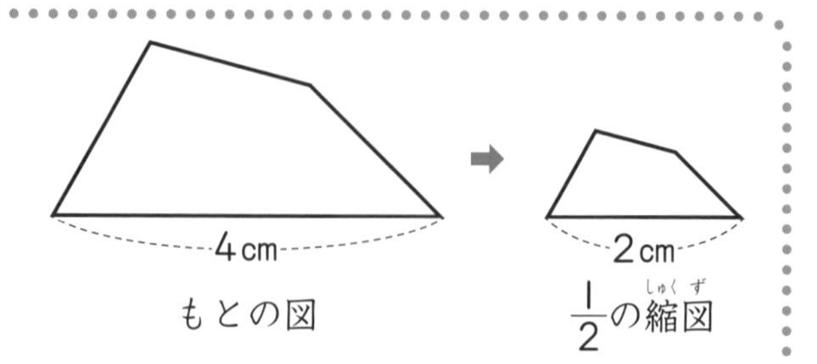

1 次の図について，下の問題に答えましょう。〔1問　10点〕

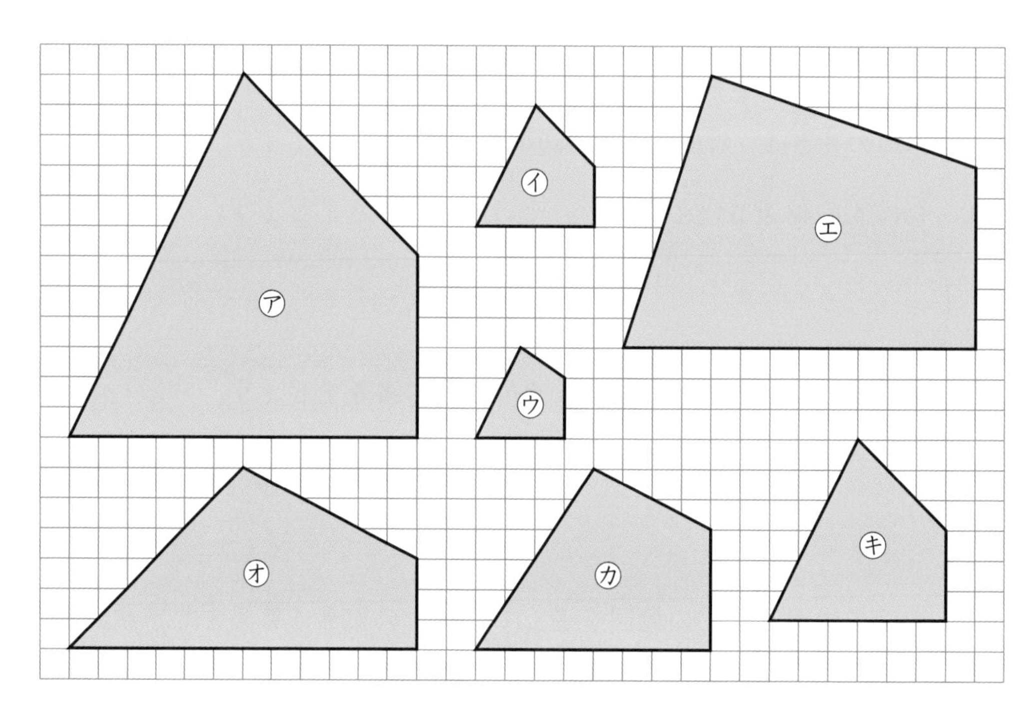

① アの縮図はどれとどれですか。イ～キの記号で答えましょう。（　　，　　）

② アの$\frac{1}{2}$の縮図はどれですか。イ～キの記号で答えましょう。（　　）

③ アの$\frac{1}{3}$の縮図はどれですか。イ～キの記号で答えましょう。（　　）

次の図について，下の問題に答えましょう。〔1問　10点〕

① ㋐の$\frac{1}{2}$の縮図(しゅくず)はどれですか。㋑～㋕の記号で答えましょう。（　　）

② ㋐の$\frac{1}{3}$の縮図(しゅくず)はどれですか。㋑～㋕の記号で答えましょう。（　　）

③ ㋑は，㋓の何分の１の縮図(しゅくず)ですか。（　　）

3

次の①～④で，正しいものには○を，正しいとはいいきれないものには×を（　　）につけましょう。〔1問　10点〕

① １辺が３cmの正方形は，１辺が９cmの正方形の$\frac{1}{3}$の縮図(しゅくず)である。（　　）

② １辺が４cmのひし形は，１辺が８cmのひし形の$\frac{1}{2}$の縮図(しゅくず)である。（　　）

③ 直径が２cmの円は，直径が８cmの円の$\frac{1}{4}$の縮図(しゅくず)である。（　　）

④ 等しい２つの辺が３cmの二等辺三角形は，等しい２つの辺が６cmの二等辺三角形の$\frac{1}{2}$の縮図(しゅくず)である。（　　）

44 拡大図と縮図⑤ 拡大図③

答え➡別冊15ページ

ポイント

方眼を使って2倍の拡大図をかく

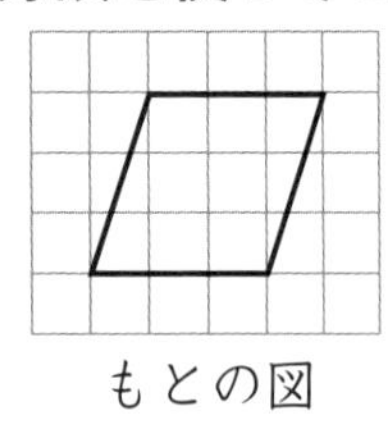

もとの図

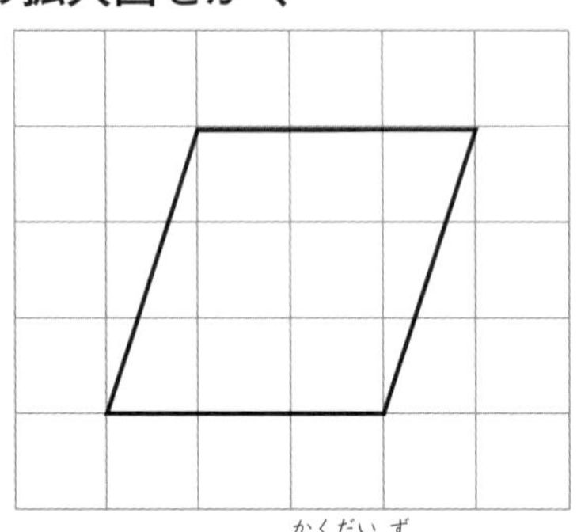

2倍の拡大図

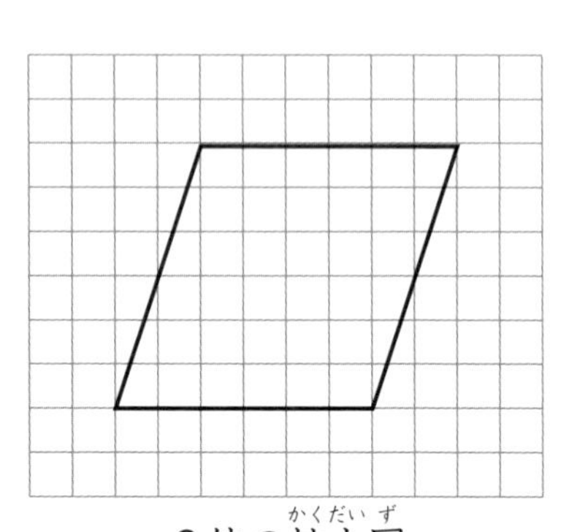

↑ 2倍の拡大図

・たて，横の長さ→がそれぞれ2倍の長さの方眼を使う。

・ます目の数が，どこも2倍になるようにする。

次の図の2倍の拡大図，3倍の拡大図をかきましょう。〔1問　15点〕

もとの図

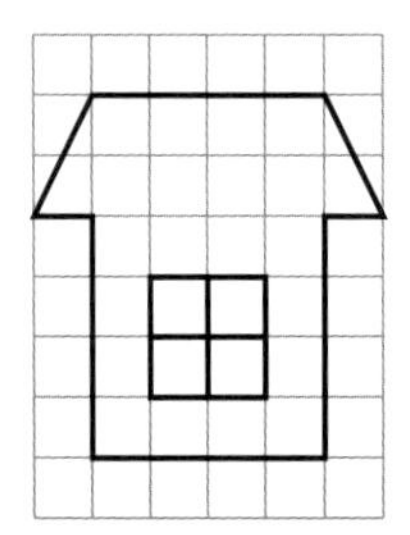

①2倍の拡大図

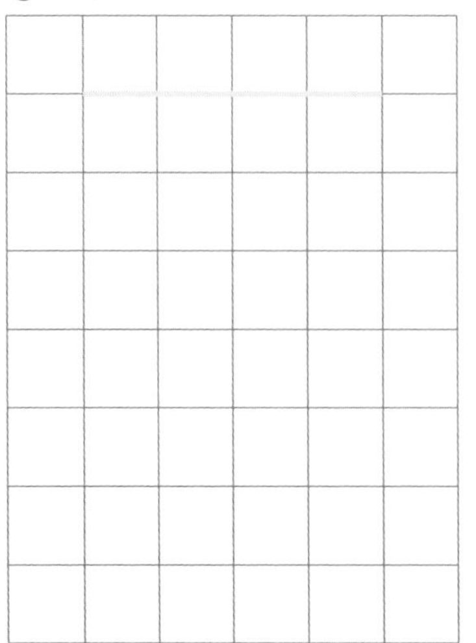

②3倍の拡大図

次の図の２倍の拡大図，３倍の拡大図をかきましょう。 〔1問　15点〕

もとの図

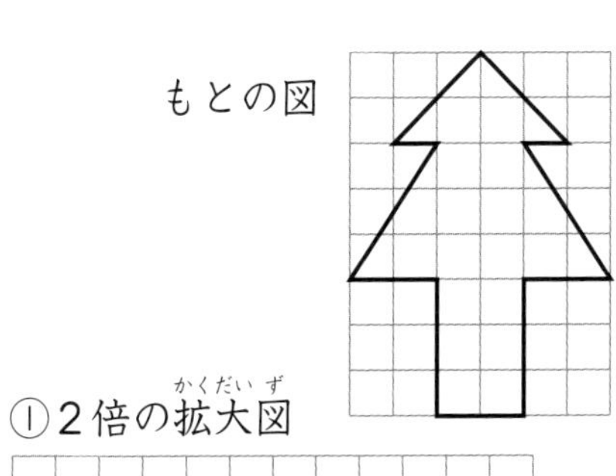

②３倍の拡大図

①２倍の拡大図

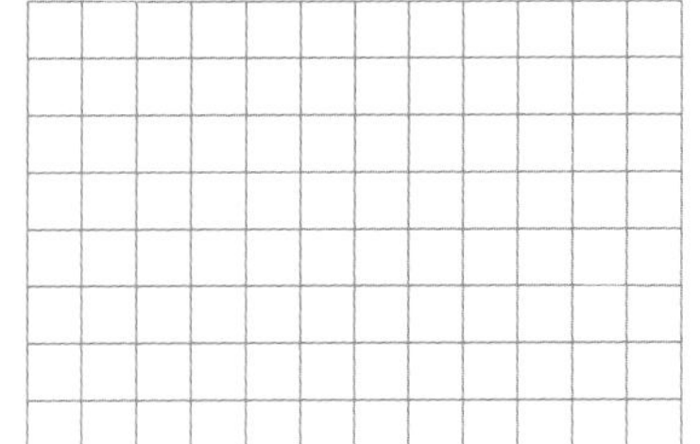

3

次の図の1.5倍の拡大図，２倍の拡大図をかきましょう。 〔1問　20点〕

もとの図

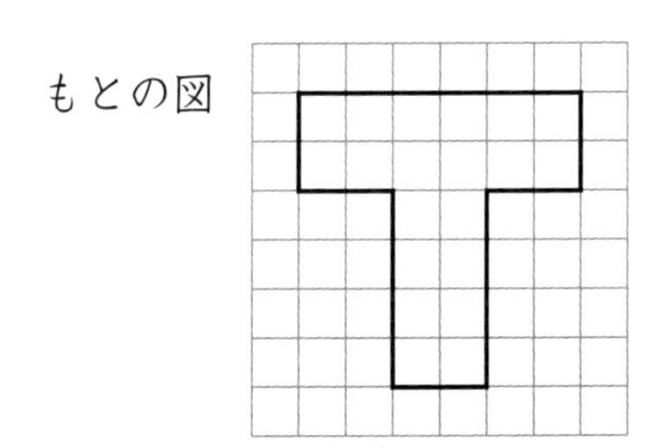

②２倍の拡大図

①1.5倍の拡大図

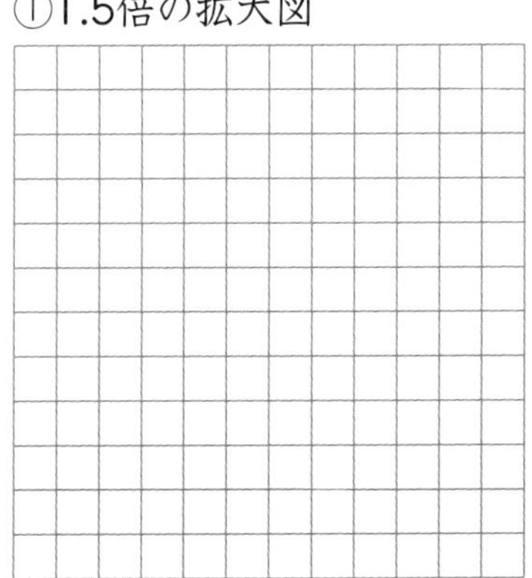

ポイント

3つの辺の長さを使って三角形の2倍の拡大図をかく

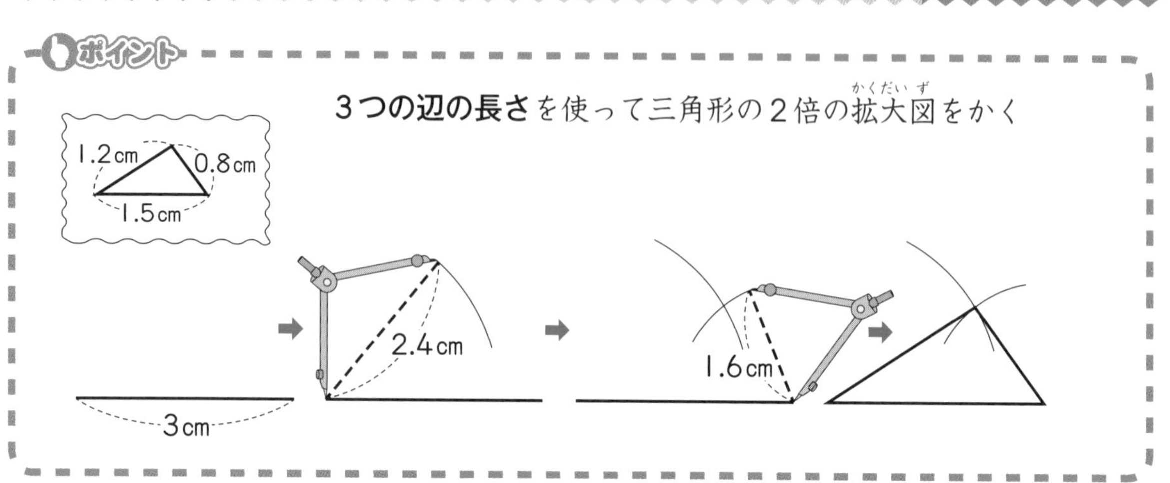

1 次の三角形の2倍の拡大図と3倍の拡大図をかきましょう。〔1問 20点〕

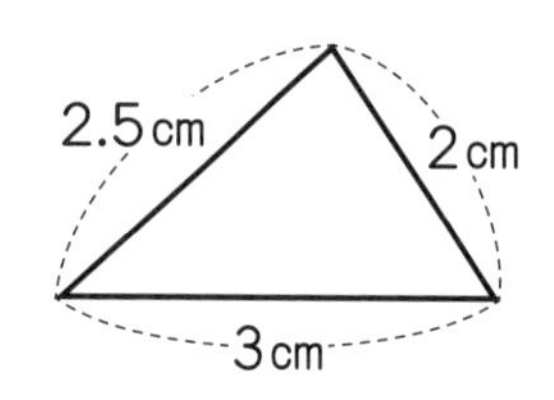

① 2倍の拡大図

② 3倍の拡大図

次の三角形の２倍の拡大図をかきましょう。　〔20点〕

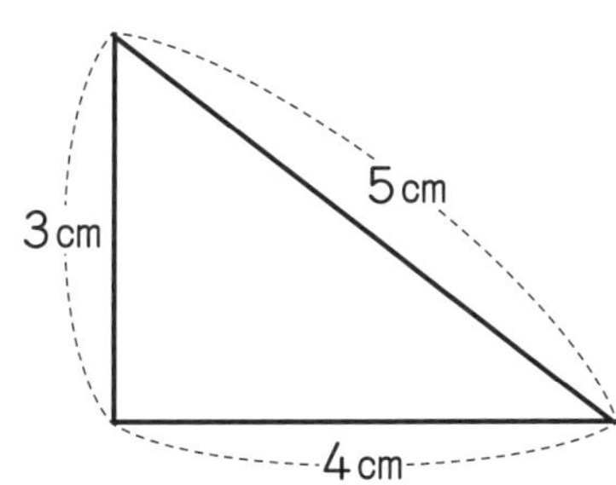

3

次の三角形の２倍の拡大図をかきましょう。　〔20点〕

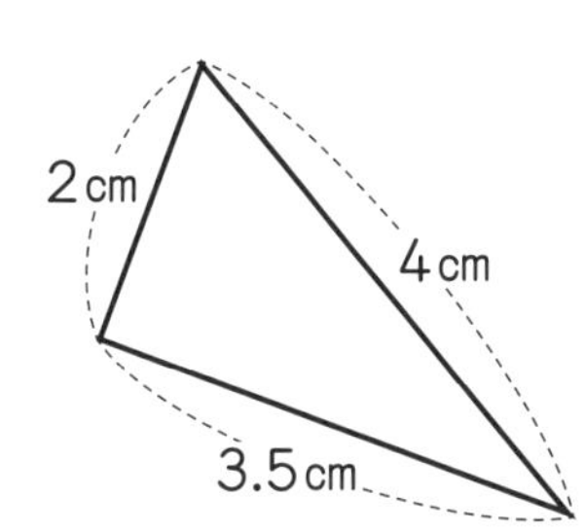

4

次の三角形の３倍の拡大図をかきましょう。　〔20点〕

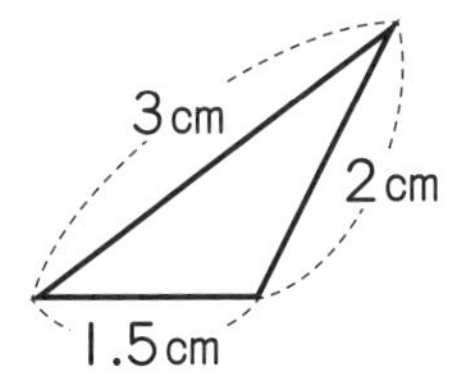

46 拡大図と縮図⑦ 拡大図⑤

得点　　点

答え➡別冊17ページ

ポイント

2つの辺の長さとその間の角の大きさを使って三角形の2倍の拡大図をかく

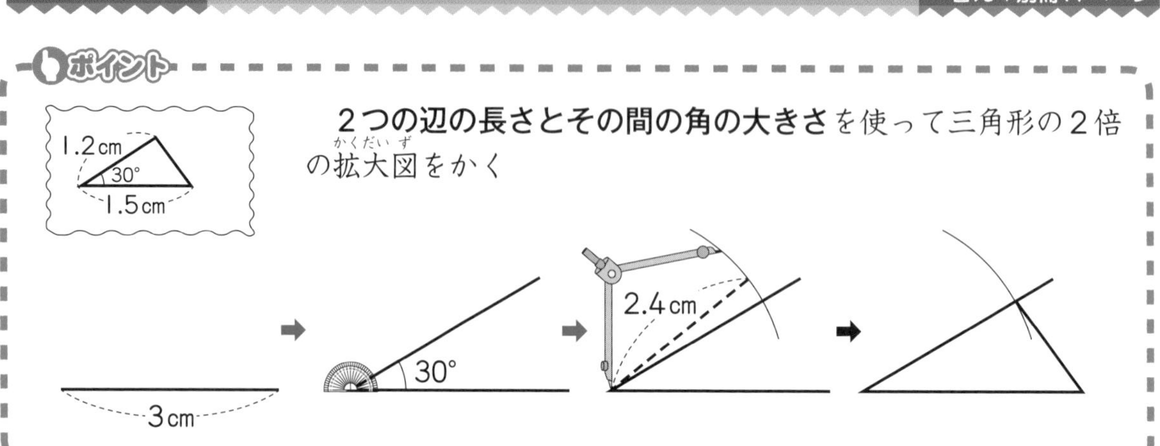

1 次の三角形の2倍の拡大図と3倍の拡大図をかきましょう。〔1問　20点〕

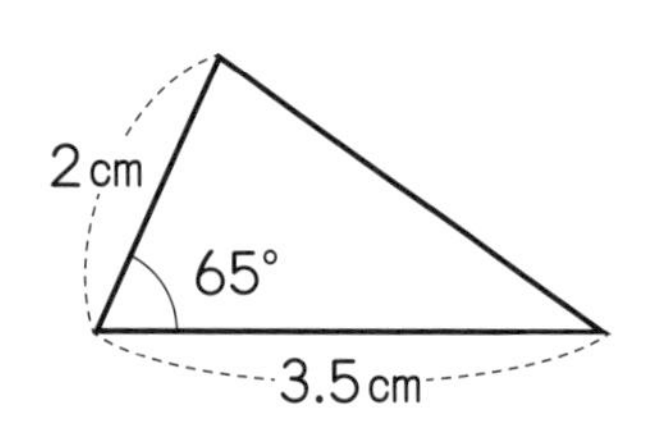

① 2倍の拡大図

② 3倍の拡大図

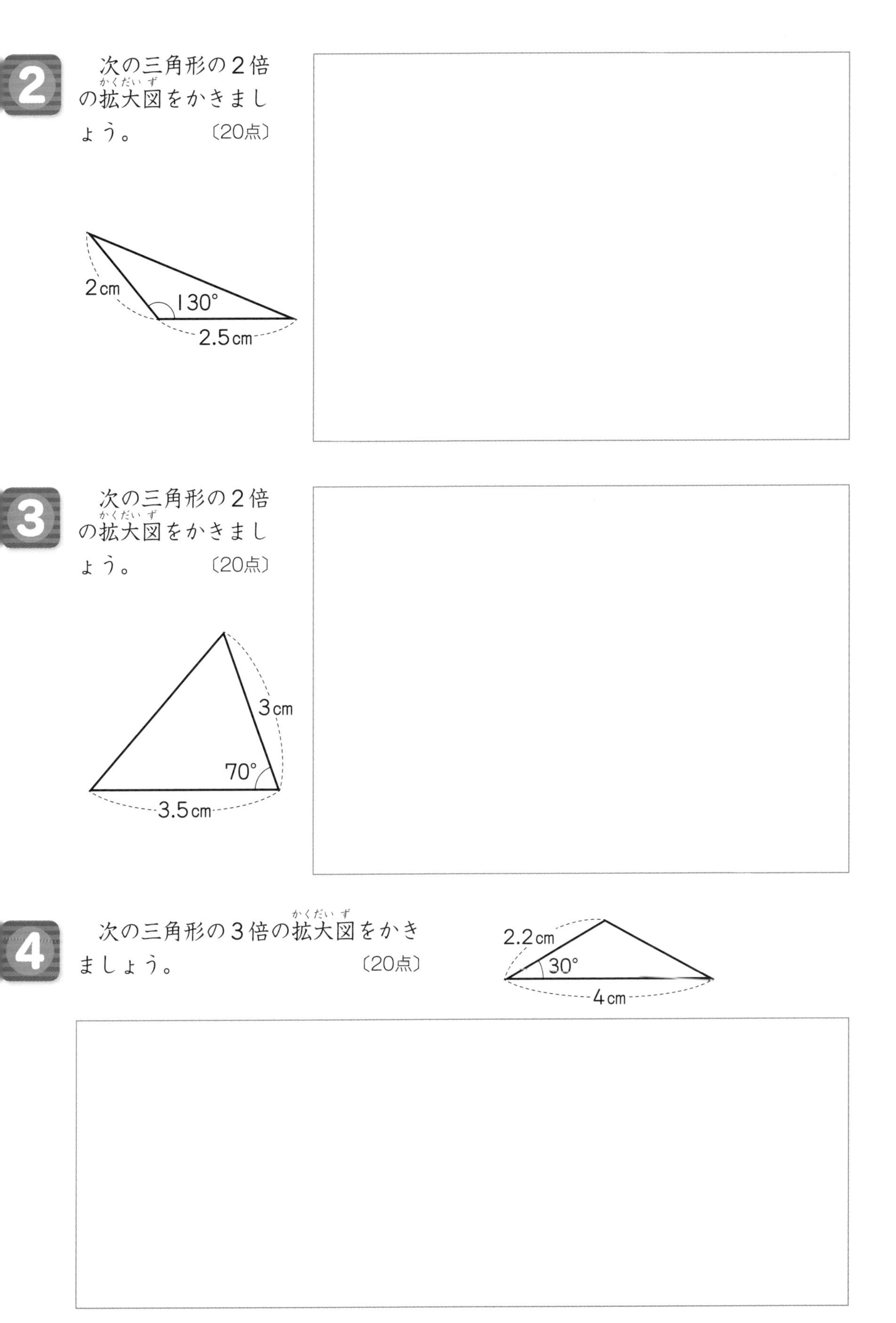

2 次の三角形の２倍の拡大図(かくだいず)をかきましょう。〔20点〕

3 次の三角形の２倍の拡大図(かくだいず)をかきましょう。〔20点〕

4 次の三角形の３倍の拡大図(かくだいず)をかきましょう。〔20点〕

47 拡大図と縮図⑧ 拡大図⑥

得点 点

答え➡別冊17ページ

ポイント

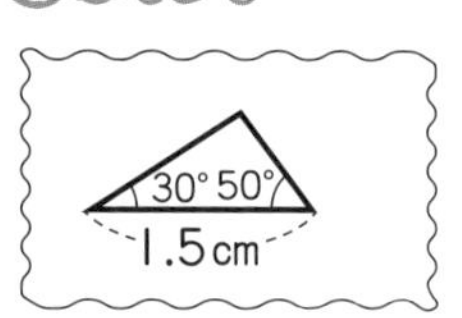

１つの辺の長さとその両はしの角の大きさを使って三角形の２倍の拡大図をかく

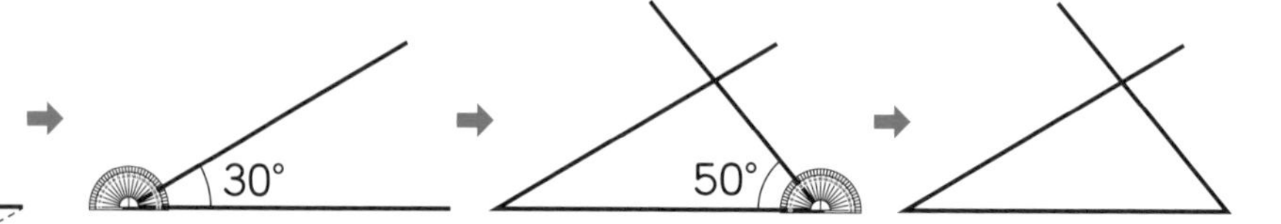

1 次の三角形の２倍の拡大図と３倍の拡大図をかきましょう。〔1問 20点〕

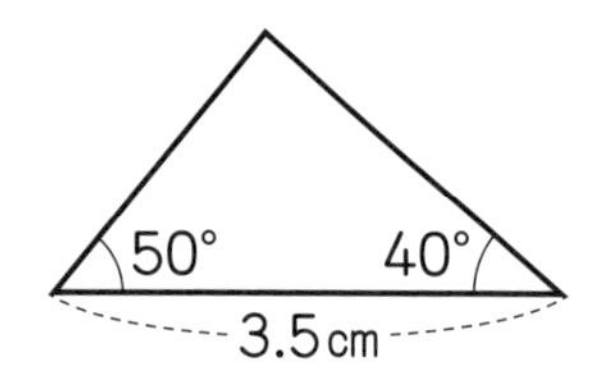

①２倍の拡大図

②３倍の拡大図

次の三角形の２倍の拡大図をかきましょう。　〔20点〕

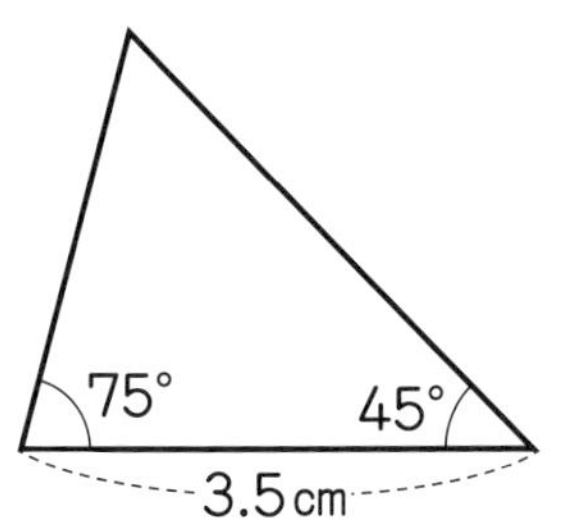

3

次の三角形の２倍の拡大図をかきましょう。　〔20点〕

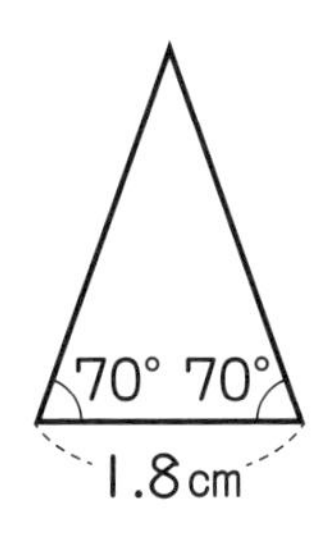

4

次の三角形の３倍の拡大図をかきましょう。　〔20点〕

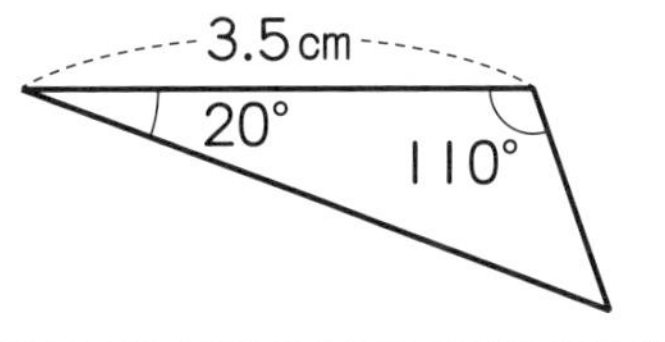

48 拡大図と縮図⑨ 縮図③

ポイント

方眼を使って$\frac{1}{2}$の縮図をかく

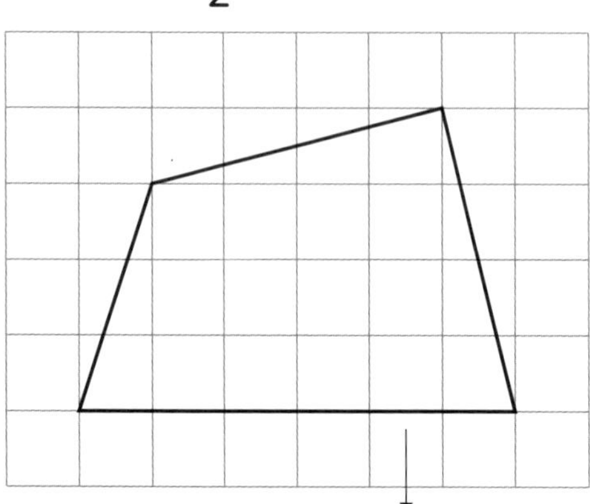

・たて，横の長さがそれぞれ$\frac{1}{2}$の長さの方眼を使う。

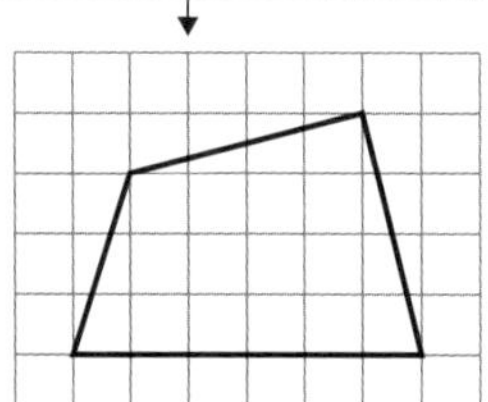

・ます目の数が，どこも$\frac{1}{2}$になるようにする。

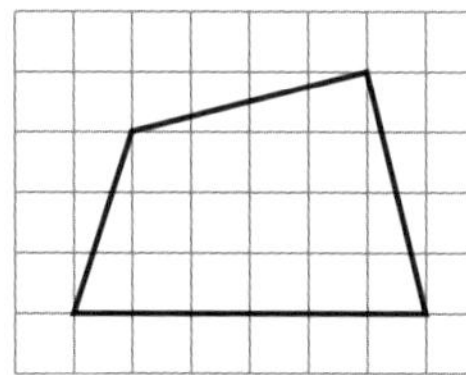

1 次の図の$\frac{1}{2}$の縮図，$\frac{1}{4}$の縮図をかきましょう。〔1問　20点〕

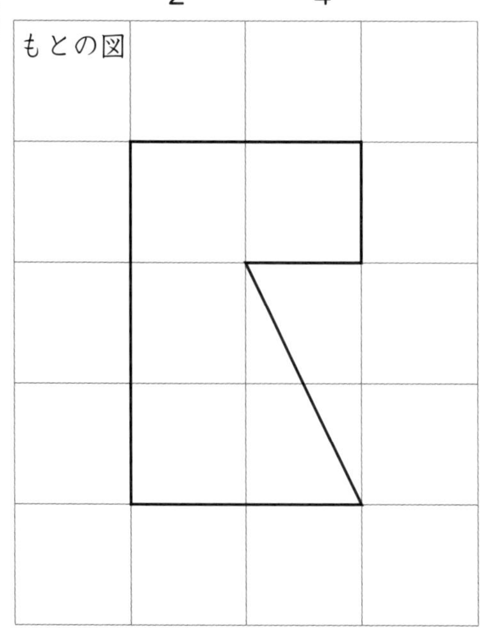

①$\frac{1}{2}$の縮図

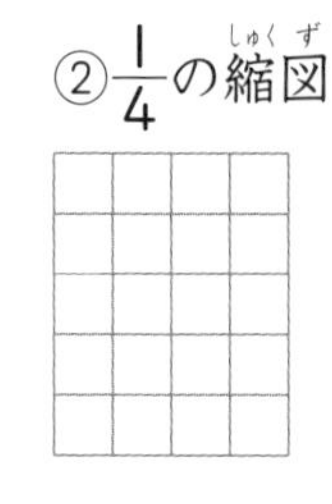

もとの図は，$\frac{1}{2}$の縮図，$\frac{1}{4}$の縮図のそれぞれ2倍，4倍の拡大図になるよ。

次の図の$\frac{1}{2}$の縮図，$\frac{1}{4}$の縮図をかきましょう。 〔1問　20点〕

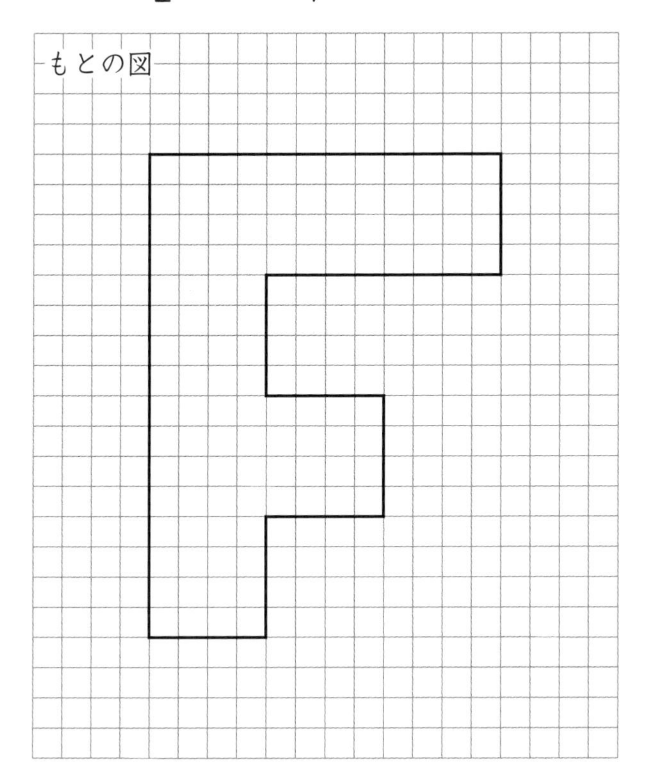

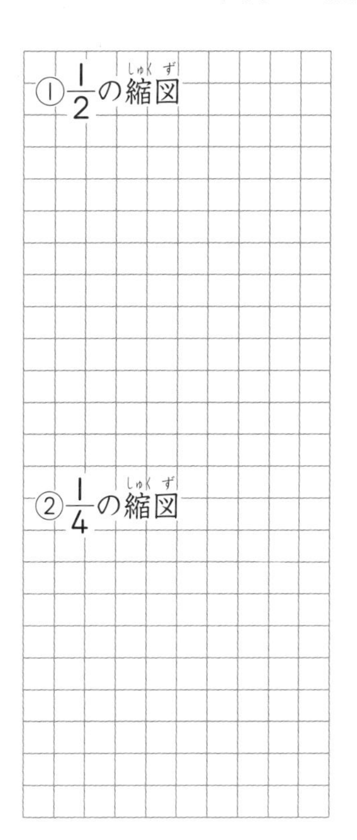

3 次の図の$\frac{1}{3}$の縮図をかきましょう。 〔20点〕

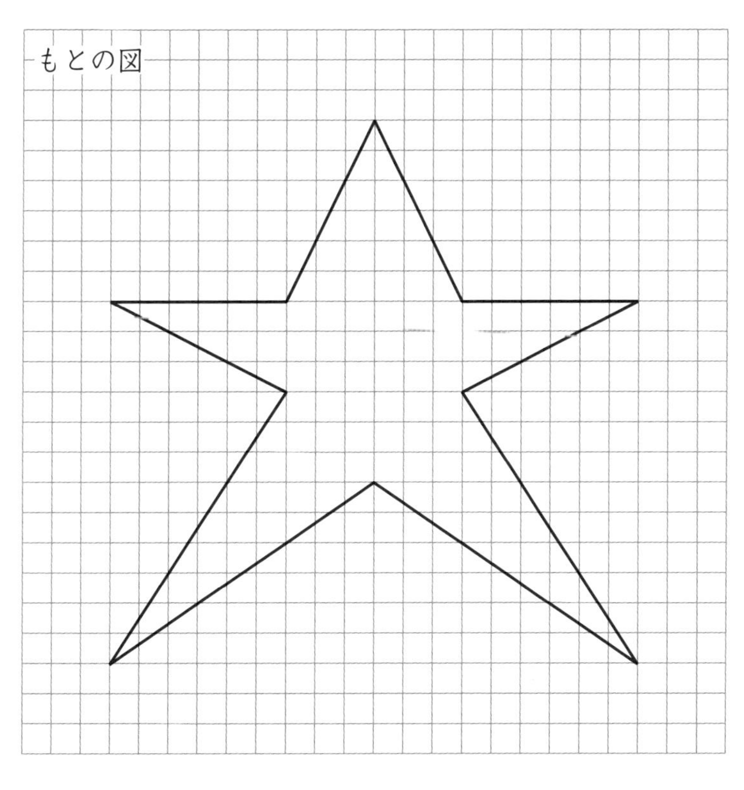

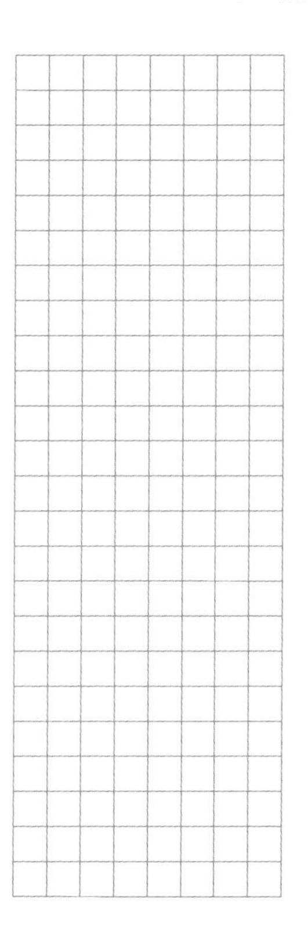

49

拡大図と縮図⑩
縮図④

答え➡別冊18ページ

ポイント

3つの辺の長さを使って三角形の$\frac{1}{2}$の縮図をかく

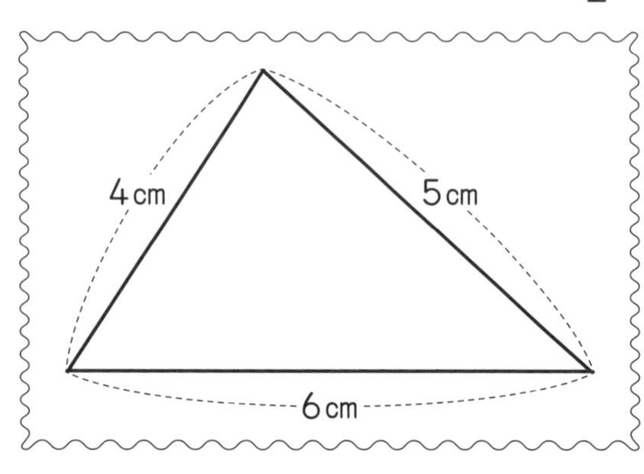

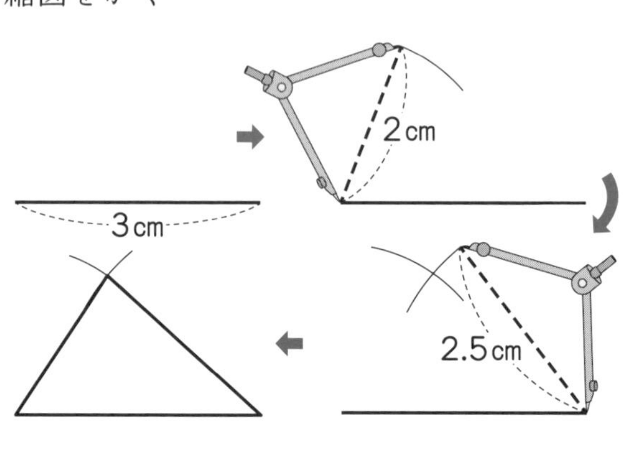

1 次の三角形の$\frac{1}{2}$の縮図と$\frac{1}{3}$の縮図をかきましょう。〔1問　15点〕

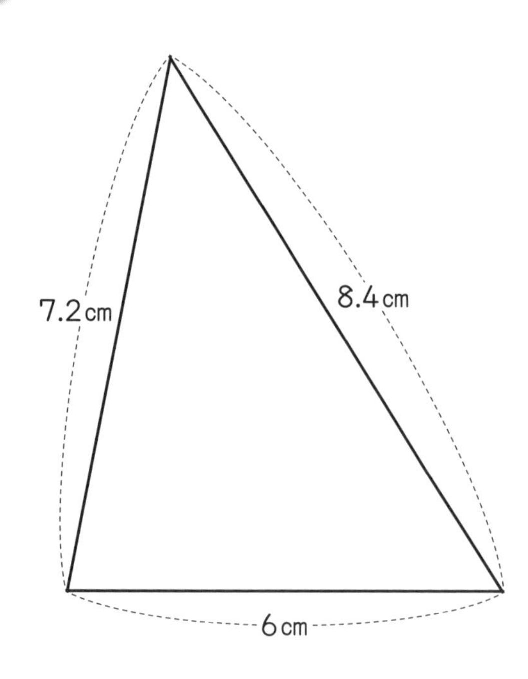

① $\frac{1}{2}$の縮図

② $\frac{1}{3}$の縮図

2

次の三角形の$\frac{1}{2}$の縮図をかきましょう。〔20点〕

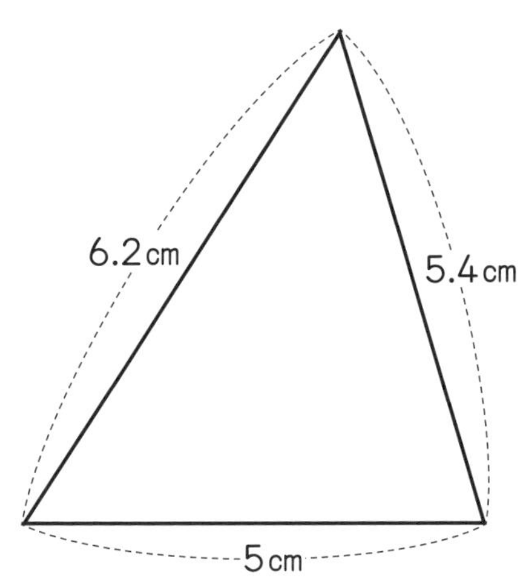

3

次の三角形の$\frac{1}{3}$の縮図をかきましょう。〔20点〕

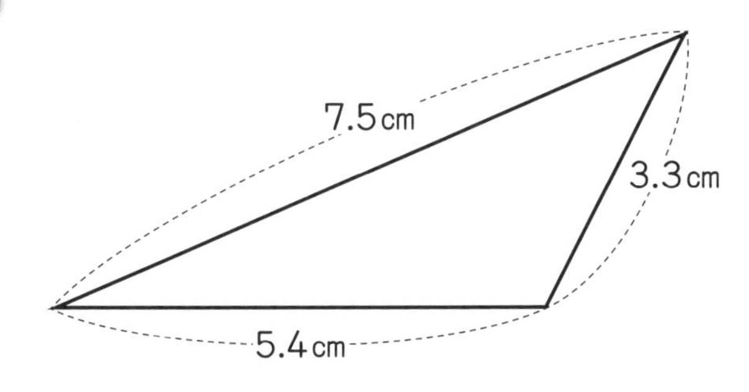

4

次の三角形の$\frac{1}{2}$の縮図，$\frac{1}{3}$の縮図，$\frac{1}{4}$の縮図をかきましょう。〔1問　10点〕

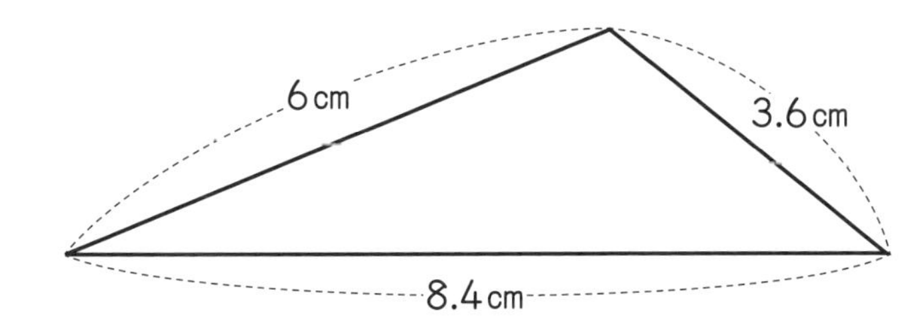

① $\frac{1}{2}$の縮図

② $\frac{1}{3}$の縮図

③ $\frac{1}{4}$の縮図

50 拡大図と縮図⑪ 縮図⑤

答え➡別冊18ページ

ポイント

2つの辺の長さとその間の角の大きさを使って三角形の$\frac{1}{2}$の縮図をかく

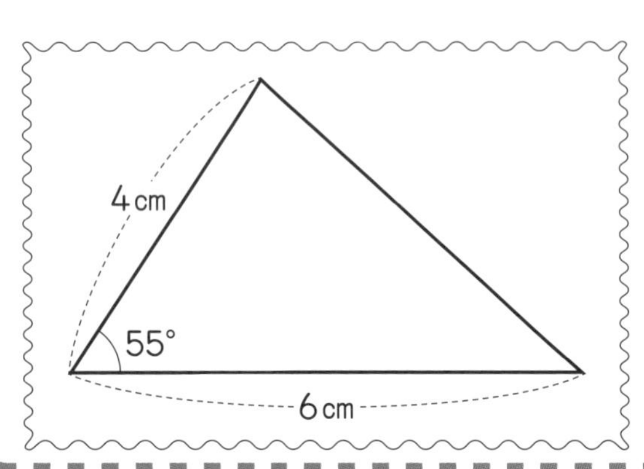

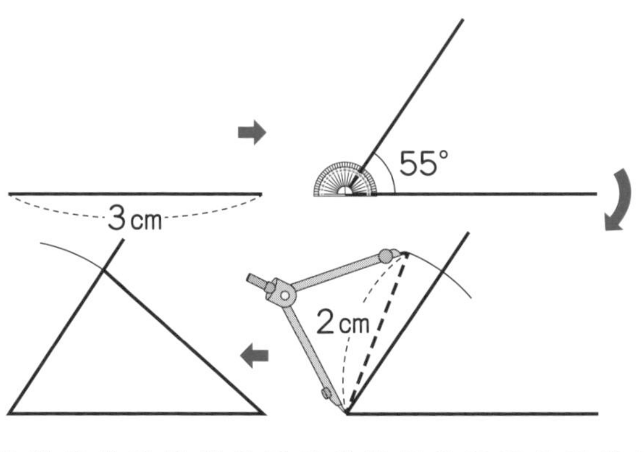

1

次の三角形の$\frac{1}{2}$の縮図と$\frac{1}{3}$の縮図をかきましょう。 〔1問　15点〕

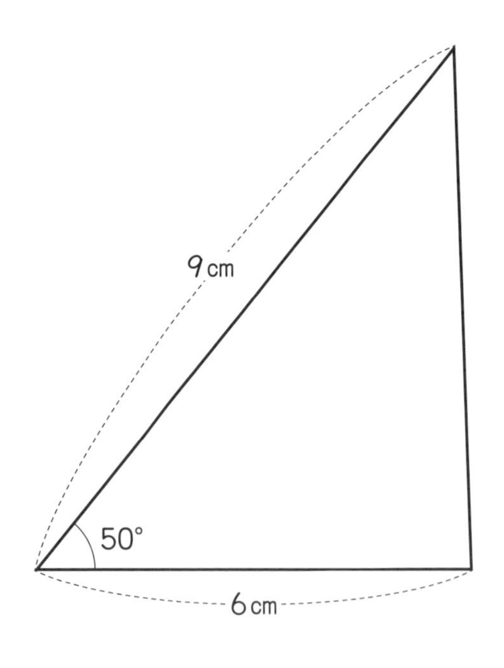

① $\frac{1}{2}$の縮図

② $\frac{1}{3}$の縮図

次の三角形の$\frac{1}{2}$の縮図をかきましょう。〔20点〕

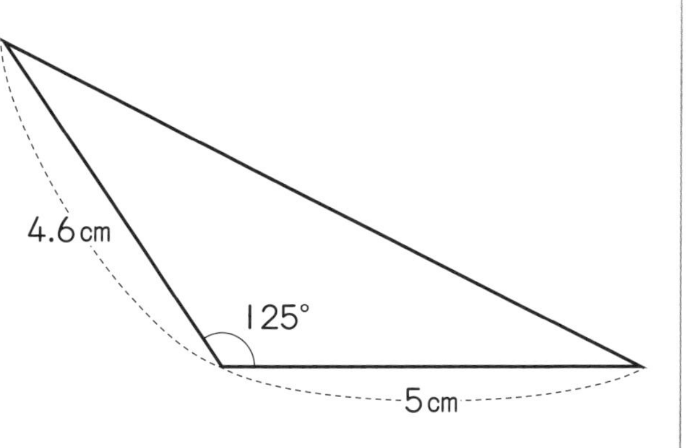

3 次の三角形の$\frac{1}{3}$の縮図をかきましょう。〔20点〕

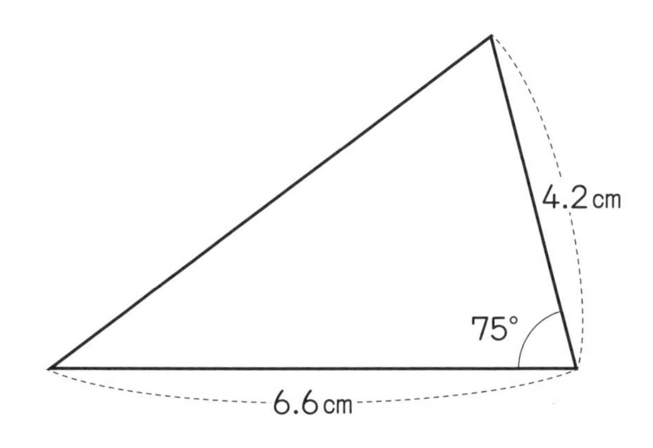

4 次の三角形の$\frac{1}{2}$の縮図，$\frac{1}{4}$の縮図をかきましょう。

〔1問　15点〕

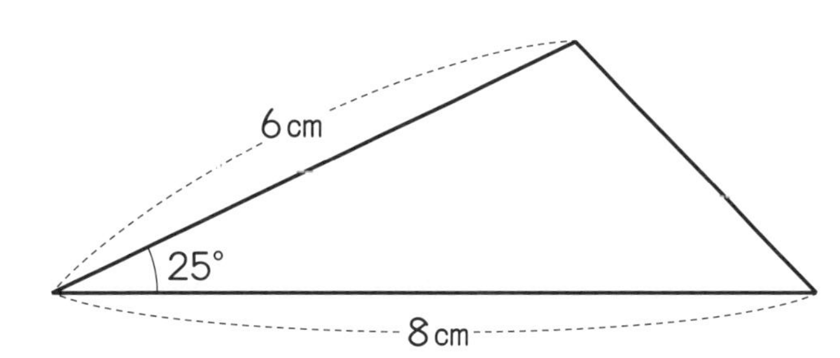

①$\frac{1}{2}$の縮図

②$\frac{1}{4}$の縮図

51 拡大図と縮図⑫ 縮図⑥

答え➡別冊18ページ

ポイント

1つの辺の長さとその両はしの角の大きさを使って三角形の$\frac{1}{2}$の縮図をかく

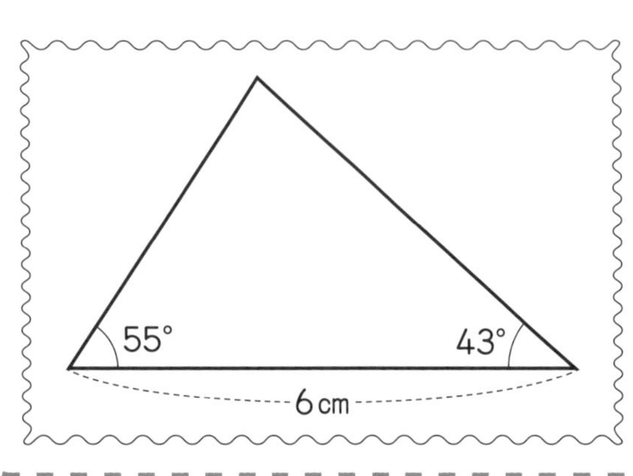

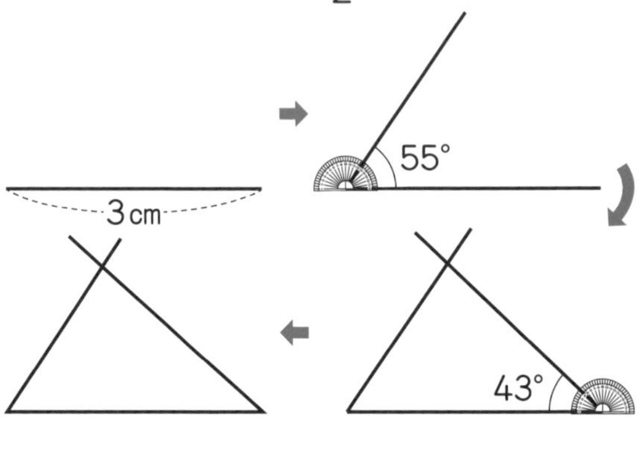

1 次の三角形の$\frac{1}{2}$の縮図と$\frac{1}{3}$の縮図をかきましょう。〔1問 15点〕

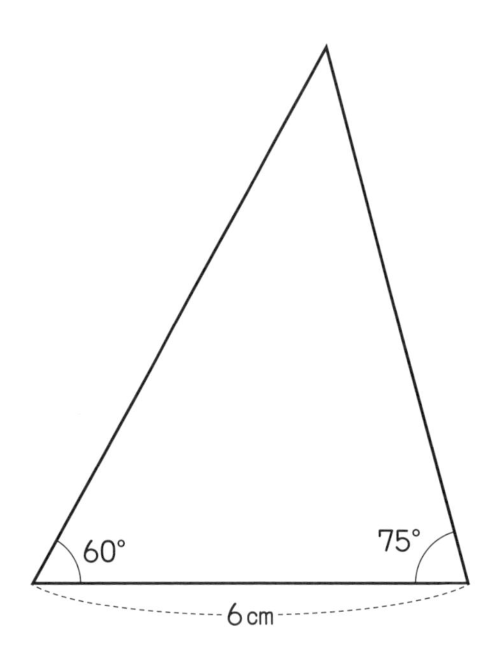

① $\frac{1}{2}$の縮図

② $\frac{1}{3}$の縮図

次の三角形の$\frac{1}{2}$の縮図をかきましょう。 〔20点〕

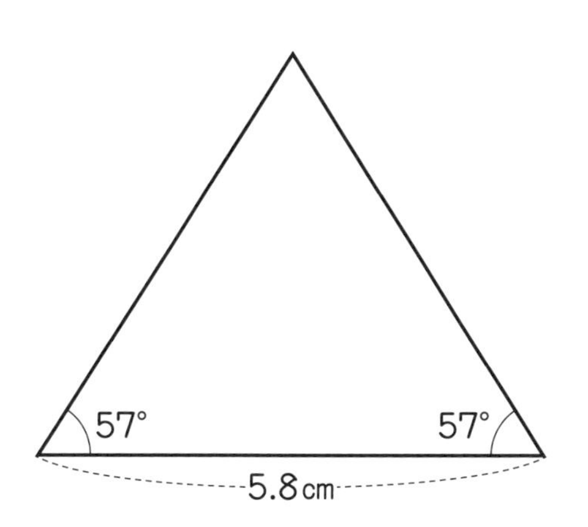

3 次の三角形の$\frac{1}{3}$の縮図をかきましょう。 〔20点〕

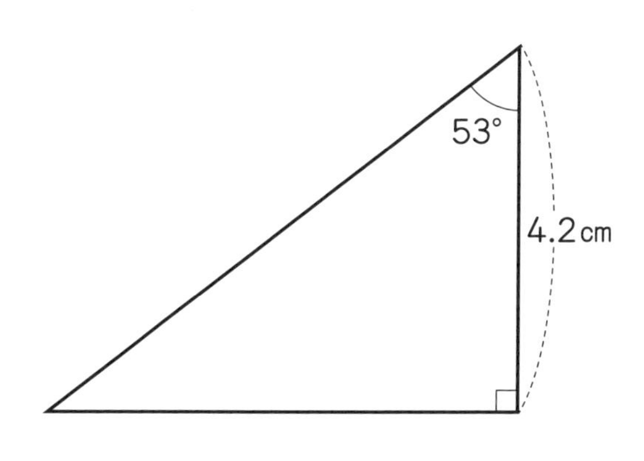

4 次の三角形の$\frac{1}{2}$の縮図，$\frac{1}{4}$の縮図をかきましょう。

〔1問　15点〕

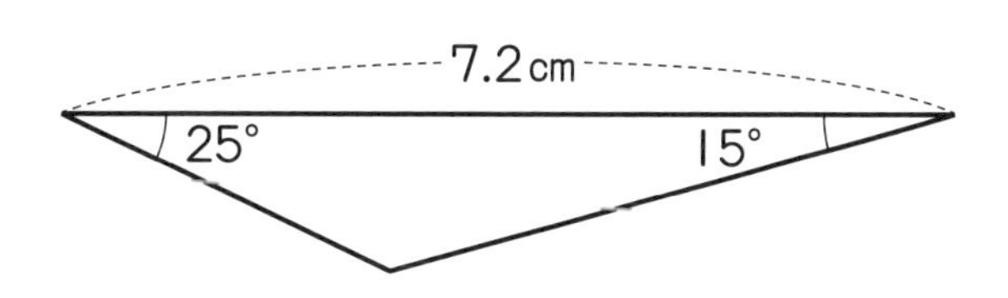

① $\frac{1}{2}$の縮図

② $\frac{1}{4}$の縮図

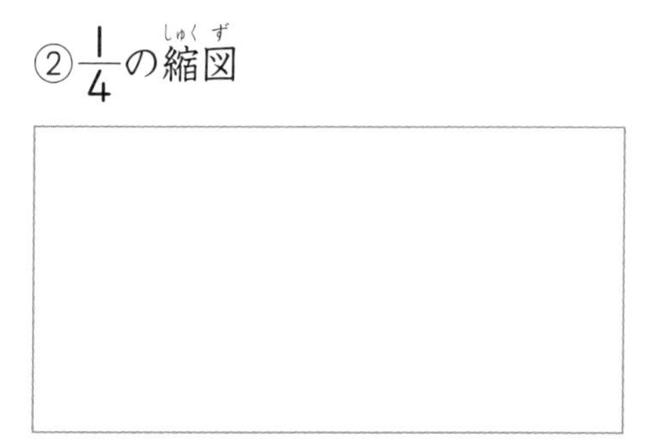

52 拡大図と縮図⑬

拡大図と縮図①

ポイント

１つの点を中心にして２倍の拡大図をかく

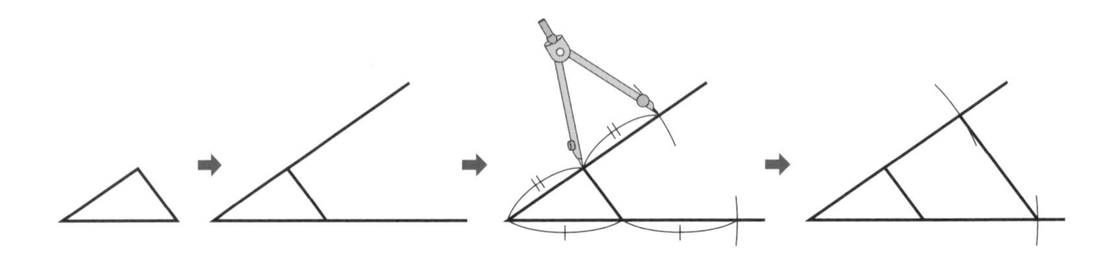

1 点Ｂを中心にして，三角形ＡＢＣの２倍の拡大図，３倍の拡大図をかきましょう。 〔1問　20点〕

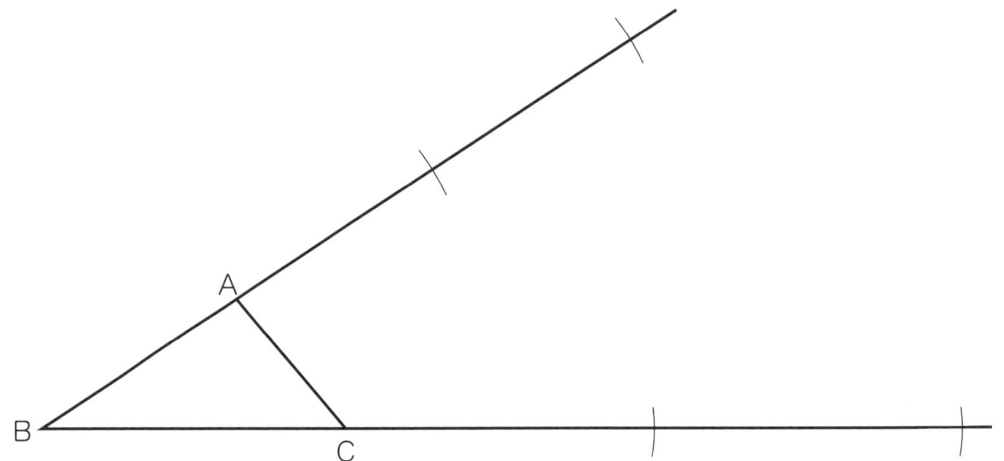

2 点Ｂを中心にして，三角形ＡＢＣの４倍の拡大図をかきましょう。 〔20点〕

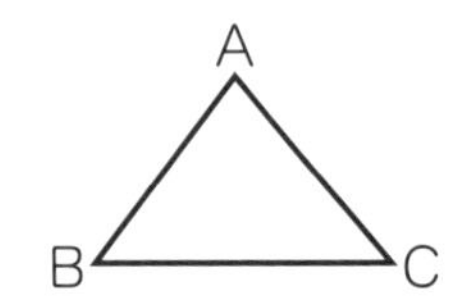

四角形も対角線を
利用して，２倍の
拡大図がかけるよ。

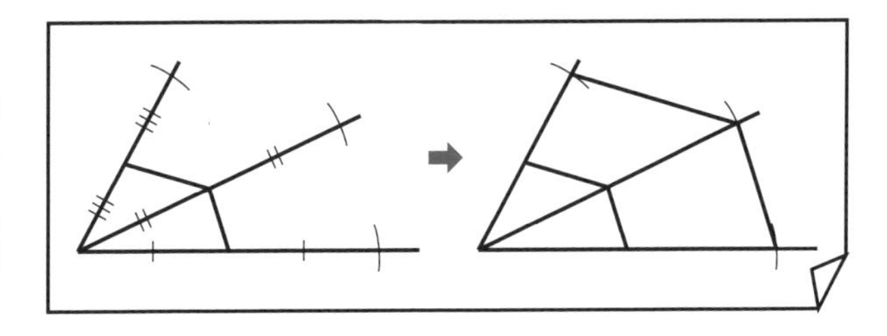

3 点Ｂを中心にして，四角形ＡＢＣＤの２倍の拡大図をかきましょう。 〔20点〕

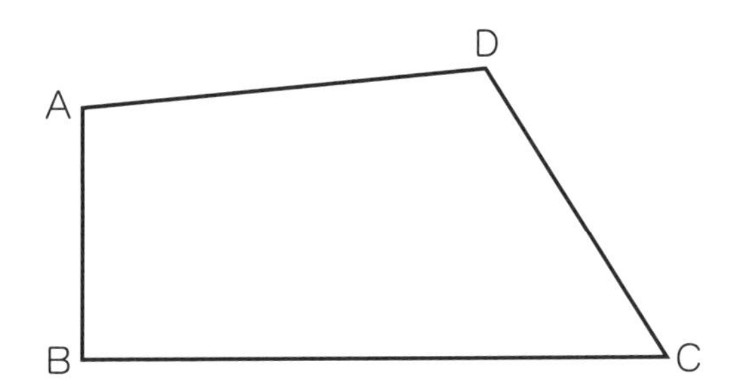

4 点Ｂを中心にして，四角形ＡＢＣＤの３倍の拡大図をかきましょう。 〔20点〕

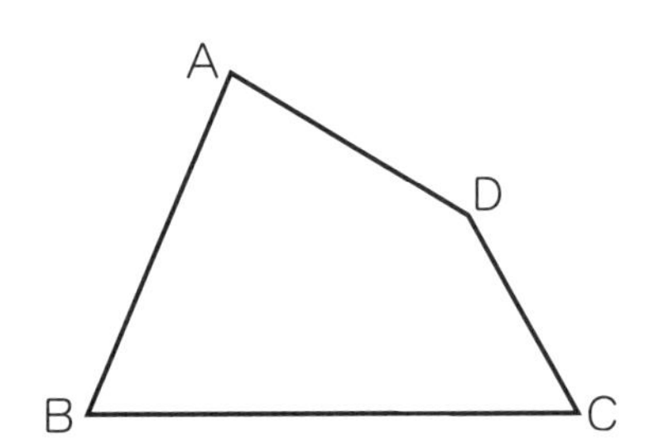

53 拡大図と縮図⑭ 拡大図と縮図②

ポイント

１つの点を中心にして$\frac{1}{2}$の縮図をかく

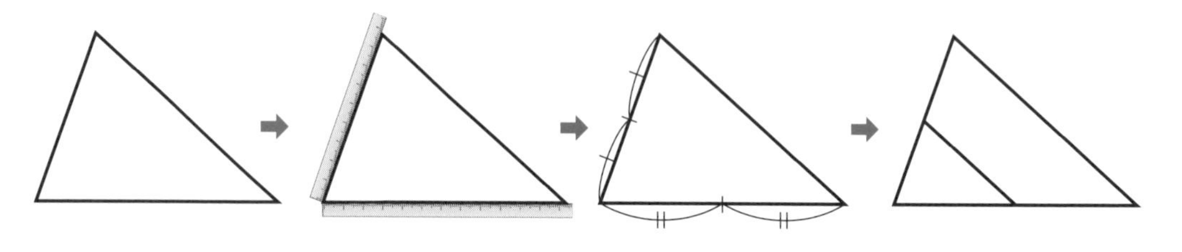

1 点Ｂを中心にして，三角形ＡＢＣの$\frac{1}{2}$の縮図をかきましょう。

〔14点〕

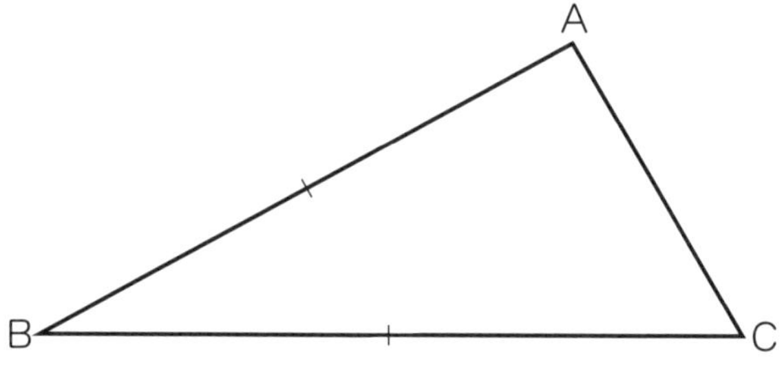

2 点Ｂを中心にして，三角形ＡＢＣの$\frac{1}{3}$の縮図をかきましょう。

〔14点〕

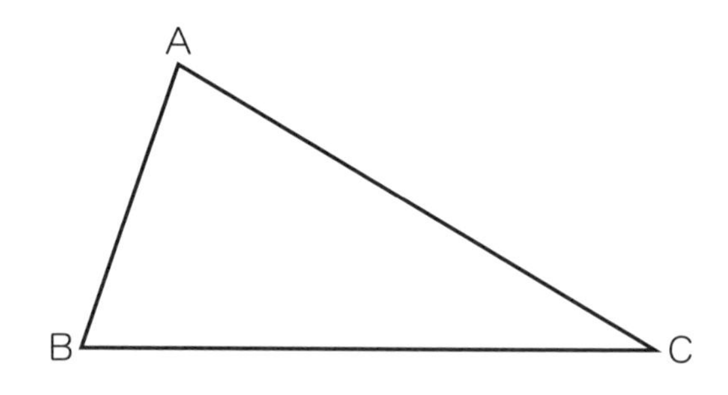

3 点Ｃを中心にして，三角形ＡＢＣの$\frac{1}{2}$の縮図をかきましょう。

〔14点〕

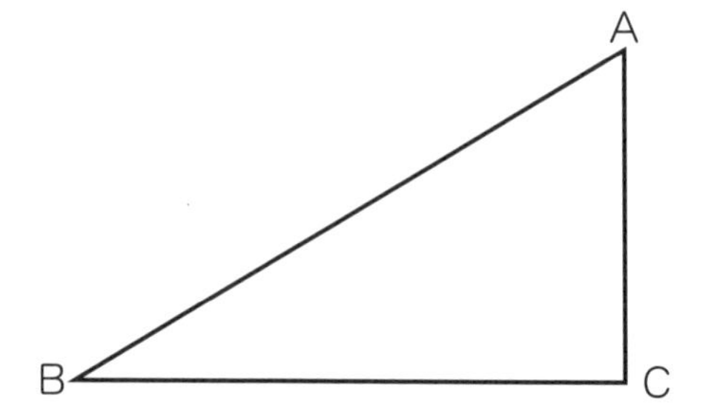

拡大図と同じように
四角形の縮図も
対角線を利用して
かくことができるよ。

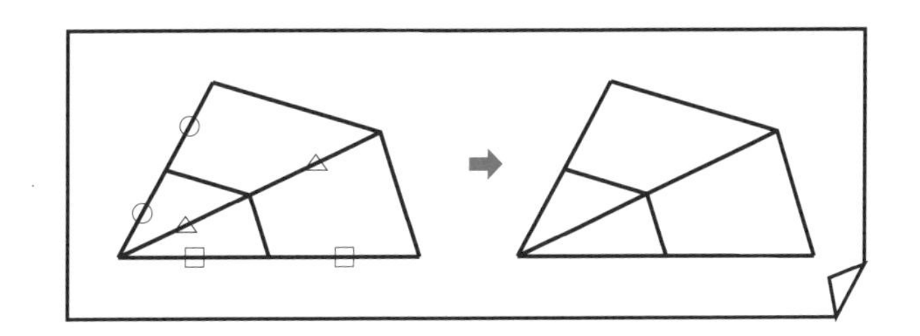

4 点Bを中心にして，四角形ABCDの$\frac{1}{2}$の縮図をかきましょう。　〔14点〕

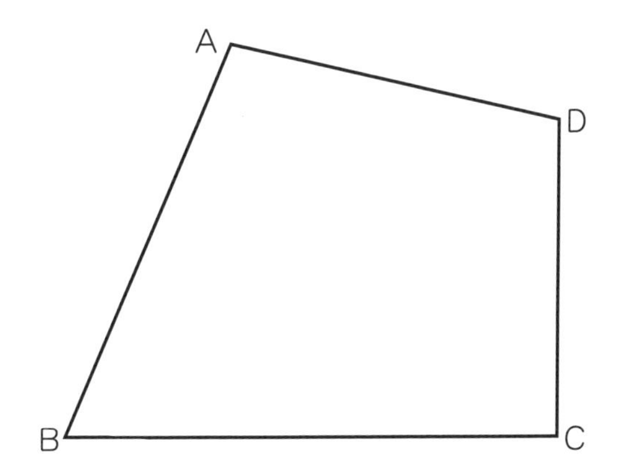

5 点Bを中心にして，四角形ABCDの$\frac{1}{3}$の縮図をかきましょう。　〔16点〕

6 点Bを中心にして，四角形ABCDの2倍の拡大図と$\frac{1}{2}$の縮図をかきましょう。

〔1問　14点〕

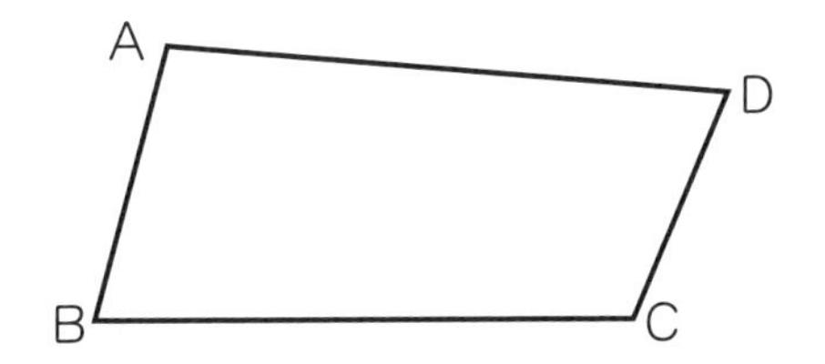

54 拡大図と縮図⑮ 拡大図と縮図③

答え➡別冊20ページ

おぼえよう

拡大図や縮図ともとの図は,

① 対応する辺の長さの比が等しくなっています。

② 対応する角の大きさが等しくなっています。

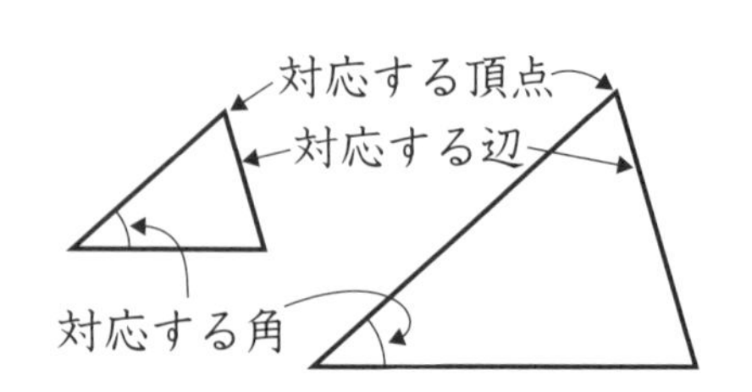

下の三角形ＡＢＣと三角形ＤＥＦは，拡大図・縮図の関係になっています。次の問題に答えましょう。〔1つ 4点〕

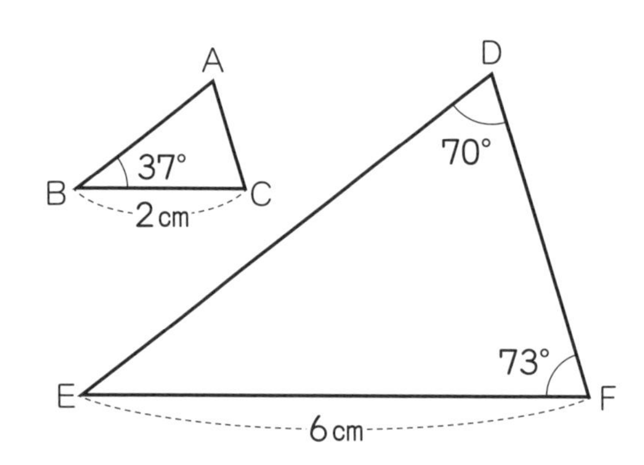

① 三角形ＤＥＦは，三角形ＡＢＣの何倍の拡大図ですか。

（　　　）

② 三角形ＡＢＣは，三角形ＤＥＦの何分のｌの縮図ですか。

（　　　）

③ 次のそれぞれの頂点に対応する頂点はどれですか。

頂点Ａ→（　　　）　頂点Ｂ→（　　　）　頂点Ｃ→（　　　）

④ 次のそれぞれの辺に対応する辺はどれですか。

辺ＡＢ→（　　　）　辺ＢＣ→（　　　）　辺ＣＡ→（　　　）

⑤ 次のそれぞれの角に対応する角はどれですか。

角Ａ→（　　　）　角Ｂ→（　　　）　角Ｃ→（　　　）

⑥ 次の角の大きさを求めましょう。

角Ａ（　　　）　角Ｃ（　　　）　角Ｅ（　　　）

2 次の㋐〜㋒の三角形で，㋑は㋐の拡大図(かくだいず)，㋒は㋑の縮図(しゅくず)です。下の問題に答えましょう。 〔1問 5点〕

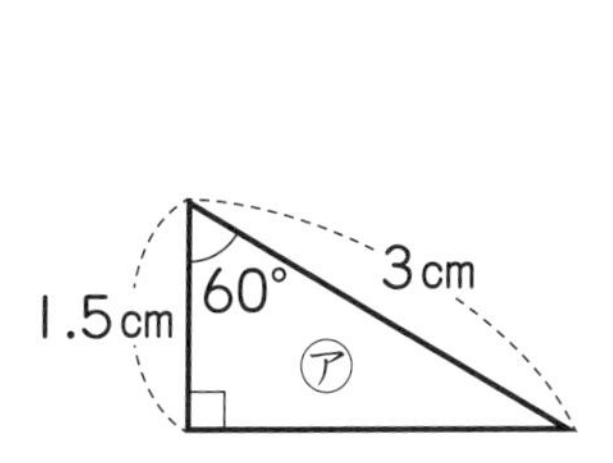

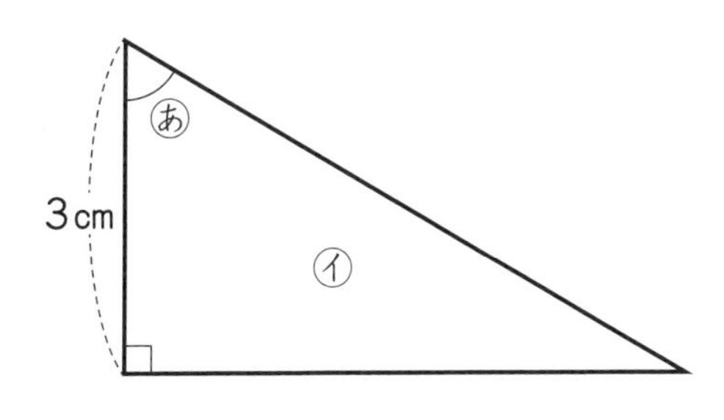

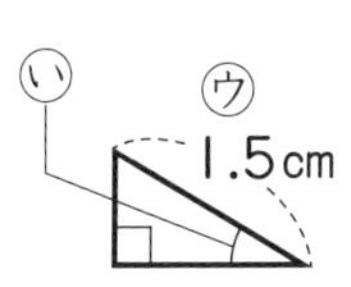

① ㋑は㋐の何倍の拡大図(かくだいず)ですか。 (　　　　)

② ㋒は㋐の何分の１の縮図(しゅくず)ですか。 (　　　　)

③ ㋐の角の大きさを求めましょう。 (　　　　)

④ ㋑の角の大きさを求めましょう。 (　　　　)

3 右の図の四角形ＡＢＣＤは，四角形ＥＦＣＧの拡大図(かくだいず)です。次の問題に答えましょう。 〔1問 4点〕

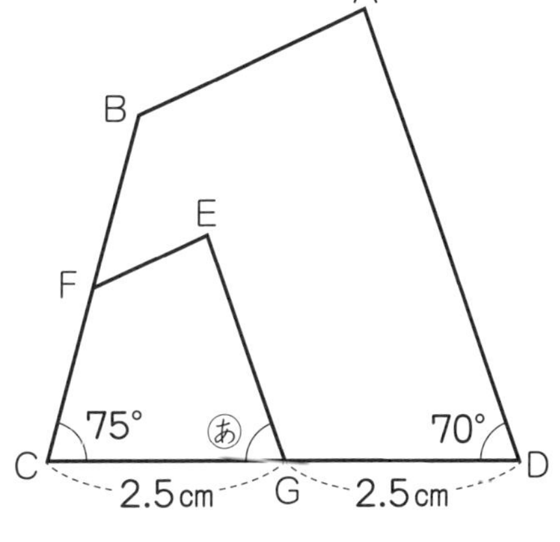

① 四角形ＥＦＣＧは，四角形ＡＢＣＤの何分の１の縮図(しゅくず)ですか。 (　　　　)

② 頂点Ａに対応する頂点はどれですか。 (　　　　)

③ 辺ＡＢに対応する辺はどれですか。 (　　　　)

④ 辺ＣＧに対応する辺はどれですか。 (　　　　)

⑤ 角Ａに対応する角はどれですか。 (　　　　)

⑥ 角あの大きさは何度ですか。 (　　　　)

55 拡大図と縮図⑯ 拡大図と縮図④

答え➡別冊20ページ

例

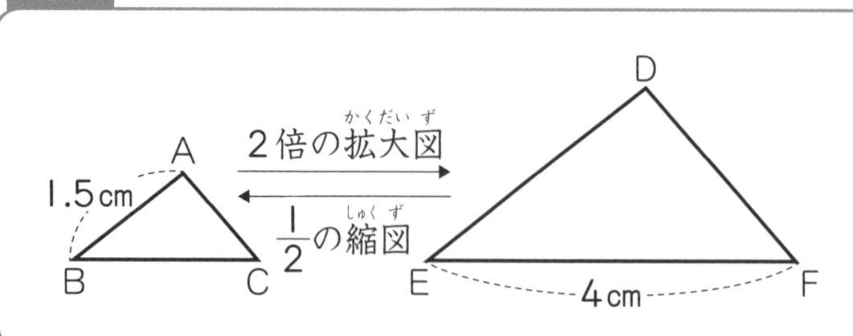

辺ＢＣの長さは，
$4\div2=2$　　**2cm**

辺ＤＥの長さは，
$1.5\times2=3$　　**3cm**

1 下の三角形ＤＥＦは，三角形ＡＢＣの拡大図です。次の問題に答えましょう。〔1問　6点〕

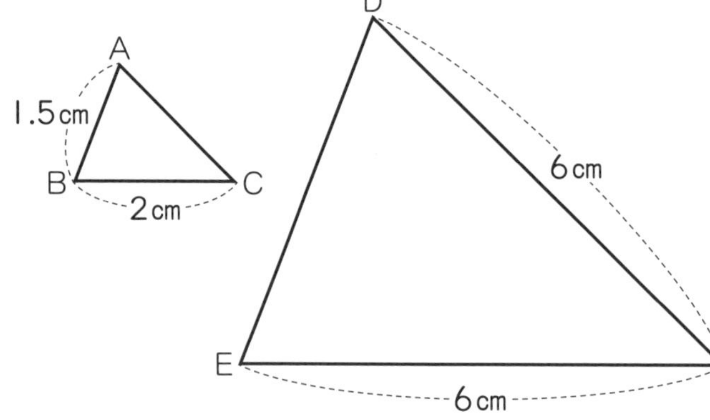

① 三角形ＤＥＦは，三角形ＡＢＣの何倍の拡大図ですか。

(　　　　　)

② 辺ＤＥの長さは何cmですか。

(　　　　　)

③ 辺ＡＣの長さは何cmですか。

(　　　　　)

2 右の三角形ＡＤＥは，三角形ＡＢＣの縮図です。次の問題に答えましょう。〔1問　6点〕

① 三角形ＡＤＥは，三角形ＡＢＣの何分の１の縮図ですか。

(　　　　　)

② ＡＣの長さは何cmですか。

(　　　　　)

③ ＤＥの長さは何cmですか。

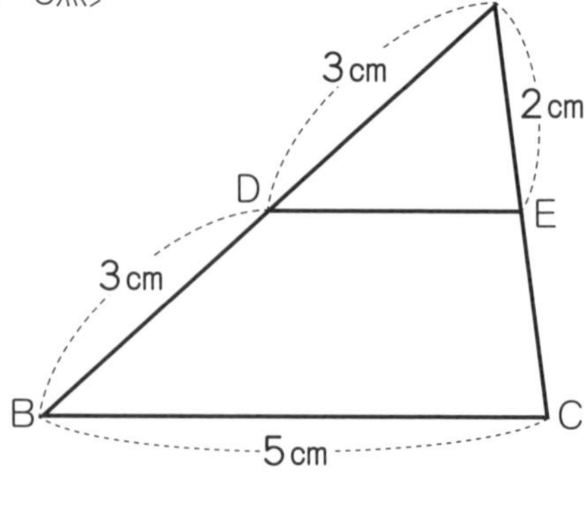

(　　　　　)

3　次の図の㋐と㋑は縮図・拡大図の関係になっています。下の問題に答えましょう。
〔1問　8点〕

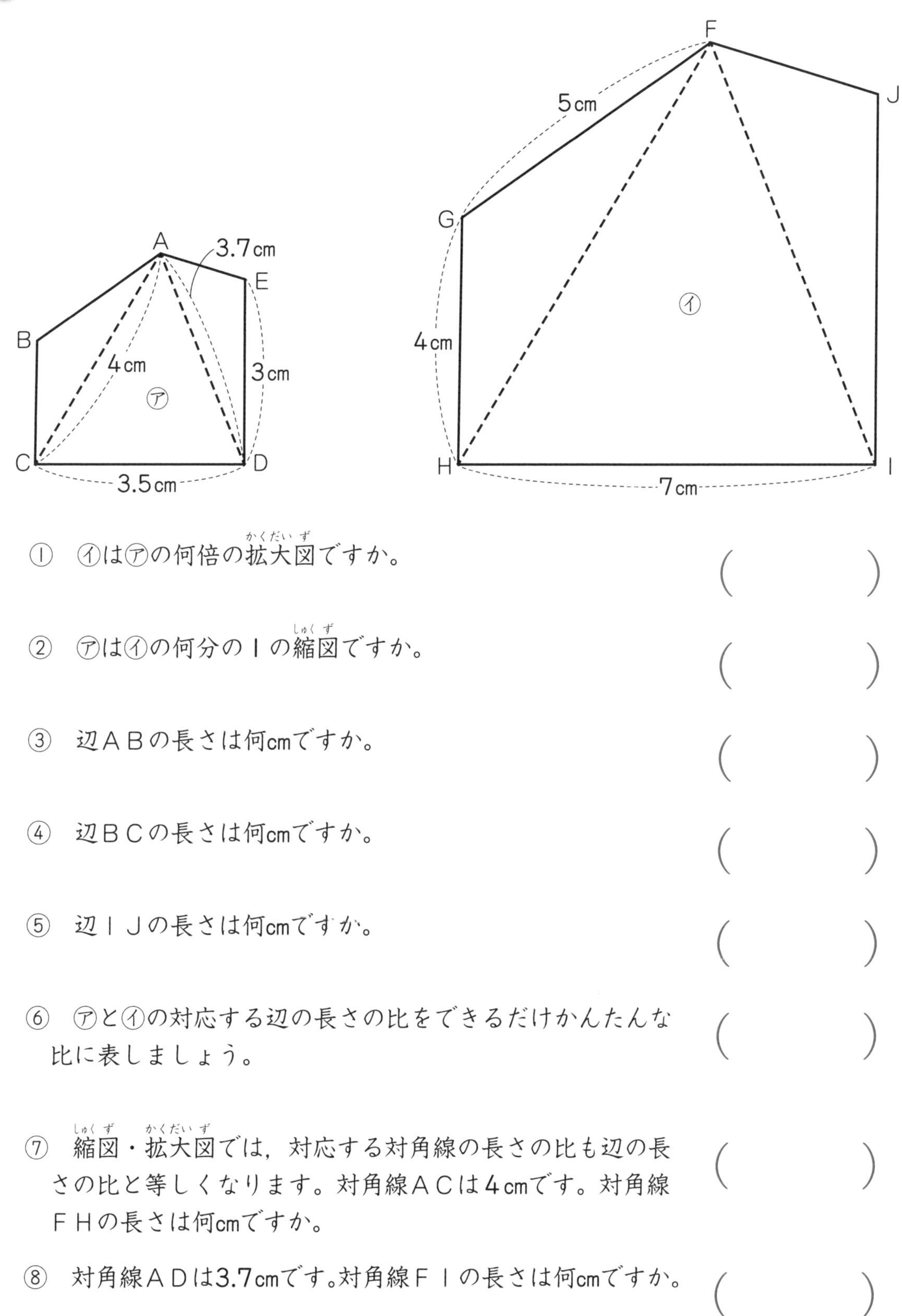

① ㋑は㋐の何倍の拡大図ですか。　（　　　）

② ㋐は㋑の何分の１の縮図ですか。　（　　　）

③ 辺ＡＢの長さは何cmですか。　（　　　）

④ 辺ＢＣの長さは何cmですか。　（　　　）

⑤ 辺ＩＪの長さは何cmですか。　（　　　）

⑥ ㋐と㋑の対応する辺の長さの比をできるだけかんたんな比に表しましょう。　（　　　）

⑦ 縮図・拡大図では，対応する対角線の長さの比も辺の長さの比と等しくなります。対角線ＡＣは4cmです。対角線ＦＨの長さは何cmですか。　（　　　）

⑧ 対角線ＡＤは3.7cmです。対角線ＦＩの長さは何cmですか。　（　　　）

56 拡大図と縮図⑰ 拡大図と縮図⑤

答え➡別冊20ページ

おぼえよう

・実際の長さを縮めた割合のことを，**縮尺**といいます。

・縮尺の表し方には，「$\frac{1}{1000}$」や「1：1000」などがあります。

1 右の図は，ある学校の校庭の縮図で，実際の長さ10mを1cmに縮めて表しています。次の問題に答えましょう。　〔1問　7点〕

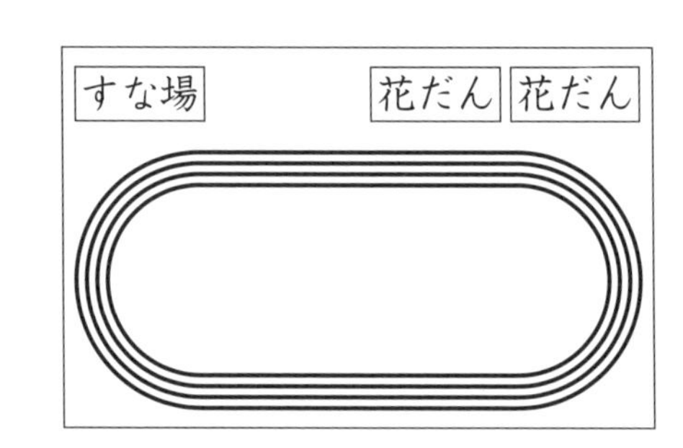

① この縮図の中の長さは，実際の長さの何分の1ですか。（10m＝1000cmをもとにして考えましょう。）

（　　　　）

② この縮図上で4cmは，実際には何mですか。

式

答え（　　　　）

2 右の図は，学校の近くの地図で，$\frac{1}{1500}$の縮図です。　〔1問　7点〕

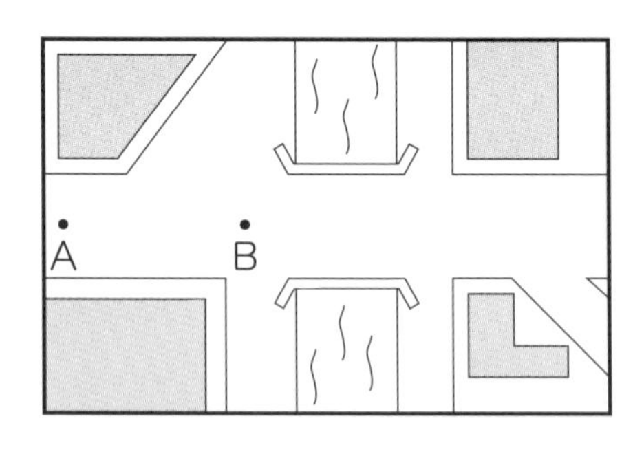

① この縮図の1cmは，実際には何mですか。

式

答え（　　　　）

② ABの実際のきょりは何mですか。上の縮図でABの長さをはかって求めましょう。

式

答え（　　　　）

3 次の問題に答えましょう。 〔1問　9点〕

① 縮尺（しゅくしゃく）$\frac{1}{5000}$の縮図（しゅくず）で3cmは，実際には何mですか。

式 3 × 5000 ＝

答え（　　　　）

② 縮尺（しゅくしゃく）$\frac{1}{2500}$の縮図（しゅくず）で2cmは，実際には何mですか。

式

答え（　　　　）

☆③ 縮尺（しゅくしゃく）$\frac{1}{10000}$の縮図（しゅくず）で10cmは，実際には何kmですか。

式

答え（　　　　）

☆④ 縮尺（しゅくしゃく）$\frac{1}{50000}$の縮図（しゅくず）で0.4cmは，実際には何kmですか。

式

答え（　　　　）

4 右のように，木から2mはなれたところに立って，Aを見たときの角の大きさは，45°でした。目の高さは1.2mです。 〔1問　12点〕

A
B
45°
C
1.2m
2m

① 右の□に直角三角形ABCの$\frac{1}{100}$の縮図（しゅくず）をかきましょう。

② ACの実際の長さは何mですか。

（　　　　）

③ 実際の木の高さは何mですか。

式

答え（　　　　）

57 拡大図と縮図⑱ まとめ

答え➡別冊20ページ

1 次の図について，下の問題に答えましょう。〔1つ　6点〕

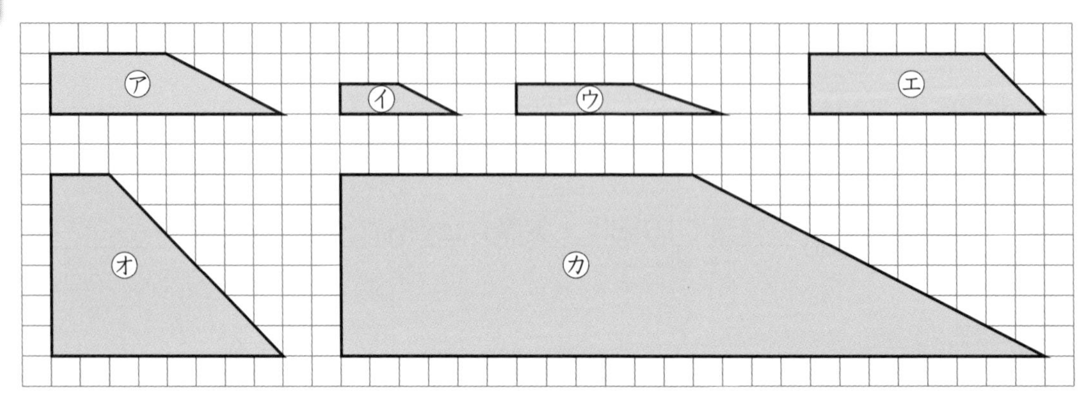

① ㋐の拡大図はどれか，㋑～㋕の記号で答えましょう。また，それは何倍の拡大図ですか。

(　　　　)(　　　　倍)

② ㋐の縮図はどれか，㋑～㋕の記号で答えましょう。また，それは何分の１の縮図ですか。

(　　　　)(　　　　)

2 三角形ＡＢＣの$\frac{1}{2}$の縮図をかきましょう。〔24点〕

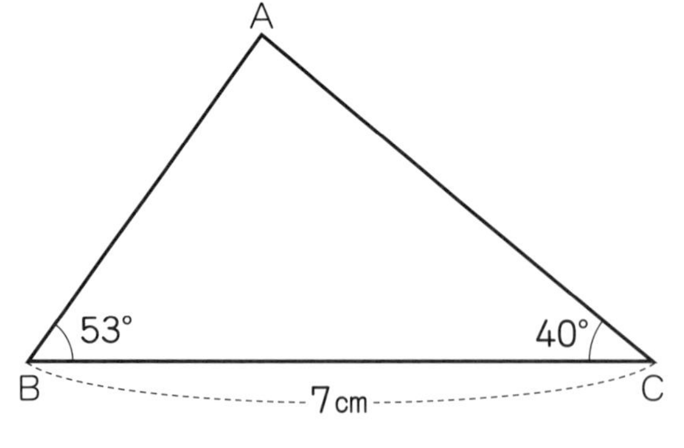

3

点Bを中心にして，四角形ABCDの3倍の拡大図と$\frac{1}{2}$の縮図をかきましょう。

〔1問　6点〕

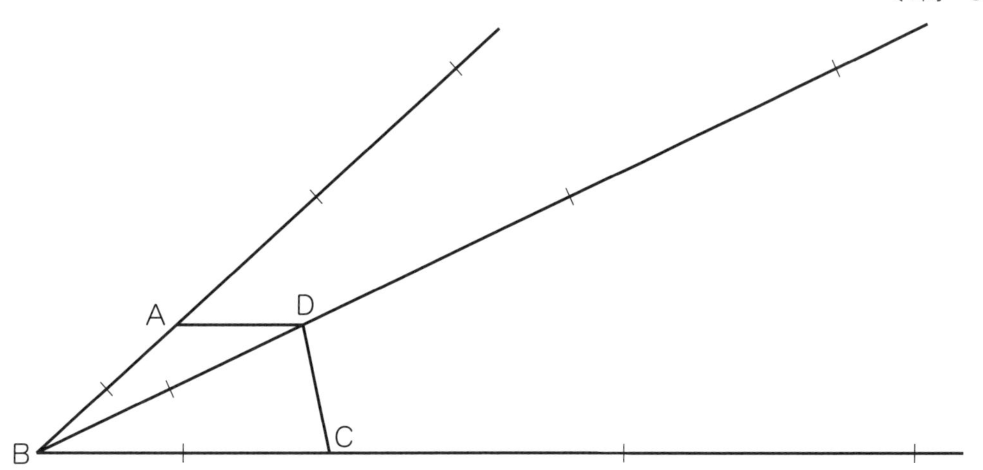

4

右の図で，三角形ADEは三角形ABCの拡大図になっています。次の問題に答えましょう。〔1問　8点〕

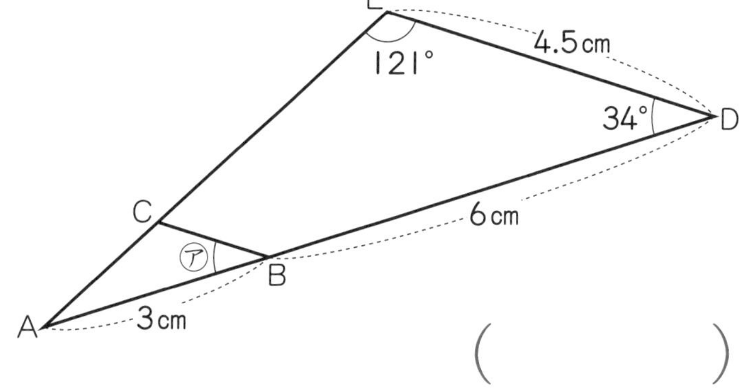

① 三角形ABCは，三角形ADEの何分の1の縮図ですか。

（　　　　）

② ㋐の角の大きさは何度ですか。

（　　　　）

③ 辺BCの長さは何cmですか。

（　　　　）

5

次の問題に答えましょう。〔1問　8点〕

① 500mを，縮尺$\frac{1}{1000}$の縮図に表したときの縮図上の長さは何cmですか。

式

答え（　　　　）

② 縮尺1：25000の縮図上で8cmの長さは，実際には何kmですか。

式

答え（　　　　）

58

単位の関係①

大きさを表すことば

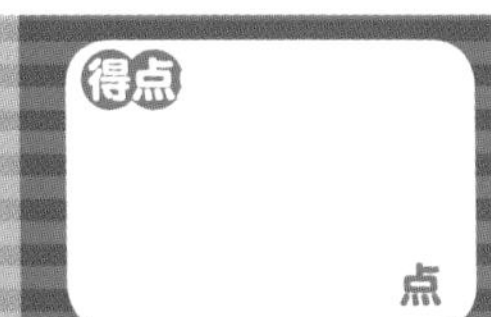

答え➡別冊21ページ

おぼえよう

・長さ，面積，体積，重さの単位には，それぞれ次のようなものがあります。

	ミリ m	センチ c	デシ d		デカ da	ヘクト h	キロ k
	$\frac{1}{1000}$倍	$\frac{1}{100}$倍	$\frac{1}{10}$倍	…	10倍	100倍	1000倍
長さ	mm	cm		m			km
面積				a		ha	
体積	mL		dL	L			kL
重さ	mg			g			kg

下の表にあてはまる単位を，次の□からすべて選んで書きましょう。

〔1問　5点〕

L	mm	g	mL	a	kg	km
mg	ha	m	dL	cm	kL	

長さ	①
面積	②
体積	③
重さ	④

わたしたちが使っている長さや面積，体積，重さなどの単位は，メートル法の単位です。

2

次のような量を表すのに，どのような単位を用いるとよいですか。下の□から選んで(　　)にあてはまる単位を書きましょう。　〔1問　10点〕

① 学校のプールのたての長さ……………… 25(　　)

② えんぴつの長さ…………………………… 16(　　)

③ 校庭の花だんの面積……………………… 2(　　)

④ 1円玉1個の重さ………………………… 1(　　)

⑤ コップに入る水の体積…………………… 280(　　)

メートル法は，世界共通の単位のしくみです。

m	kg	cm	a	g	mL

3

下の表は，単位の前につくことばの意味を表したものです。□にあてはまる数を書きましょう。　〔1問　10点〕

m	c	d	…	da	h	k
① □倍	$\frac{1}{100}$倍	$\frac{1}{10}$倍	…	10倍	② □倍	③ □倍

1kmは1mの1000倍，1haは1aの100倍，1mLは1Lの$\frac{1}{1000}$倍です。
単位の前にkやh，mがつくと何倍になるかを考えます。

59 単位の関係②
長さの単位①

答え➡別冊21ページ

おぼえよう

1 cm = 10 mm

1 m = 100 cm

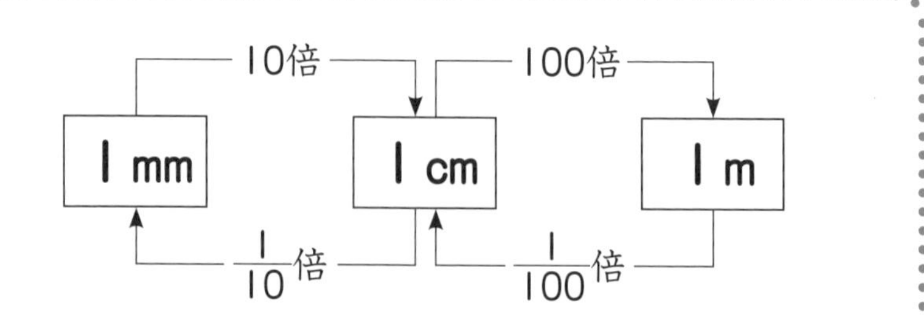

1

□にあてはまる数を書きましょう。〔1問　2点〕

① 4 cm = □ mm　　② 9 cm = □ mm

③ 7 cm = □ mm　　④ 6 cm = □ mm

⑤ 60 mm = □ cm　　⑥ 65 mm = □ cm

⑦ 30 mm = □ cm　　⑧ 35 mm = □ cm

⑨ 50 mm = □ cm　　⑩ 53 mm = □ cm

⑪ 40 mm = □ cm　　⑫ 49 mm = □ cm

☆⑬ 200 mm = □ cm　　☆⑭ 280 mm = □ cm

☆⑮ 720 mm = □ cm

□にあてはまる数を書きましょう。　〔1問　3点〕

① 3m = [300] cm　② 9m = □ cm

③ 5m = □ cm　④ 7m = □ cm

☆⑤ 10m = □ cm　☆⑥ 36m = □ cm

⑦ 600cm = [6] m　⑧ 400cm = □ m

☆⑨ 4000cm = □ m　☆⑩ 6300cm = □ m

3

□にあてはまる数を書きましょう。　〔1問　4点〕

① 9.3cm = [93] mm　② 0.5cm = □ mm

③ 2mm = □ cm　④ 14mm = □ cm

⑤ 6.8m = □ cm　⑥ 0.75m = □ cm

⑦ 90cm = □ m　⑧ 8cm = □ m

⑨ 0.5cm = □ m　⑩ 320cm = □ m

60 単位の関係③ 長さの単位②

答え➡別冊21ページ

おぼえよう

1 m ＝ 1000mm

1 km ＝ 1000m

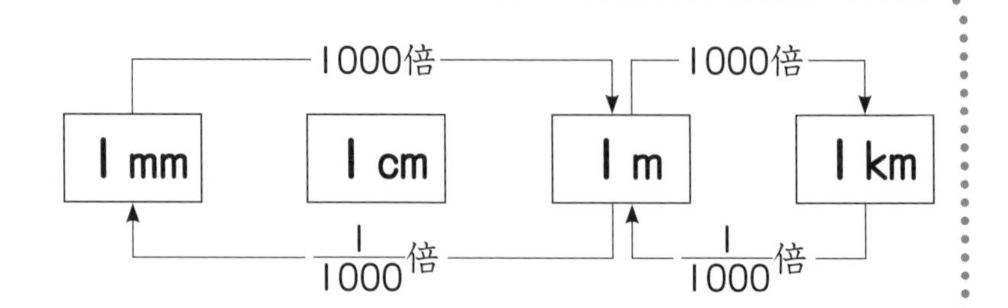

1

□にあてはまる数を書きましょう。〔1問　2点〕

① 3m ＝ [3000] mm　　② 8m ＝ [　　] mm

③ 6m ＝ [　　] mm　　④ 4m ＝ [　　] mm

⑤ 20m ＝ [　　] mm　　⑥ 29m ＝ [　　] mm

⑦ 70m ＝ [　　] mm　　⑧ 71m ＝ [　　] mm

⑨ 5000mm ＝ [　　] m　　⑩ 5300mm ＝ [　　] m

⑪ 9000mm ＝ [　　] m　　⑫ 9600mm ＝ [　　] m

☆⑬ 10000mm ＝ [　　] m　　☆⑭ 30000mm ＝ [　　] m

☆⑮ 16000mm ＝ [　　] m

□にあてはまる数を書きましょう。　〔1問　3点〕

① 2km ＝ □2000 m　　② 7km ＝ □ m

③ 5km ＝ □ m　　④ 3km ＝ □ m

☆⑤ 40km ＝ □ m　　☆⑥ 66km ＝ □ m

⑦ 9000m ＝ □ km　　⑧ 2000m ＝ □ km

⑨ 80000m ＝ □ km　　⑩ 61000m ＝ □ km

3

□にあてはまる数を書きましょう。　〔1問　4点〕

① 1.5m ＝ □ mm　　② 0.2m ＝ □ mm

③ 0.057m ＝ □ mm　　④ 58mm ＝ □ m

⑤ 400mm ＝ □ m　　⑥ 1900mm ＝ □ m

⑦ 6.3km ＝ □ m　　⑧ 0.63km ＝ □ m

⑨ 9600m ＝ □ km　　⑩ 96m ＝ □ km

61

単位の関係④

面積の単位①

答え➡別冊21ページ

おぼえよう

$1\,m^2 = 10000\,cm^2$

$1\,a = 100\,m^2$

$1\,ha = 10000\,m^2$

（1辺の長さ：1 cm→1 m 100倍、1 m→10m 10倍、10m→100m 10倍）

正方形の1辺の長さ	1 cm	1 m	10m	100m
正方形の面積	$1\,cm^2$	$1\,m^2$	$100\,m^2$（1 a）	$10000\,m^2$（1 ha）

（面積：$1\,cm^2$→$1\,m^2$ 10000倍、$1\,m^2$→$100\,m^2$ 100倍、$100\,m^2$→$10000\,m^2$ 100倍）

1

□にあてはまる数を書きましょう。〔1問　2点〕

① $3\,m^2 =$ [30000] cm^2

② $5\,m^2 =$ □ cm^2

③ $2\,m^2 =$ □ cm^2

④ $9\,m^2 =$ □ cm^2

⑤ $10\,m^2 =$ □ cm^2

⑥ $11\,m^2 =$ □ cm^2

⑦ $40\,m^2 =$ □ cm^2

⑧ $44\,m^2 =$ □ cm^2

⑨ $70000\,cm^2 =$ □ m^2

⑩ $72000\,cm^2 =$ □ m^2

⑪ $80000\,cm^2 =$ □ m^2

⑫ $85000\,cm^2 =$ □ m^2

⑬ $200000\,cm^2 =$ □ m^2

⑭ $230000\,cm^2 =$ □ m^2

⑮ $160000\,cm^2 =$ □ m^2

□にあてはまる数を書きましょう。　〔1問　3点〕

① 8a ＝ □(800) m^2　　② 6a ＝ □ m^2

③ 25a ＝ □ m^2　　④ 400 m^2 ＝ □ a

⑤ 4000 m^2 ＝ □ a　　⑥ 9ha ＝ □(90000) m^2

⑦ 3ha ＝ □ m^2　　⑧ 12ha ＝ □ m^2

⑨ 50000 m^2 ＝ □ ha　　⑩ 570000 m^2 ＝ □ ha

3

□にあてはまる数を書きましょう。　〔1問　4点〕

① 3.3 m^2 ＝ □(33000) cm^2　　② 25000 cm^2 ＝ □ m^2

③ 2.9a ＝ □ m^2　　④ 720 m^2 ＝ □ a

⑤ 4.8ha ＝ □ a　　⑥ 96000 m^2 ＝ □ ha

⑦ 0.5ha ＝ □ m^2　　⑧ 8.1ha ＝ □ m^2

⑨ 100a ＝ □ ha　　⑩ 170a ＝ □ ha

62 単位の関係⑤
面積の単位②

答え➡別冊22ページ

おぼえよう

$1km^2 = 1000000m^2$

$1km^2 = 10000a$

$1km^2 = 100ha$

（正方形）

10倍　10倍　10倍

正方形の1辺の長さ	1m	10m	100m	1km
正方形の面積	$1m^2$	$100m^2$（1a）	$10000m^2$（1ha）	$1km^2$

100倍　100倍　100倍

□にあてはまる数を書きましょう。　〔1問　2点〕

① $6km^2 =$ [6000000] m^2　　② $3km^2 =$ [　　] m^2

③ $10km^2 =$ [　　] m^2　　④ $19km^2 =$ [　　] m^2

⑤ $40km^2 =$ [　　] m^2　　⑥ $42km^2 =$ [　　] m^2

⑦ $0.8km^2 =$ [　　] m^2　　⑧ $1.03km^2 =$ [　　] m^2

⑨ $9000000m^2 =$ [　　] km^2

⑩ $2400000m^2 =$ [　　] km^2

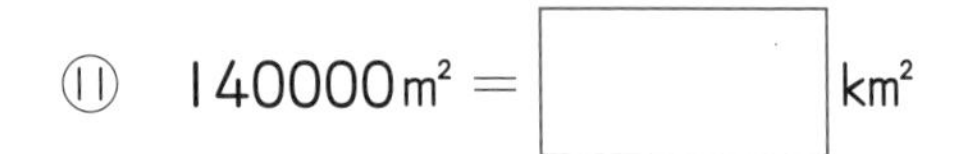

⑪ $140000m^2 =$ [　　] km^2

1km＝1000mです。正方形の面積を求める公式にあてはめて考えよう。

□にあてはまる数を書きましょう。 〔1問　3点〕

① $2\mathrm{km}^2$ = 20000 a

② $9\mathrm{km}^2$ = □ a

③ $10\mathrm{km}^2$ = □ a

④ $17\mathrm{km}^2$ = □ a

⑤ $30\mathrm{km}^2$ = □ a

⑥ $36\mathrm{km}^2$ = □ a

⑦ $0.7\mathrm{km}^2$ = 7000 a

⑧ 4000a = □ km^2

⑨ 65000a = □ km^2

⑩ 800000a = □ km^2

⑪ 9100a = □ km^2

3

□にあてはまる数を書きましょう。 〔1問　5点〕

① $3\mathrm{km}^2$ = 300 ha

② $4\mathrm{km}^2$ = □ ha

③ $17\mathrm{km}^2$ = □ ha

④ $50\mathrm{km}^2$ = □ ha

⑤ $3.6\mathrm{km}^2$ = □ ha

⑥ 200ha = □ km^2

⑦ 2300ha = □ km^2

⑧ 6000ha = □ km^2

⑨ 18ha = □ km^2

63

単位の関係⑥

体積の単位①

答え➡別冊22ページ

おぼえよう

1 L ＝ 10 dL ＝ 1000 mL

1 kL ＝ 1000 L

立方体の1辺の長さ	1 cm		10 cm	1 m
立方体の体積	1 cm^3	100 cm^3	1000 cm^3	1 m^3
	1 mL	1 dL	1 L	1 kL

10倍　10倍

1000倍　1000倍

1

□にあてはまる数を書きましょう。〔1問　2点〕

① 7 L ＝ [70] dL

② 5 L ＝ [ ] dL

③ 0.3 L ＝ [ ] dL

④ 40 dL ＝ [ ] L

⑤ 12.4 dL ＝ [ ] L

⑥ 2 L ＝ [2000] mL

⑦ 8 L ＝ [ ] mL

⑧ 1.05 L ＝ [ ] mL

⑨ 9000 mL ＝ [ ] L

⑩ 610 mL ＝ [ ] L

⑪ 5 dL ＝ [500] mL

⑫ 9 dL ＝ [ ] mL

⑬ 1.8 dL ＝ [ ] mL

⑭ 400 mL ＝ [ ] dL

⑮ 370 mL ＝ [ ] dL

□にあてはまる数を書きましょう。　〔1問　3点〕

① 2kL = [2000] L　② 6kL = [　　] L

③ 5kL = [　　] L　④ 28kL = [　　] L

⑤ 1.9kL = [1900] L　⑥ 3.4kL = [　　] L

⑦ 0.3kL = [　　] L　⑧ 7.05kL = [　　] L

⑨ 12.1kL = [　　] L　⑩ 0.09kL = [　　] L

3

□にあてはまる数を書きましょう。　〔1問　4点〕

① 4000L = [　　] kL　② 9000L = [　　] kL

③ 8000L = [　　] kL　④ 23000L = [　　] kL

⑤ 3600L = [　　] kL　⑥ 76000L = [　　] kL

⑦ 150L = [0.15] kL　⑧ 141L = [　　] kL

⑨ 1070L = [　　] kL　⑩ 49300L = [　　] kL

64 単位の関係⑦

体積の単位②

答え➡別冊(べっさつ)22ページ

$$1\,\text{kL} = 1\,\text{m}^3 = 1000000\,\text{cm}^3$$

□にあてはまる数を書きましょう。　〔1問　2点〕

① $8\,\text{kL} =$ [8000000] cm^3

② $12\,\text{kL} =$ [ ] cm^3

③ $6.2\,\text{kL} =$ [ ] cm^3

④ $3\,\text{L} =$ [ ] cm^3

⑤ $70\,\text{L} =$ [ ] cm^3

⑥ $0.09\,\text{L} =$ [ ] cm^3

⑦ $2\,\text{dL} =$ [ ] cm^3

⑧ $67\,\text{dL} =$ [ ] cm^3

⑨ $6000000\,\text{cm}^3 =$ [ ] kL

⑩ $5300000\,\text{cm}^3 =$ [ ] kL

⑪ $700000\,\text{cm}^3 =$ [ ] kL

⑫ $8000\,\text{cm}^3 =$ [ ] L

⑬ $90000\,\text{cm}^3 =$ [ ] L

⑭ $5100\,\text{cm}^3 =$ [ ] L

⑮ $400\,\text{cm}^3 =$ [ ] dL

⑯ $3000\,\text{cm}^3 =$ [ ] dL

⑰ $750\,\text{dL} =$ [ ] cm^3

□にあてはまる数を書きましょう。〔1問　3点〕

① $4\text{kL} = \square\ \text{m}^3$ (4)

② $7\text{kL} = \square\ \text{m}^3$

③ $30\text{kL} = \square\ \text{m}^3$

④ $35\text{kL} = \square\ \text{m}^3$

⑤ $6000\text{L} = \square\ \text{m}^3$

⑥ $4000\text{L} = \square\ \text{m}^3$

⑦ $90000\text{L} = \square\ \text{m}^3$

⑧ $800\text{L} = \square\ \text{m}^3$

⑨ $30000\text{dL} = \square\ \text{m}^3$

⑩ $9000\text{dL} = \square\ \text{m}^3$

⑪ $60\text{dL} = \square\ \text{m}^3$

⑫ $2\text{m}^3 = \square\ \text{kL}$

⑬ $7000\text{m}^3 = \square\ \text{kL}$

⑭ $320\text{m}^3 = \square\ \text{kL}$

⑮ $5\text{m}^3 = \square\ \text{L}$

⑯ $18\text{m}^3 = \square\ \text{L}$

⑰ $40\text{m}^3 = \square\ \text{L}$

⑱ $1.4\text{m}^3 = \square\ \text{L}$

⑲ $8\text{m}^3 = \square\ \text{dL}$

⑳ $9\text{m}^3 = \square\ \text{dL}$

㉑ $0.01\text{m}^3 = \square\ \text{dL}$

㉒ $2.003\text{m}^3 = \square\ \text{dL}$

65

単位の関係⑧

重さの単位①

答え➡別冊22ページ

おぼえよう

1 g ＝ 1000 mg

1 kg ＝ 1000 g

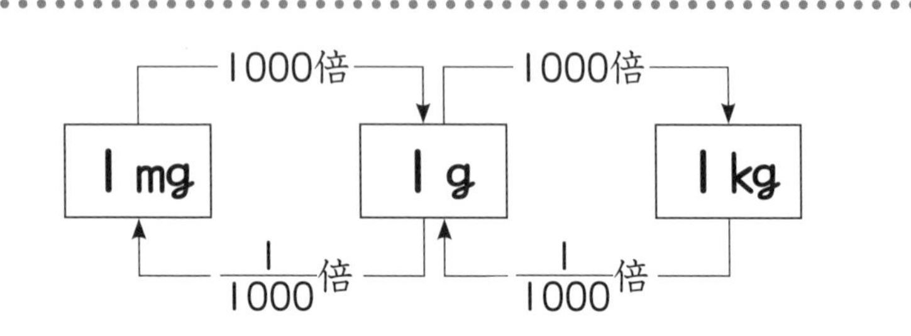

1

□にあてはまる数を書きましょう。 〔1問　2点〕

① 7 g ＝ 7000 mg　② 2 g ＝ □ mg

③ 3 g ＝ □ mg　④ 90 g ＝ □ mg

⑤ 16 g ＝ □ mg　⑥ 2.3 g ＝ □ mg

⑦ 0.9 g ＝ □ mg　⑧ 5000 mg ＝ 5 g

⑨ 8000 mg ＝ □ g　⑩ 4000 mg ＝ □ g

⑪ 60000 mg ＝ □ g　⑫ 290000 mg ＝ □ g

⑬ 75 mg ＝ □ g　⑭ 4800 mg ＝ □ g

□にあてはまる数を書きましょう。　〔1問　3点〕

① 2kg ＝ [2000] g　　② 6kg ＝ [　] g

③ 9kg ＝ [　] g　　④ 8kg ＝ [　] g

⑤ 10kg ＝ [　] g　　⑥ 13kg ＝ [　] g

⑦ 40kg ＝ [　] g　　⑧ 45kg ＝ [　] g

⑨ 130kg ＝ [　] g　　⑩ 3.4kg ＝ [　] g

⑪ 0.7kg ＝ [　] g　　⑫ 50.2kg ＝ [　] g

⑬ 5000g ＝ [5] kg　　⑭ 3000g ＝ [　] kg

⑮ 9000g ＝ [　] kg　　⑯ 2000g ＝ [　] kg

⑰ 70000g ＝ [　] kg　　⑱ 80000g ＝ [　] kg

⑲ 540000g ＝ [　] kg　　⑳ 1700g ＝ [　] kg

㉑ 300g ＝ [　] kg　　㉒ 650g ＝ [　] kg

㉓ 52g ＝ [　] kg　　㉔ 9g ＝ [　] kg

66 単位の関係⑨
重さの単位②

おぼえよう

1 kg ＝ 1000000 mg

1 t ＝ 1000 kg

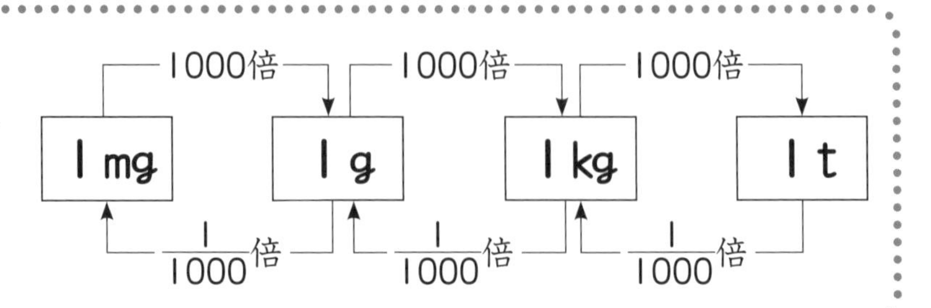

□にあてはまる数を書きましょう。 〔1問　2点〕

① 7 kg ＝ [7000000] mg　　② 3 kg ＝ [　　] mg

③ 4 kg ＝ [　　] mg　　④ 50 kg ＝ [　　] mg

⑤ 26 kg ＝ [　　] mg　　⑥ 8.2 kg ＝ [　　] mg

⑦ 1.09 kg ＝ [　　] mg　　⑧ 6000000 mg ＝ [6] kg

⑨ 8000000 mg ＝ [　　] kg　　⑩ 2000000 mg ＝ [　　] kg

⑪ 79000000 mg ＝ [　　] kg

⑫ 210000000 mg ＝ [　　] kg

⑬ 430000 mg ＝ [　　] kg

⑭ 6 mg ＝ [　　] kg

答えを書くとき，0の数をまちがえないようにしましょう。

□にあてはまる数を書きましょう。 〔1問　3点〕

① 5t＝□kg　② 8t＝□kg

③ 3t＝□kg　④ 10t＝□kg

⑤ 70t＝□kg　⑥ 29t＝□kg

⑦ 40t＝□kg　⑧ 45t＝□kg

⑨ 3.8t＝□kg　⑩ 0.07t＝□kg

⑪ 9000kg＝□t　⑫ 4000kg＝□t

⑬ 6000kg＝□t　⑭ 6500kg＝□t

⑮ 100000kg＝□t　⑯ 120000kg＝□t

⑰ 30800kg＝□t　⑱ 820kg＝□t

⑲ 97kg＝□t　⑳ 6kg＝□t

㉑ 3000g＝□t　㉒ 2000g＝□t

㉓ 9000000g＝□t　㉔ 74000g＝□t

67

単位の関係⑩

水の体積と重さ①

答え➡別冊23ページ

おぼえよう

・水 1 cm³(1 mL)の重さは 1 gです。

・水1000cm³(1 L)の重さは 1 kgです。

水の体積	1 cm³ (1 mL)	100 cm³ (1 dL)	1000 cm³ (1 L)	1 m³ (1 kL)
水の重さ	1 g	100 g	1 kg	1 t

1 次の体積の水の重さを求め，(　　)の中の単位で表しましょう。〔1問　2点〕

① 2 cm³　(2 g)　② 4 cm³　(　　g)

③ 67 cm³　(　　g)　④ 190 cm³　(　　g)

⑤ 5100 cm³　(　　g)　⑥ 11.2 cm³　(　　g)

⑦ 0.9 cm³　(　　g)　⑧ 3 mL　(3 g)

⑨ 8 mL　(　　g)　⑩ 70 mL　(　　g)

⑪ 320 mL　(　　g)　⑫ 4000 mL　(　　g)

⑬ 7.9 mL　(　　g)　⑭ 5.03 mL　(　　g)

2

次の体積の水の重さを求め，(　　)の中の単位で表しましょう。　〔1問　3点〕

① 5000cm³　(　　　kg)　② 8000cm³　(　　　kg)

③ 10000cm³　(　　　kg)　④ 17000cm³　(　　　kg)

⑤ 20000cm³　(　　　kg)　⑥ 2400cm³　(　　　kg)

⑦ 4900cm³　(　　　kg)　⑧ 600cm³　(　　　kg)

⑨ 1.5cm³　(　　　kg)　⑩ 0.3cm³　(　　　kg)

⑪ 7L　(　　　kg)　⑫ 4L　(　　　kg)

⑬ 60L　(　　　kg)　⑭ 62L　(　　　kg)

⑮ 40L　(　　　kg)　⑯ 48L　(　　　kg)

⑰ 900L　(　　　kg)　⑱ 910L　(　　　kg)

⑲ 31000L　(　　　kg)　⑳ 0.7L　(　　　kg)

㉑ 4dL　(　　　g)

㉒ 18dL　(　　　g)

㉓ 300dL　(　　　g)

㉔ 0.05dL　(　　　g)

水1dL(100cm³)
の重さは100g
です。

68 単位の関係⑪ 水の体積と重さ②

答え➡別冊23ページ

おぼえよう

水１m³（１kL）の重さは１tです。

1 次の体積の水の重さを求め，（　　）の中の単位で表しましょう。〔1問　3点〕

① 2m³　（ 2 t）　② 9m³　（　　t）

③ 30m³　（　　t）　④ 80m³　（　　t）

⑤ 400m³　（　　t）　⑥ 513m³　（　　t）

⑦ 6000m³　（　　t）　⑧ 1.25m³　（　　t）

⑨ 7kL　（ 7 t）　⑩ 4kL　（　　t）

⑪ 18kL　（　　t）　⑫ 60kL　（　　t）

⑬ 27kL　（　　t）　⑭ 370kL　（　　t）

⑮ 46500kL　（　　t）　⑯ 0.2kL　（　　t）

おぼえよう

・重さが1gの水の体積は1cm^3です。

・重さが1kgの水の体積は1000cm^3です。

・重さが1tの水の体積は1m^3です。

1cm^3＝1mL
1000cm^3＝1L
1m^3＝1kLです。

2

次の重さの水の体積を求め，(　　)の中の単位で表しましょう。〔1問　4点〕

① 4g	(4 cm^3)	② 150g	(cm^3)
③ 73.8g	(cm^3)	④ 8kg	(cm^3)
⑤ 26kg	(cm^3)	⑥ 0.3kg	(cm^3)
⑦ 12t	(m^3)	⑧ 90t	(m^3)
⑨ 3.1t	(m^3)	⑩ 17g	(mL)
⑪ 400g	(dL)	⑫ 11kg	(L)
⑬ 0.05t	(kL)		

重さが100gの
水の体積は1dL
(100cm^3)です。

69

単位の関係⑫

まとめ

答え➡別冊(べっさつ)23ページ

1

□にあてはまる数を書きましょう。〔1問　4点〕

① m，g，Lの前に，kがつくと，□倍の大きさの単位を表します。

② m，g，Lの前に，mがつくと，□倍の大きさの単位を表します。

③ 1mは，1cmの□倍の長さです。

④ 1haは，1m^2の□倍の面積です。

⑤ 1dLは，1Lの□倍の体積です。

⑥ 1mgは，1gの□倍の重さです。

2

□にあてはまる単位を書きましょう。〔1問　4点〕

① 普通自動車の重さ……………………………………約1.2□

② コピー用紙の横の長さ……………………………… 210□

③ ノートの1ページの面積…………………………… 約470□

④ プールに入る水の体積…………………………… 約550□

3

次の量を，〔　〕の中の単位で表しましょう。　〔1問　3点〕

① 9cm 〔mm〕

(　　　　　　)

② 5m 〔cm〕

(　　　　　　)

③ 23km 〔m〕

(　　　　　　)

④ 4800000cm 〔km〕

(　　　　　　)

⑤ 16m^2 〔cm^2〕

(　　　　　　)

⑥ 0.2a 〔m^2〕

(　　　　　　)

⑦ 1.25ha 〔m^2〕

(　　　　　　)

⑧ 30km^2 〔m^2〕

(　　　　　　)

⑨ 46000L 〔kL〕

(　　　　　　)

⑩ 14dL 〔cm^3〕

(　　　　　　)

⑪ 92L 〔cm^3〕

(　　　　　　)

⑫ 5000mL 〔L〕

(　　　　　　)

⑬ 27mg 〔g〕

(　　　　　　)

⑭ 36500g 〔kg〕

(　　　　　　)

⑮ 0.18t 〔kg〕

(　　　　　　)

⑯ 6kg 〔mg〕

(　　　　　　)

⑰ 540cm^3の水の重さ〔g〕

(　　　　　　)

⑱ 940Lの水の重さ〔kg〕

(　　　　　　)

⑲ 0.07tの水の体積〔m^3〕

(　　　　　　)

⑳ 1300kLの水の体積〔t〕

(　　　　　　)

70 6年の復習①

答え➡別冊23ページ

1

□にあてはまる数を分数で書きましょう。　〔1問　3点〕

① 39分＝□時間　　② 1時間10分＝□時間

③ 29秒＝□分　　④ 3分22秒＝□分

2

□にあてはまる数を書きましょう。　〔1問　3点〕

① $\frac{37}{60}$時間＝□分　　② $1\frac{1}{15}$時間＝□分

③ $\frac{1}{3}$分＝□秒　　④ $2\frac{9}{10}$分＝□秒

⑤ 98mm＝□cm　　⑥ 4.2m²＝□cm²

⑦ 2.05km²＝□m²　　⑧ 36m＝□cm

⑨ 15L＝□mL　　⑩ 7kL＝□L

⑪ 7m³＝□cm³　　⑫ 2300mg＝□g

⑬ 800kg＝□t　　⑭ 140mL＝□dL

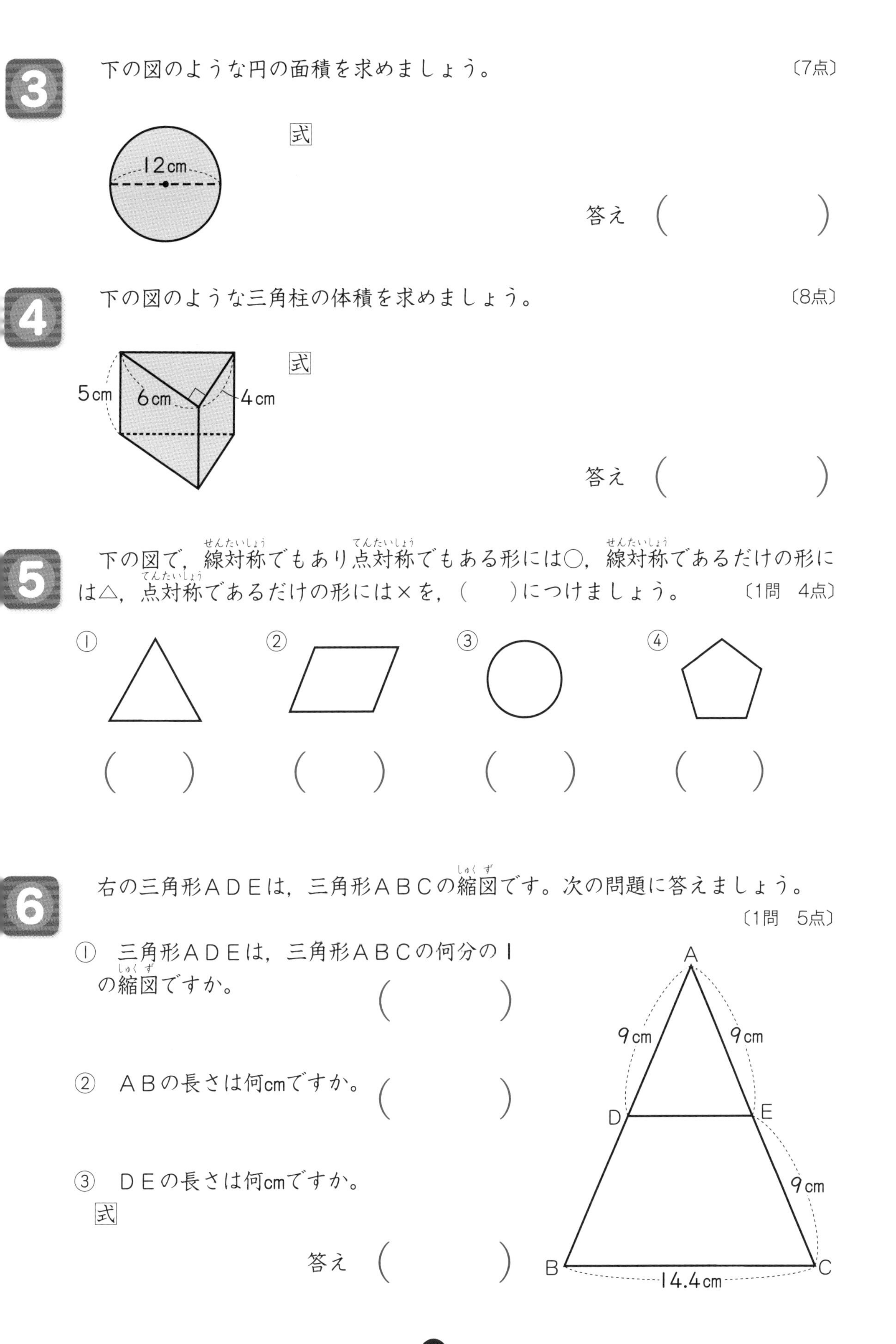

3 下の図のような円の面積を求めましょう。〔7点〕

式

答え（　　　　）

4 下の図のような三角柱の体積を求めましょう。〔8点〕

式

答え（　　　　）

5 下の図で，線対称でもあり点対称でもある形には○，線対称であるだけの形には△，点対称であるだけの形には×を，（　）につけましょう。〔1問　4点〕

① （　　）　② （　　）　③ （　　）　④ （　　）

6 右の三角形ＡＤＥは，三角形ＡＢＣの縮図です。次の問題に答えましょう。〔1問　5点〕

① 三角形ＡＤＥは，三角形ＡＢＣの何分のⅠの縮図ですか。（　　　）

② ＡＢの長さは何cmですか。（　　　）

③ ＤＥの長さは何cmですか。

式

答え（　　　）

71 6年の復習②

答え➡別冊24ページ

1

□にあてはまる数を書きましょう。〔1問　4点〕

① $\frac{1}{30}$時間 ＝ □ 分

② $2\frac{13}{60}$時間 ＝ □ 分

③ $1\frac{7}{10}$分 ＝ □ 秒

④ $\frac{19}{60}$分 ＝ □ 秒

2

次の量を，〔　〕の中の単位で表しましょう。〔1問　5点〕

① 8kg〔mg〕（　　　）

② 3a〔m^2〕（　　　）

③ 2.5km〔m〕（　　　）

④ 17cm^3の水の重さ〔g〕（　　　）

3

次の図の▭の部分の面積を求めましょう。〔1問　9点〕

①

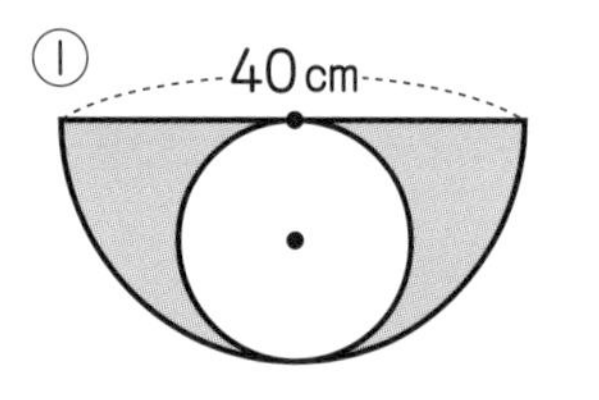

式

答え（　　　）

②

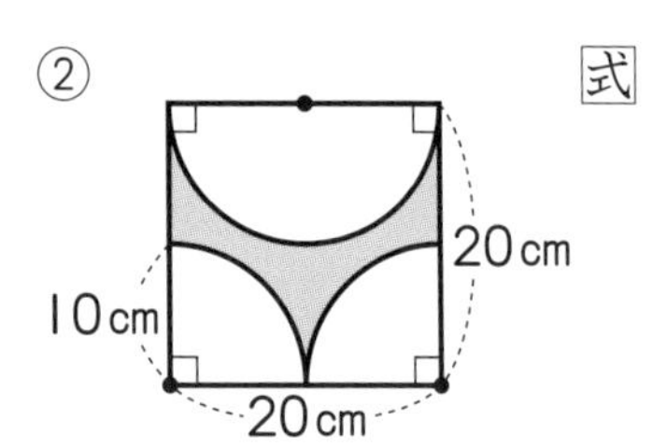

式

答え（　　　）

4 次の円柱や直方体の体積を求めましょう。〔1問　9点〕

①

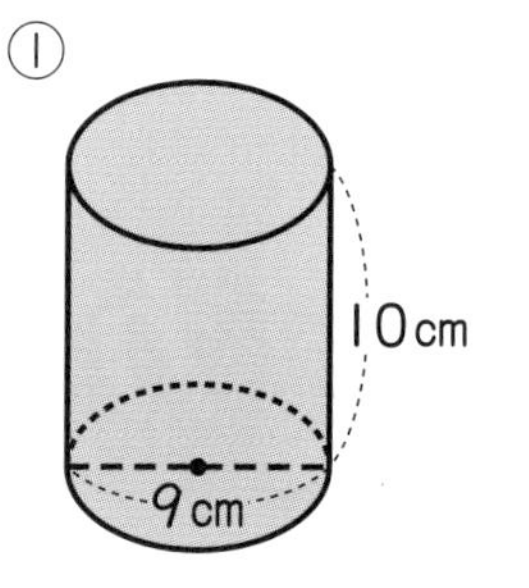

式

答え（　　　）

②

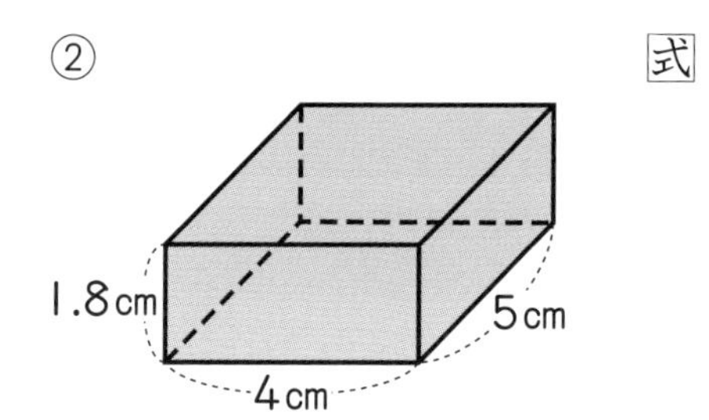

式

答え（　　　）

5 下の図で，①は直線アイを対称の軸とする線対称な図形をかきましょう。②は点Oを対称の中心とする点対称な図形をかきましょう。〔1問　9点〕

①

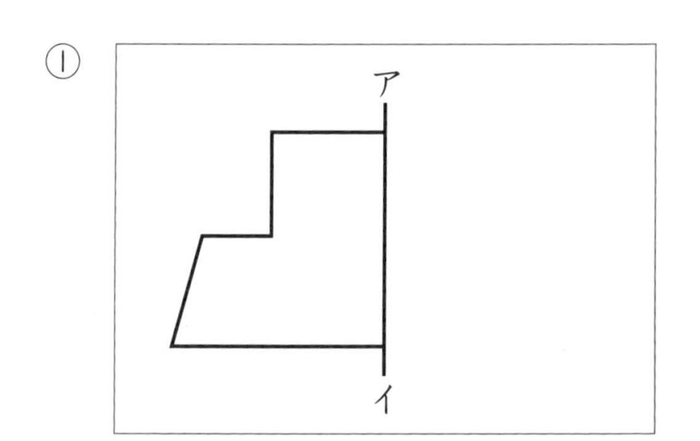

②

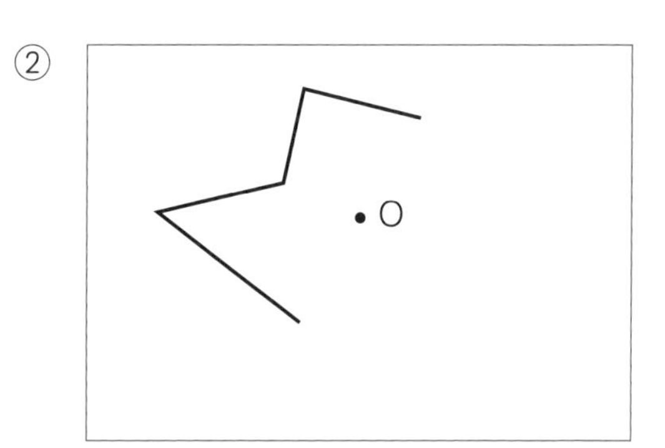

6 縮尺1：5000の縮図上で，たて8cm，横9cmの長方形の形をした土地があります。実際のたての長さと横の長さは何mですか。〔10点〕

式 たて：

横：

答え（たて　　　，横　　　）

くもんの算数集中学習　小学６年生 単位と図形にぐーんと強くなる

2020年２月　第１版第１刷発行
2024年８月　第１版第８刷発行

●印刷・製本　TOPPAN株式会社
●カバーデザイン　辻中浩一+小池万友美(ウフ)
●カバーイラスト　亀山鶴子
●本文イラスト　住井陽子・中川貴雄
●本文デザイン　坂田良子
●編集協力　株式会社アポロ企画

●発行人　泉田義則
●発行所　株式会社くもん出版
〒141-8488 東京都品川区東五反田2-10-2
東五反田スクエア11F
電話　編集直通　03(6836)0317
営業直通　03(6836)0305
代表　03(6836)0301

ISBN 978-4-7743-3052-5

ＣＤ 57332

くもん出版ホームページアドレス　https://www.kumonshuppan.com/

※本書は『単位と図形集中学習 小学６年生』を改題したもので、内容は同じです。

小学6年生

単位と図形にぐーんと強くなる

別冊解答

・答え合わせは、１つずつていねいに見ていきましょう。

・まちがえた問題は、どこでまちがえたのかを確かめて、できるようにしましょう。

1 分数と時間①
分⇒時間①
P4・5

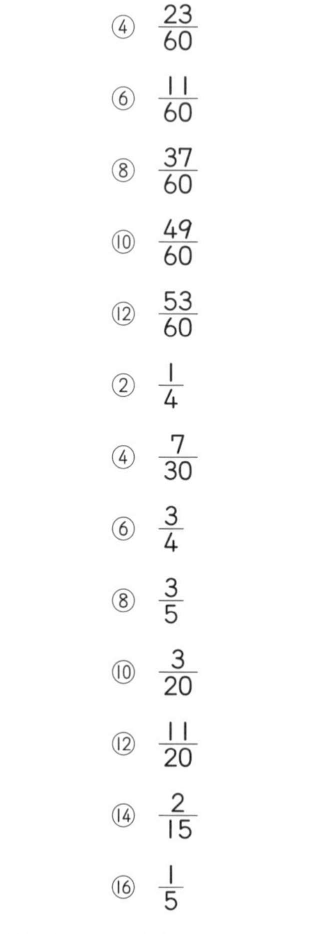

1

① $\frac{1}{60}$　② $\frac{19}{60}$

③ $\frac{31}{60}$　④ $\frac{23}{60}$

⑤ $\frac{47}{60}$　⑥ $\frac{11}{60}$

⑦ $\frac{59}{60}$　⑧ $\frac{37}{60}$

⑨ $\frac{13}{60}$　⑩ $\frac{49}{60}$

⑪ $\frac{7}{60}$　⑫ $\frac{53}{60}$

2

① $\frac{1}{6}$　② $\frac{1}{4}$

③ $\frac{1}{10}$　④ $\frac{7}{30}$

⑤ $\frac{5}{6}$　⑥ $\frac{3}{4}$

⑦ $\frac{1}{30}$　⑧ $\frac{3}{5}$

⑨ $\frac{1}{12}$　⑩ $\frac{3}{20}$

⑪ $\frac{23}{30}$　⑫ $\frac{11}{20}$

⑬ $\frac{2}{5}$　⑭ $\frac{2}{15}$

⑮ $\frac{7}{12}$　⑯ $\frac{1}{5}$

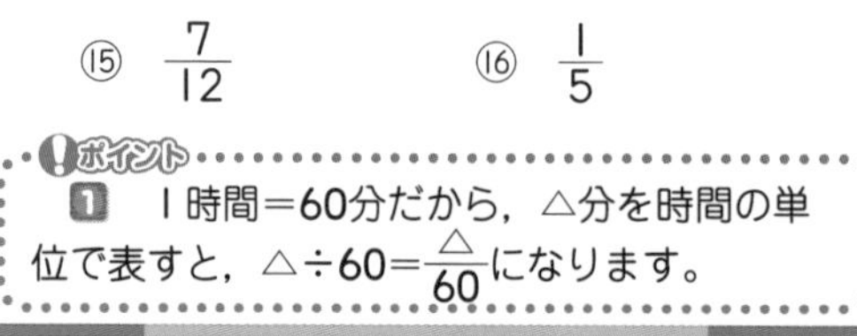

ポイント

1　1時間＝60分だから，△分を時間の単位で表すと，$△÷60=\frac{△}{60}$になります。

2 分数と時間②
分⇒時間②
P6・7

1

① $1\frac{7}{60}$　② $2\frac{43}{60}$

③ $3\frac{11}{60}$　④ $1\frac{29}{60}$

⑤ $2\frac{53}{60}$　⑥ $3\frac{31}{60}$

⑦ $1\frac{49}{60}$　⑧ $3\frac{1}{60}$

⑨ $2\frac{13}{60}$　⑩ $3\frac{37}{60}$

⑪ $2\frac{41}{60}$　⑫ $1\frac{59}{60}$

2

① $1\frac{1}{3}$　② $2\frac{1}{12}$

③ $1\frac{1}{20}$　④ $3\frac{4}{5}$

⑤ $3\frac{1}{6}$　⑥ $1\frac{5}{12}$

⑦ $2\frac{9}{20}$　⑧ $3\frac{11}{12}$

⑨ $2\frac{2}{3}$　⑩ $1\frac{17}{30}$

⑪ $3\frac{5}{6}$　⑫ $2\frac{1}{15}$

⑬ $1\frac{13}{20}$　⑭ $3\frac{9}{10}$

⑮ $2\frac{4}{15}$　⑯ $1\frac{1}{4}$

3 分数と時間③
時間⇒分①
P8・9

1

① 60　② 1

③ 17　④ 23

⑤ 31　⑥ 49

⑦ 53　⑧ 29

⑨ 47　⑩ 11

2

① 2　② 4

③ 6　④ 12

⑤ 30　⑥ 50

⑦ 27　⑧ 24

⑨ 35　⑩ 46

4 分数と時間④
時間⇒分②
P10・11

1

① 79　② 103

③ 151　④ 173

⑤ 77　⑥ 161

⑦ 143　⑧ 109

⑨ 157　⑩ 119

2

① 69　② 76

③ 162　④ 84

⑤ 165　⑥ 150

⑦ 110　⑧ 100

⑨ 125　⑩ 164

⑪ 141　⑫ 62
⑬ 114　⑭ 175

5 分数と時間⑤ 秒⇒分①
P12・13

1
① $\frac{1}{60}$　② $\frac{29}{60}$
③ $\frac{41}{60}$　④ $\frac{13}{60}$
⑤ $\frac{59}{60}$　⑥ $\frac{23}{60}$
⑦ $\frac{31}{60}$　⑧ $\frac{7}{60}$
⑨ $\frac{43}{60}$　⑩ $\frac{11}{60}$
⑪ $\frac{37}{60}$　⑫ $\frac{53}{60}$

2
① $\frac{1}{3}$　② $\frac{3}{4}$
③ $\frac{1}{15}$　④ $\frac{19}{30}$
⑤ $\frac{1}{6}$　⑥ $\frac{1}{30}$
⑦ $\frac{11}{20}$　⑧ $\frac{5}{12}$
⑨ $\frac{4}{5}$　⑩ $\frac{3}{10}$
⑪ $\frac{11}{12}$　⑫ $\frac{7}{20}$
⑬ $\frac{2}{3}$　⑭ $\frac{1}{10}$
⑮ $\frac{29}{30}$　⑯ $\frac{9}{20}$

6 分数と時間⑥ 秒⇒分②
P14・15

1
① $1\frac{17}{60}$　② $2\frac{41}{60}$
③ $3\frac{37}{60}$　④ $2\frac{13}{60}$
⑤ $1\frac{23}{60}$　⑥ $3\frac{47}{60}$
⑦ $2\frac{11}{60}$　⑧ $3\frac{19}{60}$
⑨ $1\frac{59}{60}$　⑩ $2\frac{43}{60}$
⑪ $3\frac{7}{60}$　⑫ $1\frac{29}{60}$

2
① $1\frac{2}{3}$　② $2\frac{1}{4}$
③ $1\frac{1}{30}$　④ $3\frac{14}{15}$
⑤ $2\frac{1}{3}$　⑥ $1\frac{1}{12}$
⑦ $3\frac{2}{15}$　⑧ $2\frac{13}{20}$
⑨ $1\frac{7}{30}$　⑩ $3\frac{3}{4}$
⑪ $2\frac{17}{20}$　⑫ $1\frac{3}{20}$
⑬ $1\frac{11}{30}$　⑭ $2\frac{1}{10}$
⑮ $3\frac{7}{12}$　⑯ $1\frac{7}{20}$

7 分数と時間⑦ 分⇒秒①
P16・17

1
① 60　② 1
③ 29　④ 47
⑤ 31　⑥ 59
⑦ 13　⑧ 7
⑨ 41　⑩ 53

2
① 6　② 20
③ 5　④ 15
⑤ 2　⑥ 8
⑦ 9　⑧ 48
⑨ 42　⑩ 55

8 分数と時間⑧ 分⇒秒②
P18・19

1
① 67　② 109
③ 173　④ 131
⑤ 89　⑥ 157
⑦ 103　⑧ 139
⑨ 77　⑩ 151

2
① 74　② 87
③ 128　④ 138
⑤ 108　⑥ 135
⑦ 85　⑧ 162
⑨ 130　⑩ 100
⑪ 82　⑫ 141
⑬ 136　⑭ 72

9 分数と時間⑨ まとめ

P20・21

1

① $\frac{1}{60}$　② $\frac{29}{60}$

③ $\frac{2}{3}$　④ $\frac{8}{15}$

⑤ $1\frac{13}{60}$　⑥ $2\frac{47}{60}$

⑦ $3\frac{1}{2}$　⑧ $1\frac{3}{4}$

⑨ $2\frac{3}{20}$　⑩ $2\frac{29}{30}$

2

① 7　② 41
③ 3　④ 15
⑤ 40　⑥ 25
⑦ 71　⑧ 143
⑨ 152　⑩ 94

3

① $\frac{1}{60}$　② $\frac{17}{60}$

③ $\frac{5}{6}$　④ $\frac{13}{20}$

⑤ $1\frac{31}{60}$　⑥ $2\frac{19}{60}$

⑦ $3\frac{1}{6}$　⑧ $1\frac{2}{5}$

⑨ $2\frac{11}{20}$　⑩ $3\frac{11}{15}$

4

① 37　② 59
③ 2　④ 10
⑤ 50　⑥ 52
⑦ 113　⑧ 169
⑨ 138　⑩ 93

10 円① 円の面積①

P22・23

1

① 2×2×3.14＝12.56
答え　12.56 cm^2

② 3×3×3.14＝28.26
答え　28.26 cm^2

③ 5×5×3.14＝78.5
答え　78.5 cm^2

④ 7×7×3.14＝153.86
答え　153.86 cm^2

2

① 2÷2＝1
1×1×3.14＝3.14
答え　3.14 cm^2

② 8÷2＝4
4×4×3.14＝50.24
答え　50.24 cm^2

③ 12÷2＝6
6×6×3.14＝113.04
答え　113.04 cm^2

④ 16÷2＝8
8×8×3.14＝200.96
答え　200.96 cm^2

ポイント
2 円の半径の長さは，直径の長さの半分なので，直径の長さ÷2で求められます。

3

① 4×4×3.14＝50.24
答え　50.24 cm^2

② 0.5×0.5×3.14＝0.785
答え　0.785 cm^2

③ 3÷2＝1.5
1.5×1.5×3.14＝7.065
答え　7.065 cm^2

④ 20÷2＝10
10×10×3.14＝314
答え　314 cm^2

11 円② 円の面積②

P24・25

1

① 3×3×3.14÷2＝14.13
答え　14.13 cm^2

② 9×9×3.14÷2＝127.17
答え　127.17 cm^2

③ 7×7×3.14÷2＝76.93
答え　76.93 cm^2

④ 16÷2＝8
8×8×3.14÷2＝100.48
答え　100.48 cm^2

⑤ 22÷2＝11
11×11×3.14÷2＝189.97
答え　189.97 cm^2

2

① 4×4×3.14÷4＝12.56
答え　12.56 cm^2

② 2×2×3.14÷4＝3.14
答え　3.14 cm^2

③ 6×6×3.14÷4＝28.26
答え　28.26 cm^2

④ 10×10×3.14÷4＝78.5
答え　78.5 cm^2

⑤ $11\times11\times3.14\div4=94.985$

答え　94.985cm²

⑥ $18\times18\times3.14\div4=254.34$

答え　254.34cm²

12 円③ 円の面積③ P26・27

1

① $5\times5\times3.14=78.5$
$4\times4\times3.14=50.24$
$78.5-50.24=28.26$

答え　28.26cm²

② $14\div2=7$
$7\times7\times3.14=153.86$
$7\div2=3.5$
$3.5\times3.5\times3.14=38.465$
$153.86-38.465=115.395$

答え　115.395cm²

③ $8\div2=4$
$4\times4\times3.14=50.24$
$4\div2=2$
$2\times2\times3.14=12.56$
$50.24-12.56=37.68$

答え　37.68cm²

④ $6\div2=3$
$3\times3\times3.14=28.26$
$5\div2=2.5$
$2.5\times2.5\times3.14=19.625$
$1\div2=0.5$
$0.5\times0.5\times3.14=0.785$
$28.26-19.625-0.785=7.85$

答え　7.85cm²

2

① $10\div2=5$
$5\times5\times3.14=78.5$
$10\times10\div2=50$
$78.5-50=28.5$

答え　28.5cm²

② $18\div2=9$
$9\times9\times3.14=254.34$
$18\times18\div2=162$
$254.34-162=92.34$

答え　92.34cm²

③ $9\times9\times3.14\div2=127.17$
$9\times2=18$
$18\times9\div2=81$
$127.17-81=46.17$

答え　46.17cm²

④ $7\times7\times3.14\div2=76.93$
$7\times2=14$
$14\times7\div2=49$
$76.93-49=27.93$

答え　27.93cm²

ポイント

2①②　ひし形の面積 = 一方の対角線×もう一方の対角線÷2で求めます。また，円の直径の長さと，対角線の長さは同じです。

③④　円の半径の長さと，三角形の高さは同じです。

13 円④ 円の面積④ P28・29

1

① $4\times4\times3.14\div2=25.12$
$(4\times2)\times5.5\div2=22$
$25.12+22=47.12$

答え　47.12cm²

② $8\div2=4$
$(4\times4\times3.14\div2)\times2=50.24$
$8\times10=80$
$50.24+80=130.24$

答え　130.24cm²

③ $6\div2=3$
$(3\times3\times3.14\div2)\times4=56.52$
$6\times6=36$
$56.52+36=92.52$

答え　92.52cm²

2

① $16\div2=8$
$(8\times8\times3.14\div4)\times3=150.72$

答え　150.72cm²

② $(2\times2\times3.14\div4)\times3=9.42$
$2\times2=4$
$9.42+4=13.42$

答え　13.42cm²

③ $6\times6\times3.14\div4=28.26$
$7\times7\times3.14\div4=38.465$
$7\times6\div2=21$
$28.26+38.465+21=87.725$

答え　87.725cm²

④ $14\times14\times3.14\div4=153.86$
$10\times10\times3.14\div4=78.5$
$10\times(14+10)=240$
$153.86+78.5+240=472.36$

答え　472.36cm²

14 円⑤ 円の面積⑤ P30・31

1 ① $7\times7=49$
$7\div2=3.5$
$3.5\times3.5\times3.14=38.465$
$49-38.465=10.535$
答え　10.535cm²

② $4\times6.4=25.6$
$4\div2=2$
$2\times2\times3.14=12.56$
$25.6-12.56=13.04$
答え　13.04cm²

③ $16\times(16\div2)=128$
$16\div2=8$
$8\times8\times3.14\div2=100.48$
$128-100.48=27.52$
答え　27.52cm²

④ $12\times12=144$
$12\times12\times3.14\div4=113.04$
$144-113.04=30.96$
答え　30.96cm²

2 ① $3\times2=6$
$2\div2=1$
$1\times1\times3.14=3.14$
} 大きい円の面積
$3-2=1$
$1\div2=0.5$
$0.5\times0.5\times3.14=0.785$
} 小さい円の面積
$6-3.14-0.785=2.075$
答え　2.075cm²

② $2\times4=8$
$2\div2=1$
$(1\times1\times3.14\div2)\times2=3.14$
$8-3.14=4.86$
答え　4.86cm²

③ $10\times10=100$
$10\div2=5$
$(5\times5\times3.14\div4)\times4=78.5$
$100-78.5=21.5$
答え　21.5cm²

④ $15\times15=225$
$(10\times10\times3.14\div4)\times2=157$
$225-157=68$
答え　68cm²

⑤ $4\times12=48$
$4\times4\times3.14\div4=12.56$
$(12-4)\div2=4$
$4\times4\times3.14\div2=25.12$
$48-12.56-25.12$
$=10.32$
答え　10.32cm²

⑥ $20\times20=400$
$10\div2=5$
$(5\times5\times3.14)\times4=314$
$400-314=86$
答え　86cm²

15 円⑥ 円の面積⑥ P32・33

1 ① $5\times5\times3.14\div4-5\times5\div2=7.125$
答え　7.125cm²

② $10\times10\times3.14\div4-10\times10\div2$
$=28.5$
$28.5\times2=57$
答え　57cm²

2 ① $8\times8=64$
$8\times8\times3.14\div4=50.24$
$64-50.24=13.76$
$13.76\times2=27.52$
答え　27.52cm²

② $12\times12=144$
$12\times12\times3.14\div4=113.04$
$144-113.04=30.96$
$30.96\times2=61.92$
答え　61.92cm²

③ $6\div2=3$
$3\times3=9$
$3\times3\times3.14\div4=7.065$
$(9-7.065)\times2=3.87$
$9+3.87=12.87$
答え　12.87cm²

④ $4\div2=2$
$2\times2=4$
$2\times2\times3.14\div4=3.14$
$(4-3.14)\times2=1.72$
$4+1.72=5.72$
答え　5.72cm²

ポイント
2①

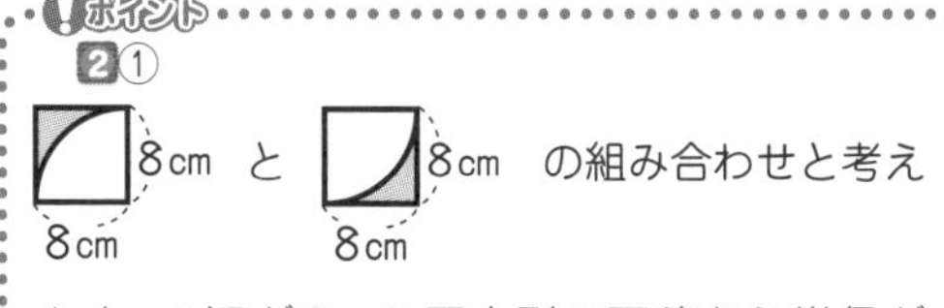

の組み合わせと考えます。1辺が8cmの正方形の面積から半径が8cmの の面積をひくと の部分の面積が求められます。

16 円⑦ 円の面積⑦

P34・35

1
① 10×10×3.14÷2＝157
10÷2＝5
5×5×3.14＝78.5
157＋78.5＝235.5
答え　235.5cm²

② 2÷2＝1
1×1×3.14＝3.14
答え　3.14cm²

③ 8÷2＝4
4×4×3.14＝50.24
答え　50.24cm²

④ 4×4×3.14＝50.24
4÷2＝2
(2×2×3.14)×2＝25.12
50.24＋25.12＝75.36
答え　75.36cm²

ポイント
1③

同じ大きさの が4つで1つの円と同じ面積になります。

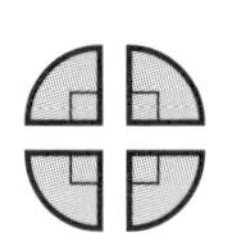
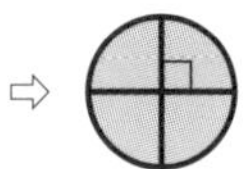

2
① 12×12×3.14÷2＝226.08
12÷2＝6
6×6×3.14＝113.04
226.08－113.04＝113.04
答え　113.04cm²

② 7.2×6＝43.2
6÷2＝3
3×3×3.14＝28.26
43.2－28.26＝14.94
答え　14.94cm²

③ 3×2＝6
6×10＝60
3×3×3.14＝28.26
60－28.26＝31.74
答え　31.74cm²

④ 9×9×3.14＝254.34
9÷2＝4.5
4.5×4.5×3.14＝63.585
254.34－63.585＝190.755
答え　190.755cm²

⑤ 8×8×3.14÷2＝100.48
4÷2＝2
(2×2×3.14)×2＝25.12
100.48－25.12＝75.36
答え　75.36cm²

⑥ 4×4＝16
(2×2×3.14)÷2＝6.28
16－6.28＝9.72
答え　9.72cm²

17 円⑧ 円の面積⑧

P36・37

1
① 6×6×3.14÷2＝56.52
答え　56.52cm²

② 7×7×3.14÷2＝76.93
答え　76.93cm²

③ 9×3＝27
答え　27cm²

④ 6×8＝48
答え　48cm²

2
① 2×2×3.14÷2＝6.28
答え　6.28cm²

② 6×8＝48
答え　48cm²

③ 6×6×3.14÷2＝56.52
答え　56.52cm²

④ 2.2×2＝4.4
答え　4.4cm²

⑤ 4×4×3.14÷2＝25.12
答え　25.12cm²

⑥ 9×9＝81
答え　81cm²

18 円⑨ まとめ P38・39

1

① $6 \times 6 \times 3.14 = 113.04$

答え　113.04cm²

② $10 \div 2 = 5$

$5 \times 5 \times 3.14 = 78.5$

答え　78.5cm²

③ $8 \times 8 \times 3.14 \div 2 = 100.48$

答え　100.48cm²

④ $14 \div 2 = 7$

$7 \times 7 \times 3.14 \div 2 = 76.93$

答え　76.93cm²

⑤ $18 \div 2 = 9$

$9 \times 9 \times 3.14 \div 2 = 127.17$

答え　127.17cm²

⑥ $5 \times 5 \times 3.14 \div 4 = 19.625$

答え　19.625cm²

⑦ $12 \times 12 \times 3.14 \div 4 = 113.04$

答え　113.04cm²

⑧ $6 \times 6 \times 3.14 \div 4 = 28.26$

答え　28.26cm²

2

① $6 \times 6 \times 3.14 = 113.04$　…大きい円の面積

$6 \div 2 = 3$

$3 \times 3 \times 3.14 = 28.26$　…小さい円の面積

$113.04 - 28.26 = 84.78$

答え　84.78cm²

② $4 \times 4 \times 3.14 \div 2 = 25.12$

$(4 \times 2) \times 4 \div 2 = 16$

$25.12 - 16 = 9.12$

答え　9.12cm²

③ $16 \times 16 = 256$

$16 \times 16 \times 3.14 \div 4 = 200.96$

$256 - 200.96 = 55.04$

答え　55.04cm²

④ $10 \times 10 \times 3.14 \div 4 = 78.5$

$10 \times 10 \div 2 = 50$

$78.5 - 50 = 28.5$

答え　28.5cm²

3

$14 \times 14 \times 3.14 = 615.44$

$14 \div 2 = 7$

$7 \times 7 \times 3.14 = 153.86$

$615.44 - 153.86 = 461.58$

答え　461.58cm²

19 体積① 底面と底面積 P40・41

1 ㋐，㋑，㋔，㋕

2

① $3 \times 4 = 12$

答え　12cm²

② $3 \times 3 = 9$

答え　9cm²

③ $4 \times 3 \div 2 = 6$

答え　6cm²

④ $2 \times 5 \div 2 = 5$

答え　5cm²

⑤ $5 \times 3 \div 2 = 7.5$

答え　7.5cm²

⑥ $2 \times 2 \times 3.14 = 12.56$

答え　12.56cm²

⑦ $(3 + 5) \times 4 \div 2 = 16$

答え　16cm²

⑧ $3 \times 2 \div 2 = 3$

答え　3cm²

⑨ $3 \times 3 \times 3.14 = 28.26$

答え　28.26cm²

20 体積② 角柱の体積① P42・43

1

① $7 \times 5 = 35$

答え　35cm³

② $8 \times 3 = 24$

答え　24cm³

③ $9 \times 3 = 27$

答え　27cm³

④ $10 \times 4 = 40$

答え　40cm³

2

① $2 \times 5 = 10$

答え　10cm³

② $16 \times 4 = 64$

答え　64cm³

③ $12 \times 1 = 12$

答え　12cm³

④ $6 \times 3 = 18$

答え　18cm³

⑤ $12 \times 5 = 60$

答え　60cm³

⑥ $5 \times 10 = 50$

答え　50cm³

⑦ $6\times7=42$

答え　42cm³

⑧ $13\times6=78$

答え　78cm³

21 体積③ 角柱の体積②
P44・45

1
① $2\times2\times6=24$

答え　24cm³

② $3\times4\times5=60$

答え　60cm³

③ $1\times1\times8=8$

答え　8cm³

④ $10\times10\times2=200$

答え　200cm³

2
① $2\times3\div2\times2=6$

答え　6cm³

② $6\times6\div2\times6=108$

答え　108cm³

③ $3\times2\div2\times5=15$

答え　15cm³

④ $6\times3\div2\times2=18$

答え　18cm³

⑤ $8\times8\div2\times20=640$

答え　640cm³

⑥ $(3+7)\times5\div2\times1=25$

答え　25cm³

⑦ $(4+6)\times2\div2\times3=30$

答え　30cm³

⑧ $(9+7)\times5\div2\times10=400$

答え　400cm³

22 体積④ 円柱の体積①
P46・47

1
① $3\times2=6$　答え　6cm³

② $110\times4=440$　答え　440cm³

③ $13\times10=130$

答え　130cm³

④ $4\times20=80$

答え　80cm³

2
① $4\times4\times3.14\times9=452.16$

答え　452.16cm³

② $20\times20\times3.14\times10=12560$

答え　12560cm³

③ $1\times1\times3.14\times5=15.7$

答え　15.7cm³

④ $3\times3\times3.14\times6=169.56$

答え　169.56cm³

3
① $8\div2=4$
$4\times4\times3.14\times7=351.68$

答え　351.68cm³

② $14\div2=7$
$7\times7\times3.14\times20=3077.2$

答え　3077.2cm³

③ $4\div2=2$
$2\times2\times3.14\times6=75.36$

答え　75.36cm³

23 体積⑤ 円柱の体積②
P48・49

1
① $3\times3\times3.14\times6\div2=84.78$

答え　84.78cm³

② $7\times7\times3.14\times15\div2=1153.95$

答え　1153.95cm³

③ $10\times10\times3.14\times16\div2=2512$

答え　2512cm³

2
① $8\div2=4$
$4\times4\times3.14\times22\div2=552.64$

答え　552.64cm³

② $14\div2=7$
$7\times7\times3.14\times20\div2=1538.6$

答え　1538.6cm³

3
① $4\times4\times3.14\times6\div4=75.36$

答え　75.36cm³

② $30\times30\times3.14\times20\div4=14130$

答え　14130cm³

③ $3\times3\times3.14\times3\div4=21.195$

答え　21.195cm³

④ $2\times2\times3.14\times2.5=31.4$
$2\times2\times3.14\times2.5\div4=7.85$
$31.4-7.85=23.55$

答え　23.55cm³

24 体積⑥ 円柱の体積③
P50・51

1
① $10\times10\times3.14\times20=6280$
$20\times20\times3.14\times10=12560$
$6280+12560=18840$

答え　18840cm³

② $4\div2=2$
$2\times2\times3.14\times14=175.84$
$18\div2=9$

9×9×3.14×6 = 1526.04
175.84+1526.04 = 1701.88
答え　1701.88cm^3

③ (5+10+5)÷2 = 10
10×10×3.14×15÷2 = 2355
10÷2 = 5
5×5×3.14×15÷2 = 588.75
2355+588.75 = 2943.75
答え　2943.75cm^3

2 ① 20×20×3.14×50 = 62800
12×12×3.14×50 = 22608
62800−22608 = 40192
答え　40192cm^3

② 10×10×3.14×10÷2 = 1570
5×5×3.14×10÷2 = 392.5
1570−392.5 = 1177.5
答え　1177.5cm^3

3 ① 9×9×3.14×12 = 3052.08
6×6×12 = 432
3052.08−432 = 2620.08
答え　2620.08cm^3

② 20×20×20 = 8000
8÷2 = 4
4×4×3.14×20 = 1004.8
8000−1004.8 = 6995.2
答え　6995.2cm^3

25 体積⑦ まとめ

P52・53

1 ① 32×5 = 160
答え　160cm^3

② 25×6 = 150
答え　150cm^3

③ 20×6 = 120
答え　120cm^3

④ 110×9 = 990
答え　990cm^3

2 ① 2×3×4 = 24
答え　24cm^3

② 4×4÷2×4 = 32
答え　32cm^3

③ 5×1.6÷2×4 = 16
答え　16cm^3

④ (7+9)×6÷2×10 = 480
答え　480cm^3

3 ① 1×1×3.14×4 = 12.56
答え　12.56cm^3

② 8÷2 = 4
4×4×3.14×6 = 301.44
答え　301.44cm^3

③ 8×8×3.14×10÷2 = 1004.8
答え　1004.8cm^3

④ 2×2×3.14×3.5÷4 = 10.99
答え　10.99cm^3

4 ① 1×1×3.14×1.5 = 4.71
2×2×3.14×3 = 37.68
4.71+37.68 = 42.39
答え　42.39cm^3

② 12×12×3.14×12 = 5425.92
6×6×3.14×12 = 1356.48
5425.92−1356.48 = 4069.44
答え　4069.44cm^3

26 対称な形① 線対称①

P54・55

1 ㋐，㋑，㋒，㋓，㋕，㋘

2 ㋐，㋓，㋔，㋕，㋖，㋗，㋛に○

27 対称な形② 線対称②

P56・57

1 ①

② 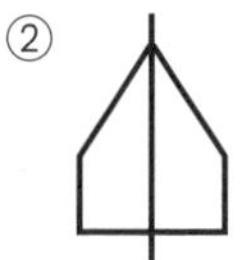

③ 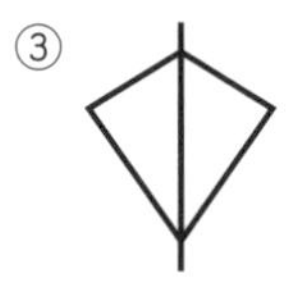

④ 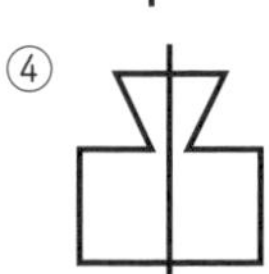

⑤ 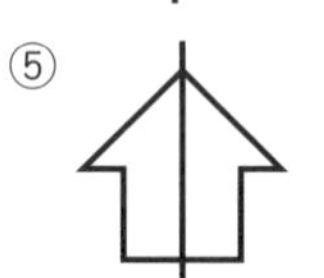

⑥ 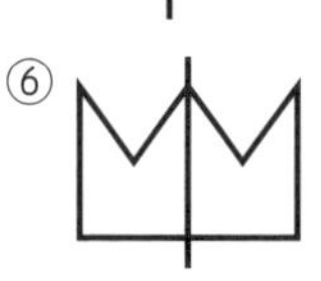

2 ①  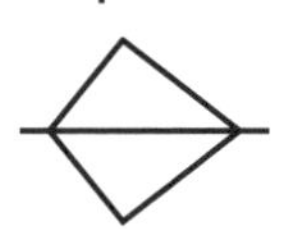

② 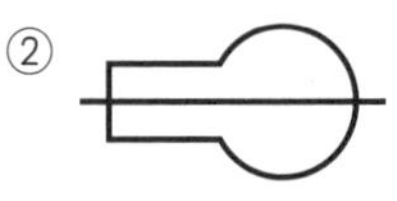

③ 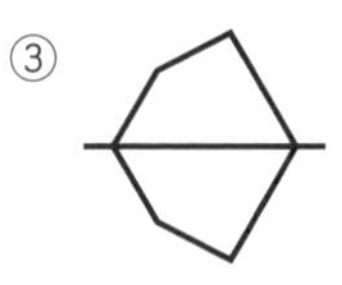

④ 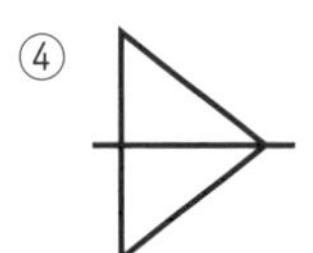

⑤ 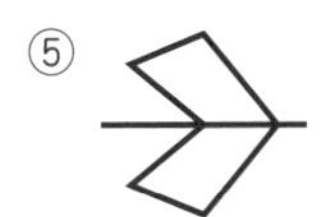
⑥ 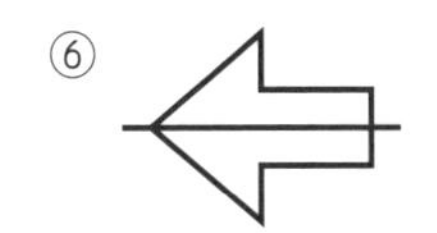

3 ① 2本　② 2本
③ 3本　④ 2本

28 対称(たいしょう)な形③ 線対称(せんたいしょう)③ P58・59

1 ① 点ア……点ク
点イ……点キ
点ウ……点カ
点エ……点オ
② 辺アイ…辺クキ
辺イウ…辺キカ
辺ウエ…辺カオ
③ 角ア……角ク
角イ……角キ
角ウ……角カ
角エ……角オ

2 ① 点セ　② 点オ
③ 辺カキ　④ 4cm
⑤ 角ツ　⑥ 110°
⑦ 直線アコ

29 対称(たいしょう)な形④ 線対称(せんたいしょう)④ P60

1 ① 90°　② 90°
③ 90°

2 ① 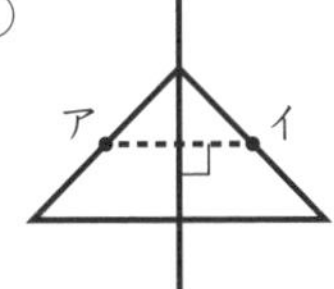

② 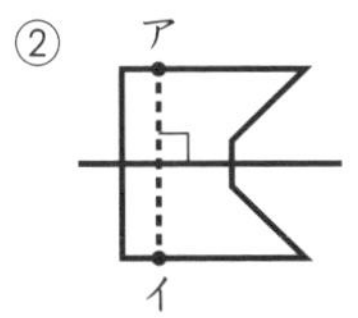

30 対称(たいしょう)な形⑤ 線対称(せんたいしょう)⑤ P61

1 ① 直線カケ　② 直線オコ
2 ① 6cm　② 5cm
③ 8cm

31 対称(たいしょう)な形⑥ 線対称(せんたいしょう)⑥ P62・63

1 ① 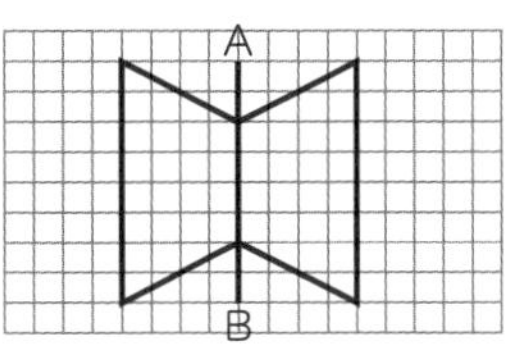

② 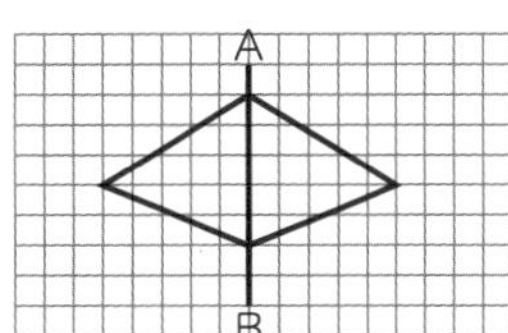

③ 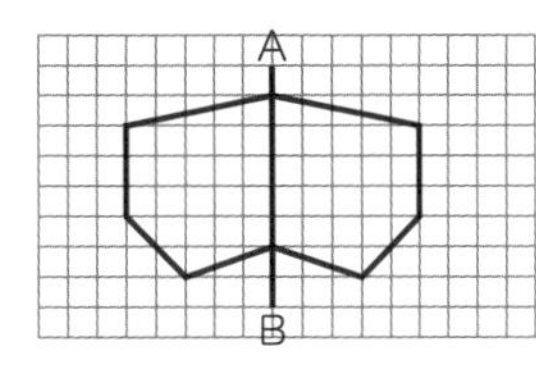

④ 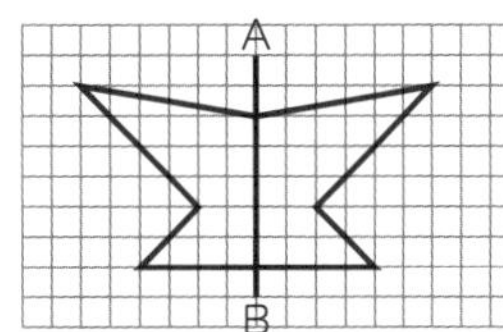

2 ① 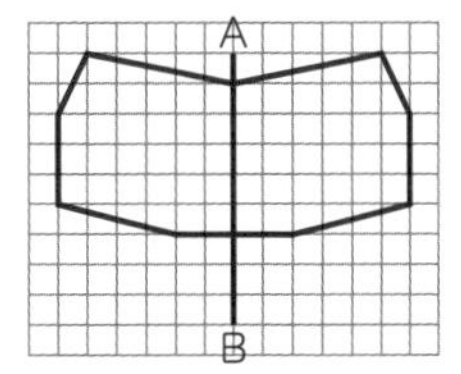

② 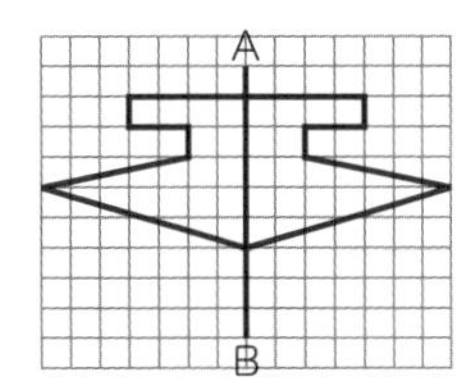

③ 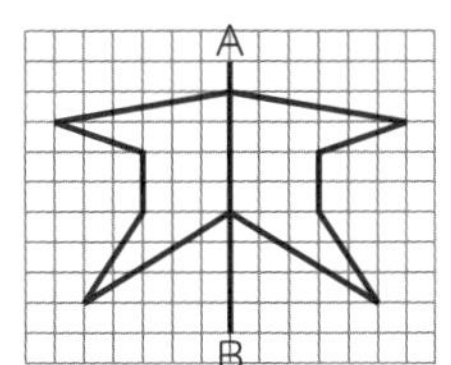

④ 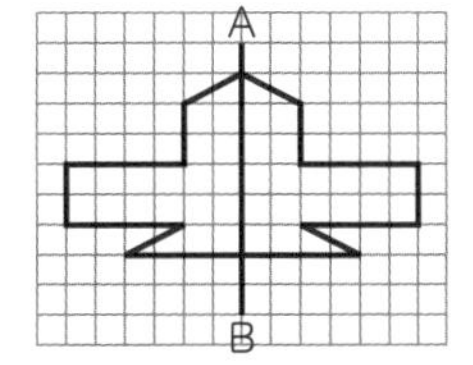

3 ①

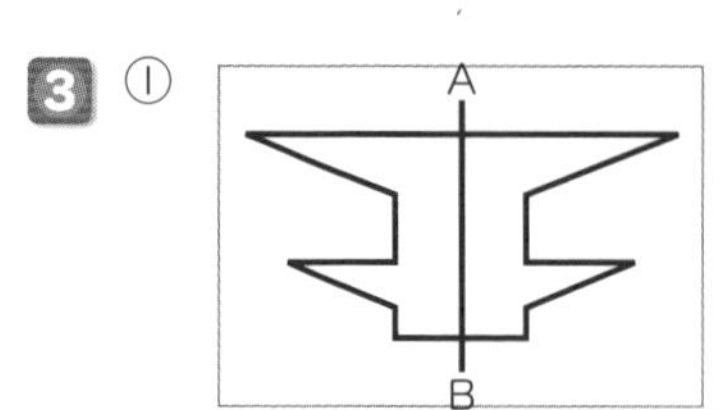

②

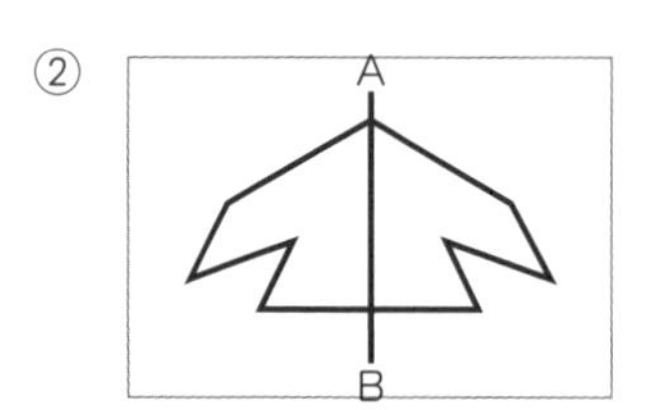

③

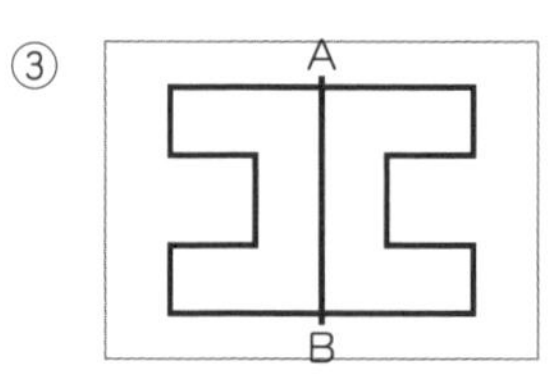

④

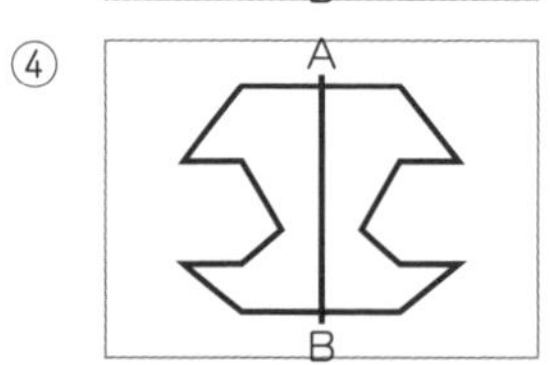

32 対称な形⑦ 点対称① P64・65

1 ㋐，㋔，㋗，㋘

2 ㋓，㋔，㋕，㋘，㋙，㋚，㋛に◯

33 対称な形⑧ 点対称② P66・67

1 ① 点E　② 点F
③ 辺ED　④ 辺CB
⑤ 角E　⑥ 角D

2 ① 点O　② 直線OE
③ 直線OF

3 ① 1.5cm　② 110°
③ 2.1cm　④ 1.6cm

34 対称な形⑨ 点対称③ P68・69

1 ①

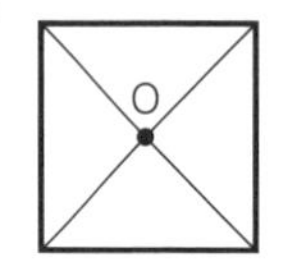

②

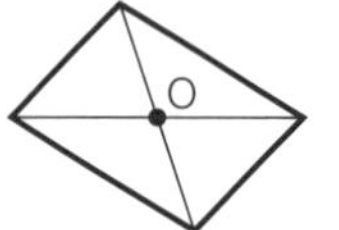

③ ④ ⑤ ⑥

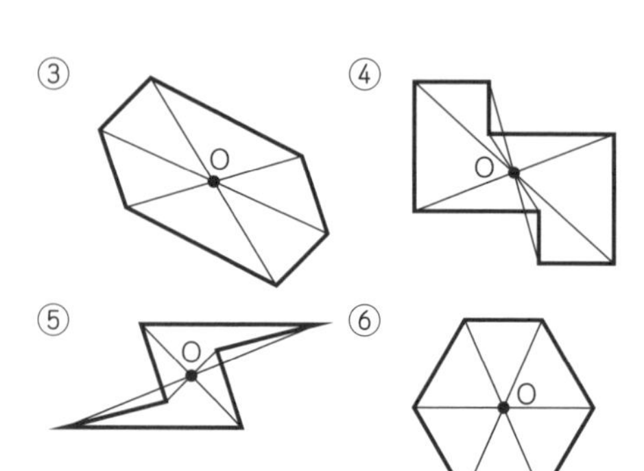

2 ① ②

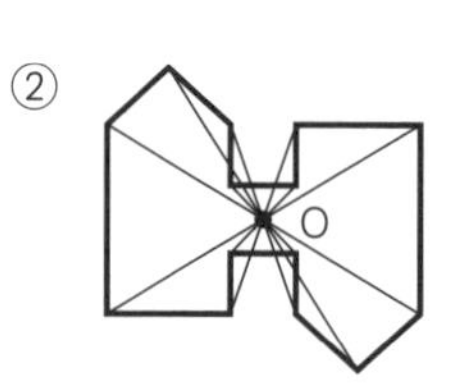

③ ④

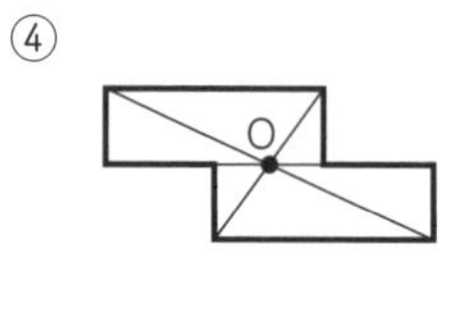

3 ① ②

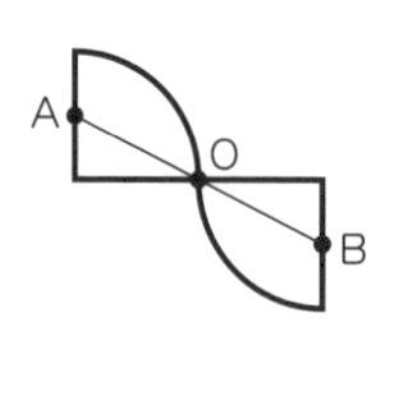

③

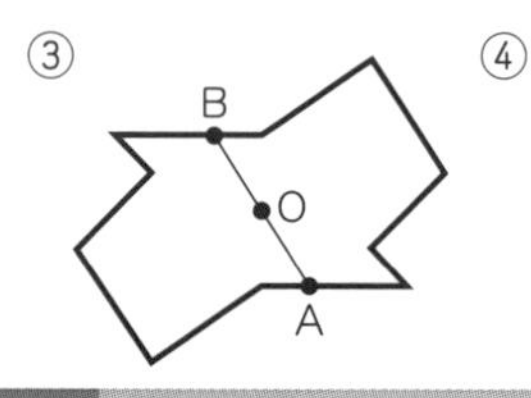

④

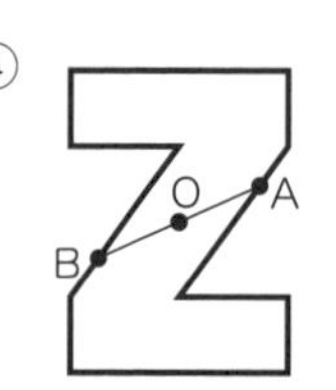

35 対称な形⑩ 点対称④ P70・71

1 ①

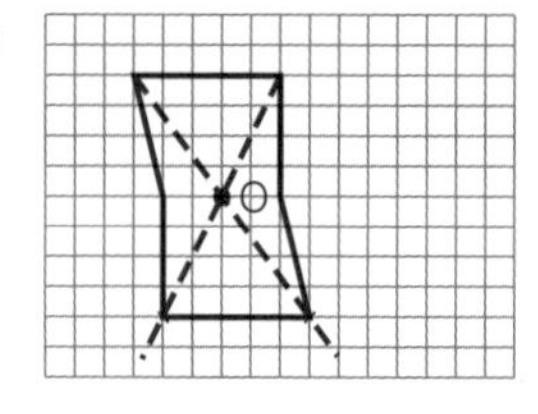

②

③

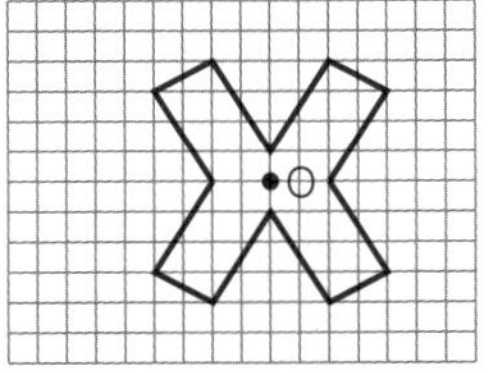

④

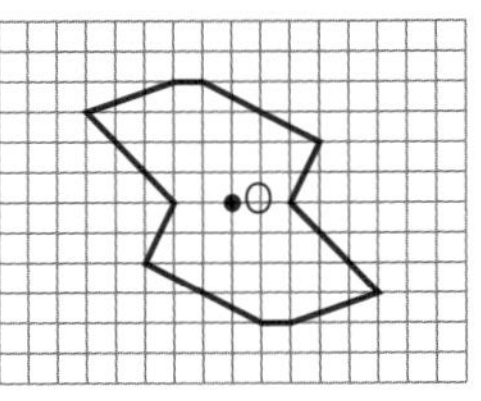

2 ①

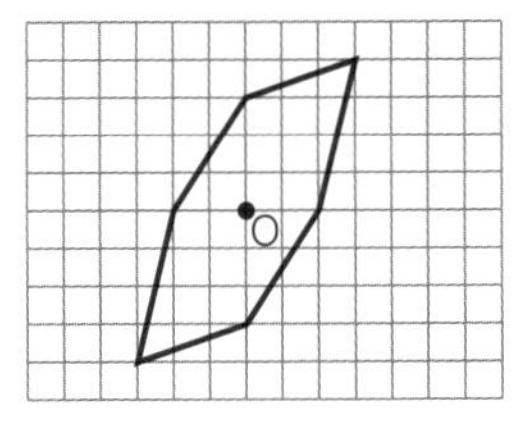

②

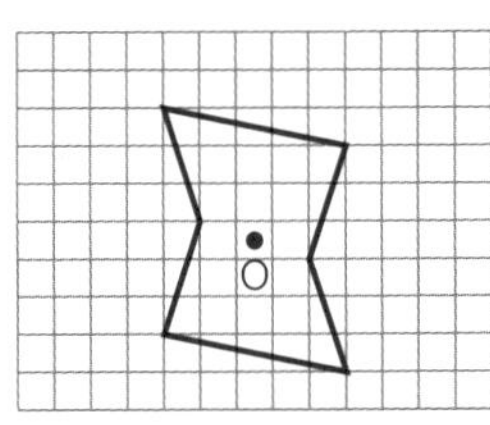

③

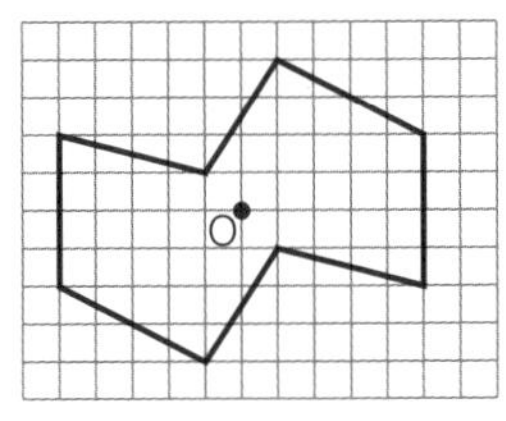

④

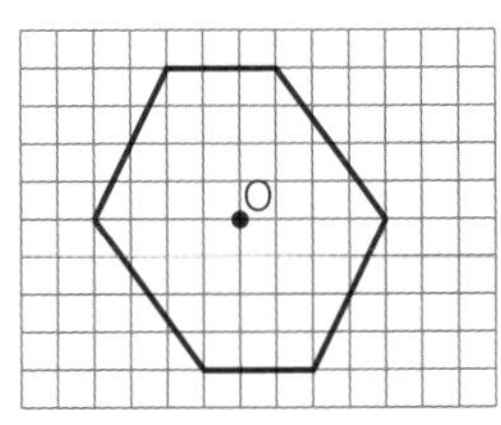

⑤

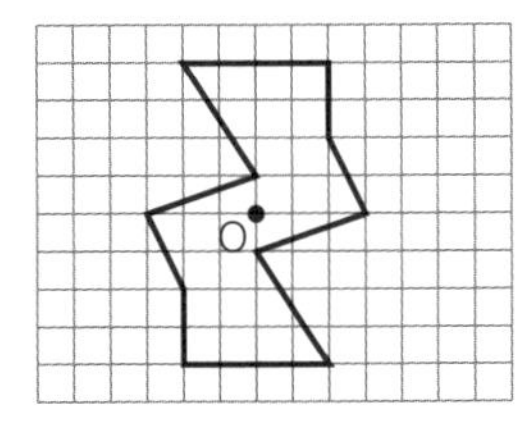

⑥

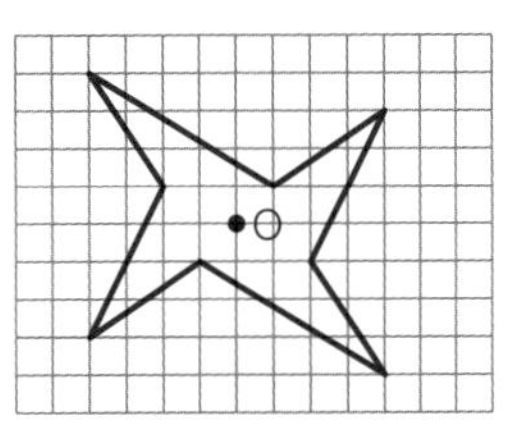

⑦

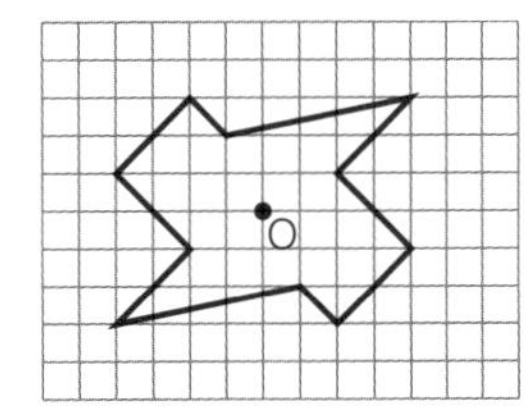

⑧

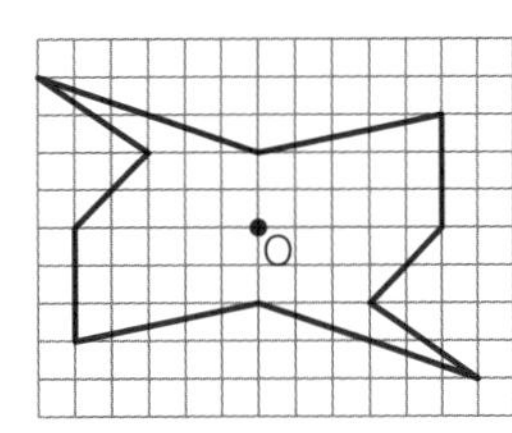

36 対称な形⑪ 四角形と対称

P72・73

1 ① ㋑，㋒，㋓に○
② ㋐，㋑，㋒，㋓に○
③ ㋑，㋒，㋓に○

2 ① 2本　② 2本
③ 4本　④ 1本

ポイント

2 対称の軸をかいてみましょう。

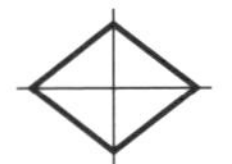
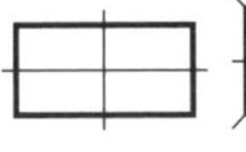
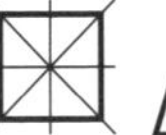

台形は，線対称になる形とならない形があるので注意しましょう。

3 ①

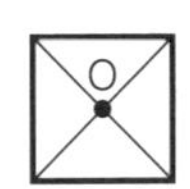

②

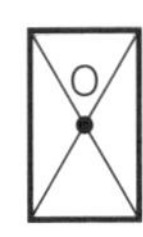

③

④

4 ① ㋐，㋒，㋓　② ㋐，㋑，㋒，㋓
③ ㋐，㋒，㋓　④ ㋔

37 対称な形⑫ 三角形と対称 P74・75

1 ① ×　② ○
③ ○　④ ○

2 ① 1本　② 3本
③ 1本

ポイント
2 対称の軸をかいてみましょう。

3 ① ㋐, ㋑, ㋓　② ×
③ ×　④ ㋒

38 対称な形⑬ 対称な図形 P76・77

1 ① ㋐, ㋑, ㋒, ㋓に○
② ㋑, ㋒, ㋓に○
③ ㋑, ㋒, ㋓に○

2 ① 5本　② 6本
③ 8本　④ 9本

ポイント
2 対称の軸をかいてみましょう。

円の形に近づくほど，対称の軸は増えていきます。

3 ①　②

4 ① ㋐, ㋑, ㋒, ㋓, ㋔
② ㋑, ㋓, ㋔
③ ㋑, ㋓, ㋔
④ ×

ポイント
4 正多角形で点対称な図形の頂点の数は偶数です。

39 対称な形⑭ まとめ P78・79

1 ① ○　② △
③ ○　④ △

2 ① 点ク　② 6.5cm
③ 60°

3 ① 点F　② 18cm
③ 45°

4 ①

②
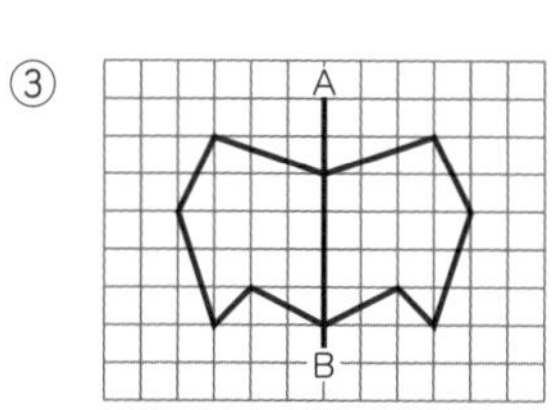

③
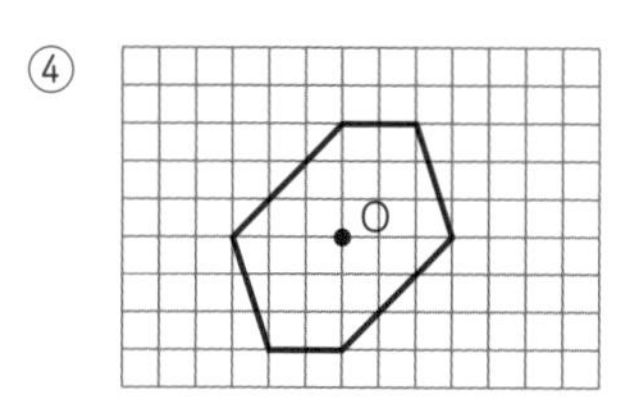

④

5 ① ㋐, ㋑, ㋒, ㋔, ㋕
② ㋑
③ ㋑, ㋒, ㋓, ㋕
④ ㋑, ㋒, ㋕

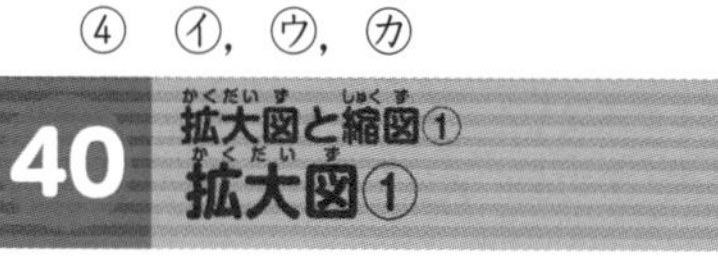

40 拡大図と縮図① 拡大図① P80・81

1 ① ㋓　② ㋒
③ ㋒, ㋓, ㋔

2 ① 3倍　② 2倍
③ （例）いえる。対応する角の大きさがすべて等しく，対応する辺の長さが1.5倍になっているから。
④ （例）いえない。対応する角の大きさが等しくなっていないから。

3 ㋔, ㋖

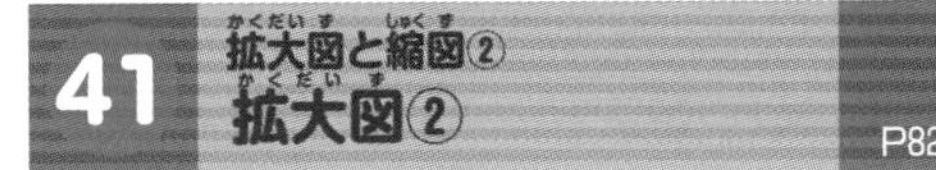

1 ① ㋖　② ㋕
③ 3倍

2 ① ㋖　② ㋔

3 ㋔，2倍

42 拡大図と縮図③ 縮図①

P84・85

1 ① ㋖　② ㋔
③ ㋔，㋕，㋖

2 ① $\frac{1}{2}$　② $\frac{1}{3}$

③ （例）いえる。対応する角の大きさがすべて等しく，対応する辺の長さが$\frac{1}{3}$倍になっているから。

④ （例）いえない。対応する辺の長さの比が等しくないから。

3 ㋒

43 拡大図と縮図④ 縮図②

P86・87

1 ① ㋑，㋖　② ㋖
③ ㋑

2 ① ㋒　② ㋕
③ $\frac{1}{3}$

3 ① ○　② ×
③ ○　④ ×

44 拡大図と縮図⑤ 拡大図③

P88・89

1 ①2倍の拡大図

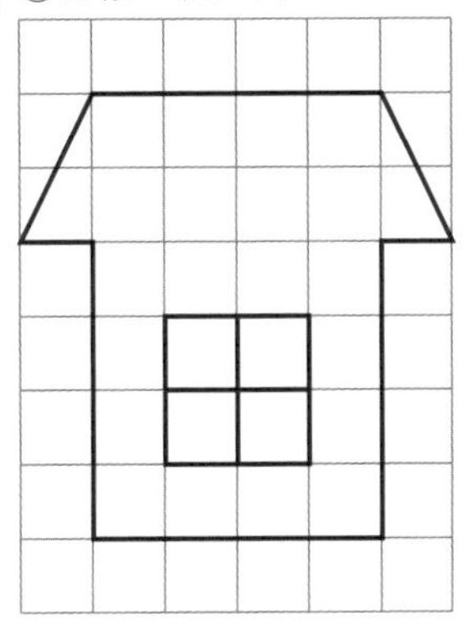

②3倍の拡大図

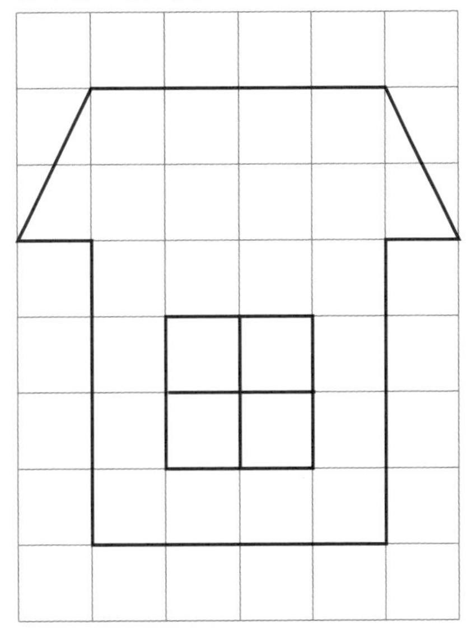

2 ①2倍の拡大図

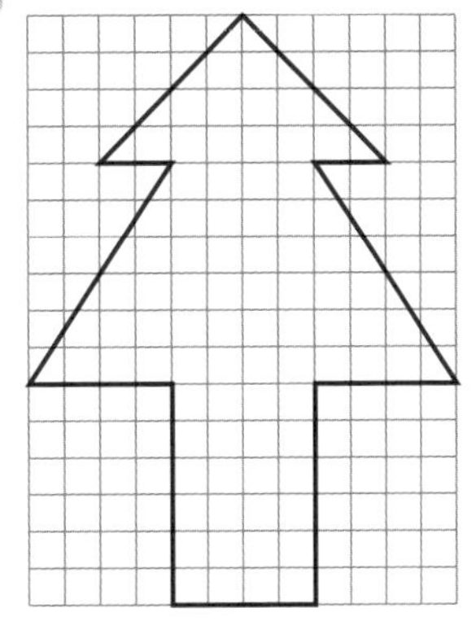

②3倍の拡大図

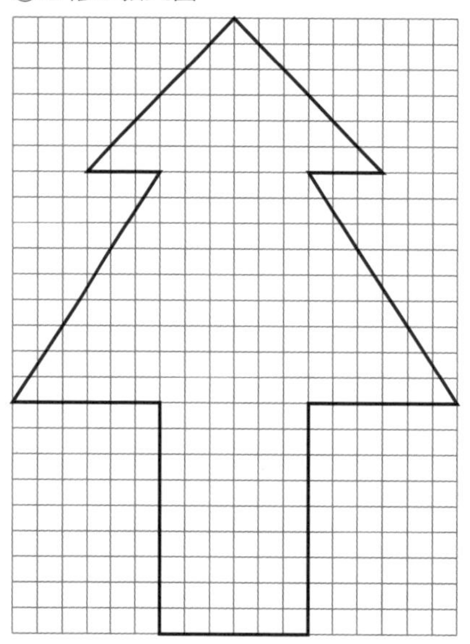

3 ①1.5倍の拡大図

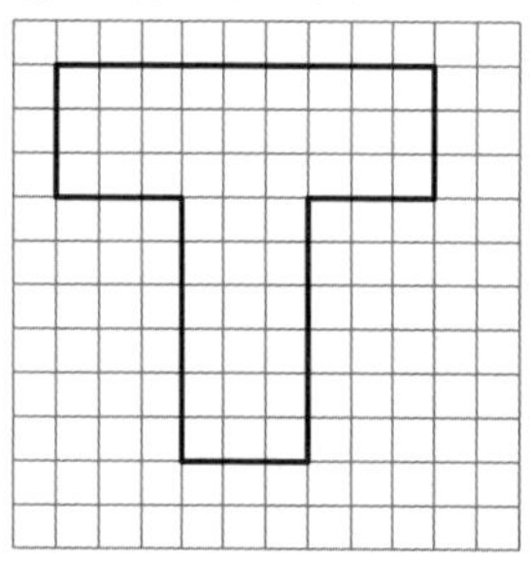

②2倍の拡大図

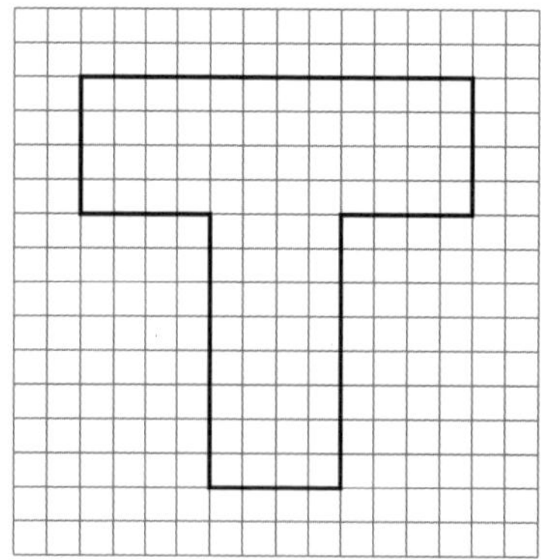

45 拡大図と縮図⑥ 拡大図④

P90・91

1 ①2倍の拡大図

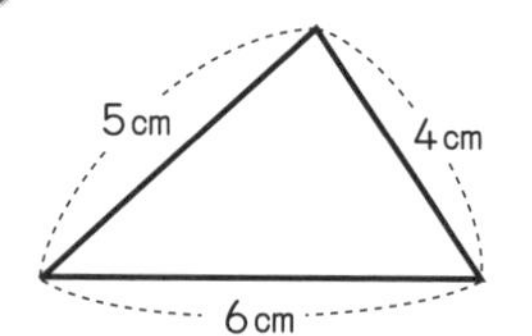

②3倍の拡大図

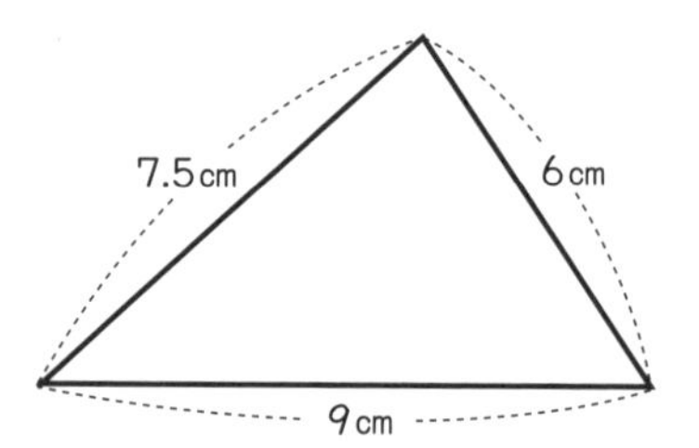

2

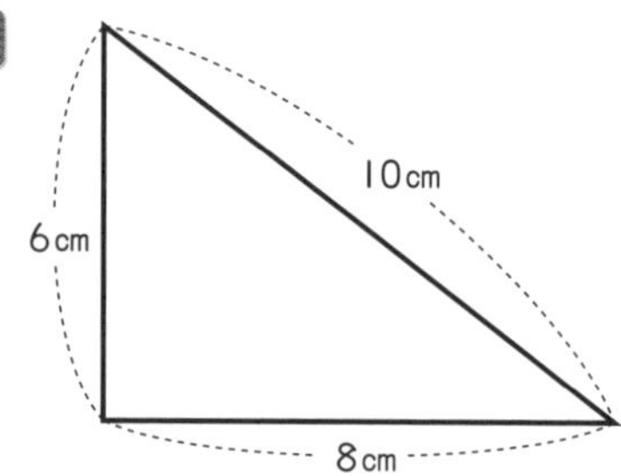

3

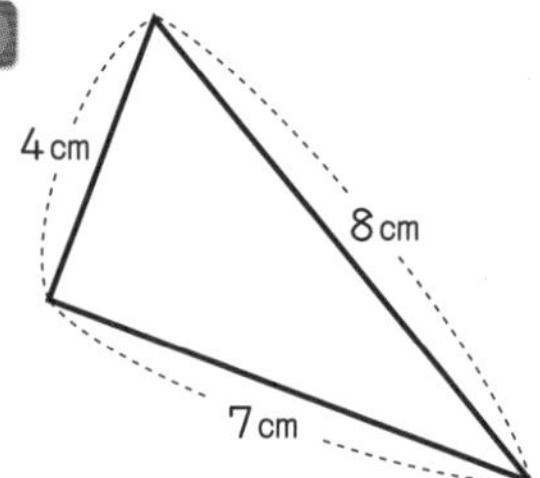

4

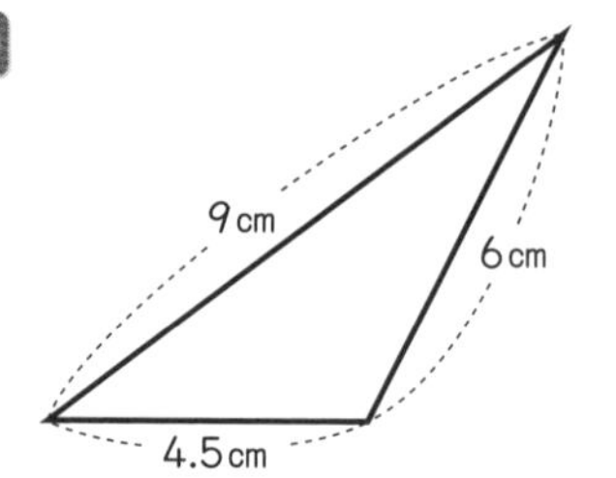

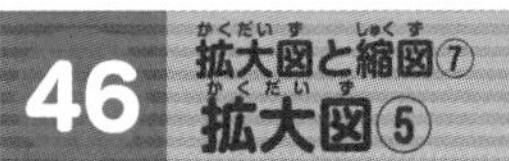

46 拡大図と縮図⑦ 拡大図⑤

P92・93

1 ①2倍の拡大図

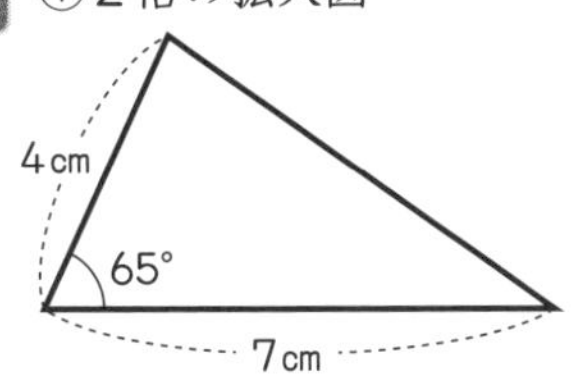

②3倍の拡大図

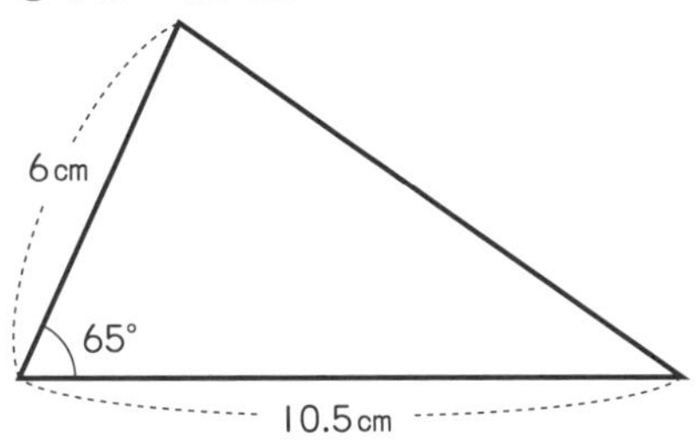

2

4cm
130°
5cm

3

6cm
70°
7cm

4

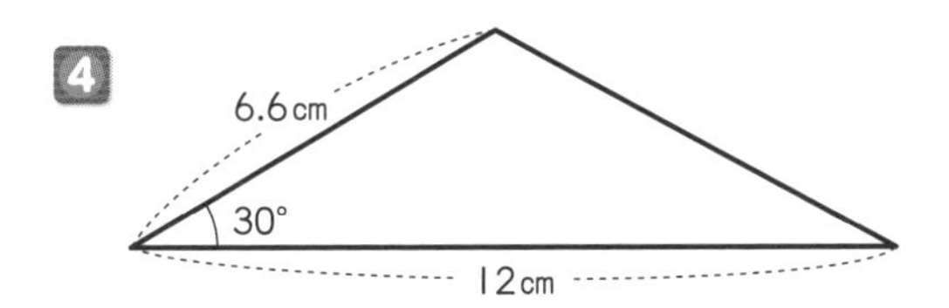

47 拡大図と縮図⑧ 拡大図⑥

P94・95

1 ①2倍の拡大図

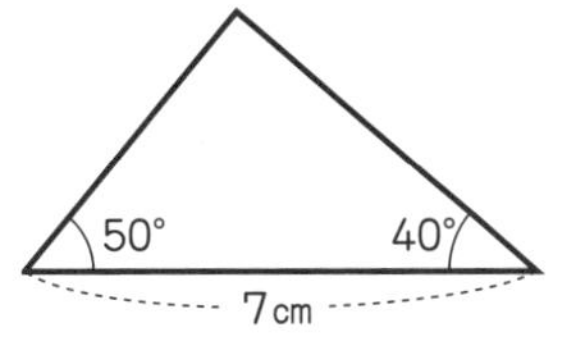

②3倍の拡大図

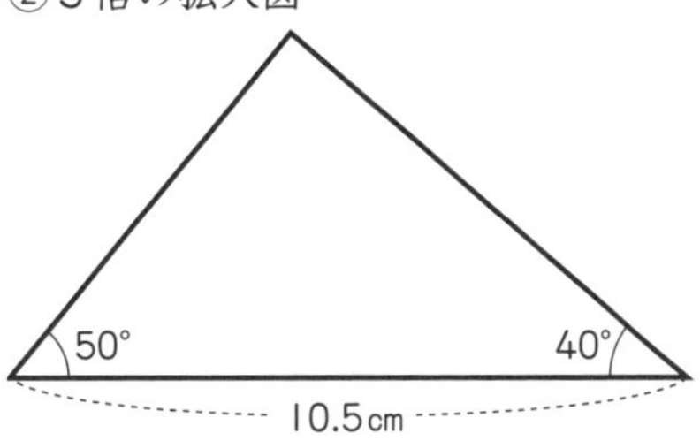

2

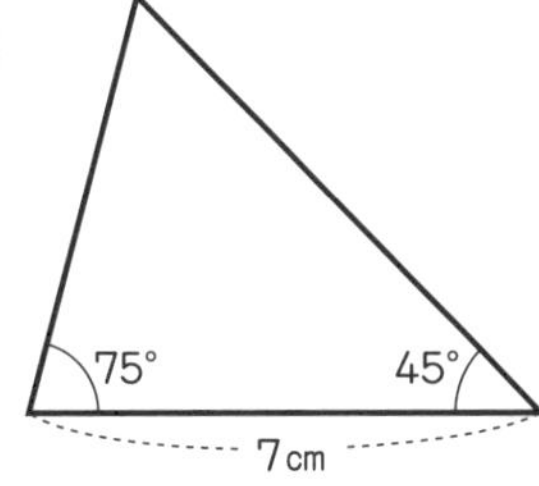

3

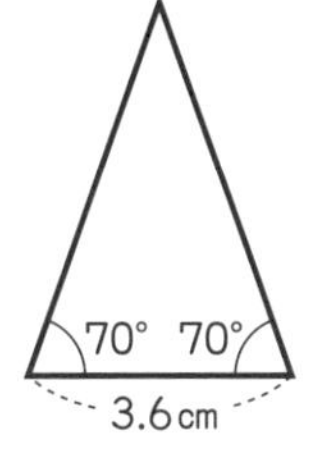

4

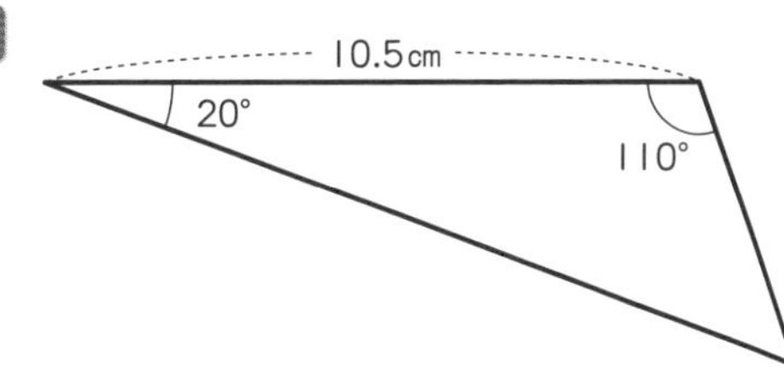

48 拡大図と縮図⑨ 縮図③

P96・97

1 ① $\frac{1}{2}$ の縮図　② $\frac{1}{4}$ の縮図

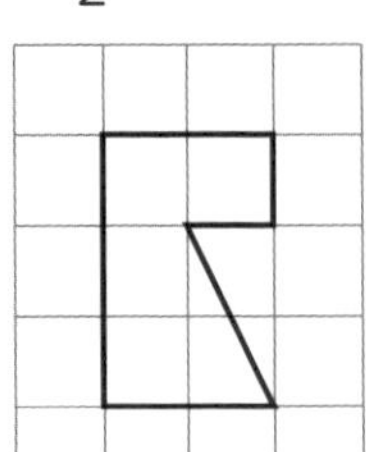

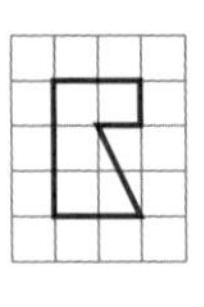

2

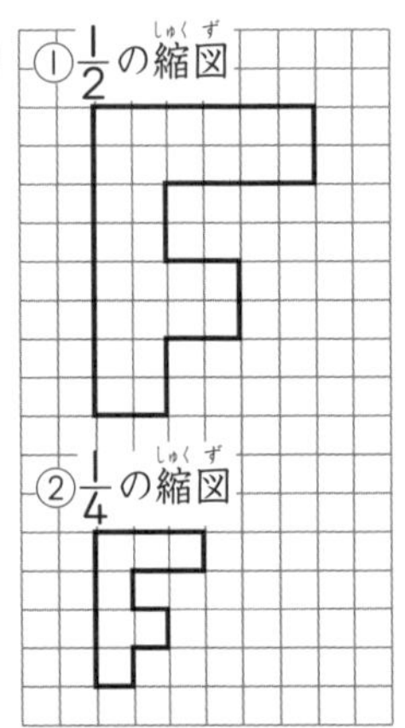

3

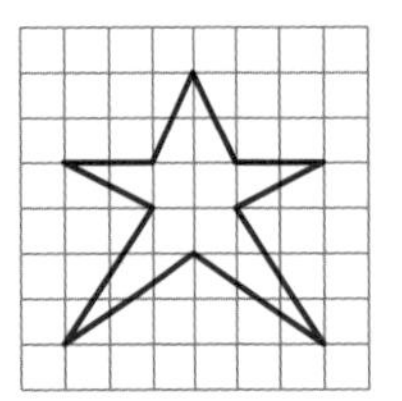

49 拡大図と縮図⑩ 縮図④

P98・99

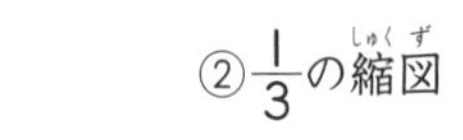

1 ① $\frac{1}{2}$ の縮図　② $\frac{1}{3}$ の縮図

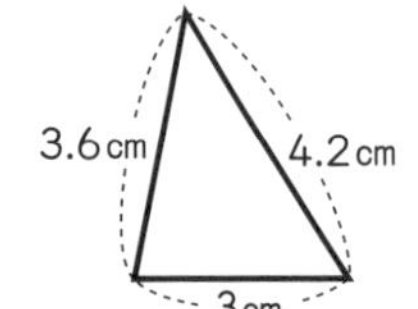

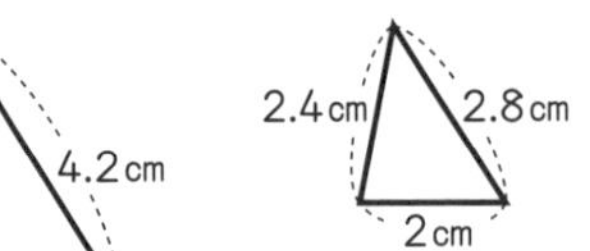

2

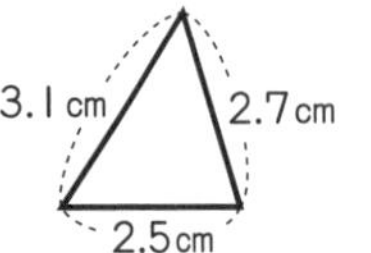

3 2.5cm　1.1cm　1.8cm

4 ① $\frac{1}{2}$ の縮図　② $\frac{1}{3}$ の縮図

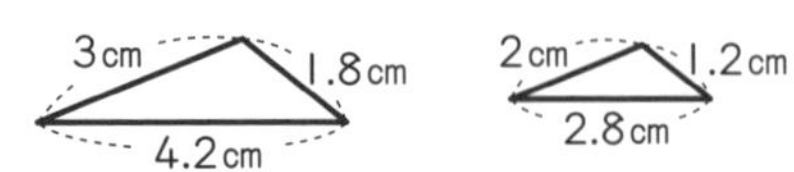

③ $\frac{1}{4}$ の縮図

1.5cm　0.9cm　2.1cm

50 拡大図と縮図⑪ 縮図⑤

P100・101

1 ① $\frac{1}{2}$ の縮図　② $\frac{1}{3}$ の縮図

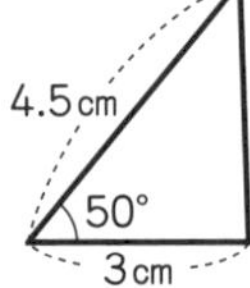

3cm　50°　2cm

2 2.3cm　125°　2.5cm

3 1.4cm　75°　2.2cm

4 ① $\frac{1}{2}$ の縮図　② $\frac{1}{4}$ の縮図

51 拡大図と縮図⑫ 縮図⑥

P102・103

1 ① $\frac{1}{2}$ の縮図　② $\frac{1}{3}$ の縮図

① 60°　75°　3cm

② 60°　75°　2cm

2

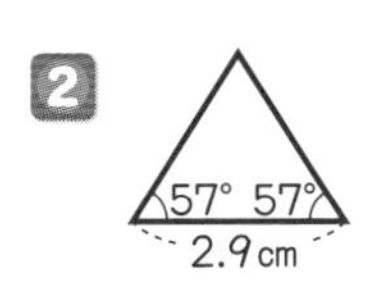

3

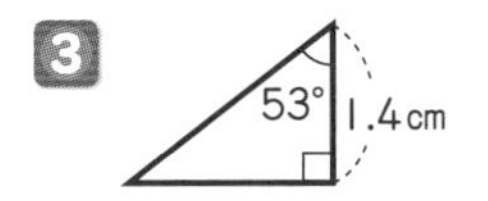

4 ① $\frac{1}{2}$の縮図　② $\frac{1}{4}$の縮図

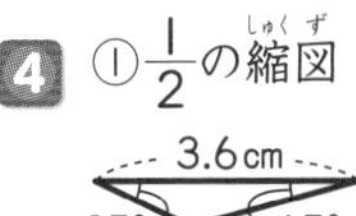

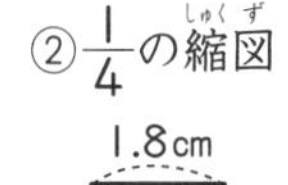

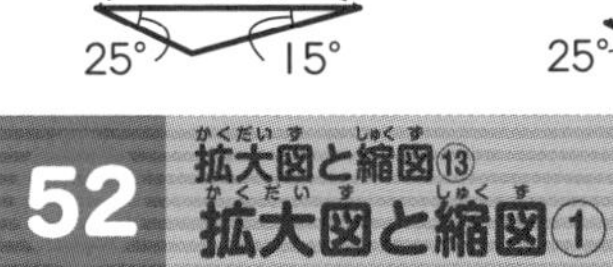

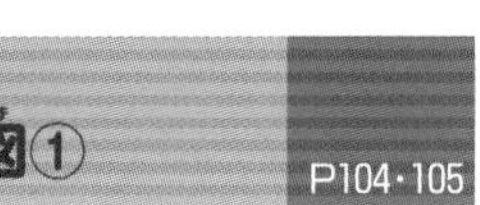

52 拡大図と縮図⑬ 拡大図と縮図①

P104・105

1

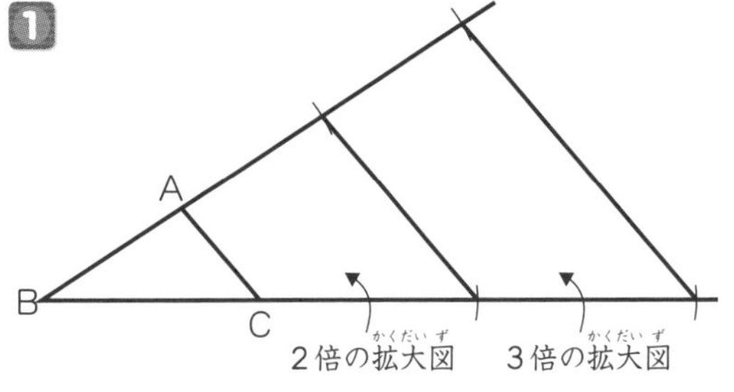

2

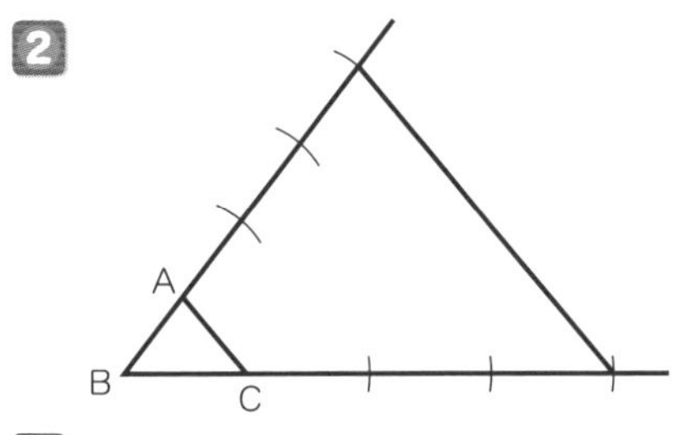

3

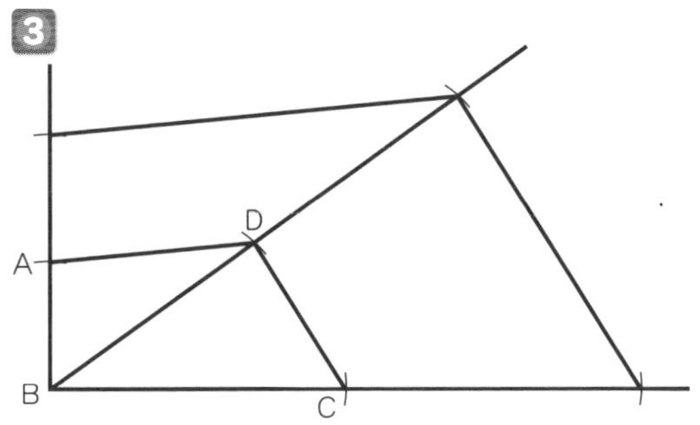

4

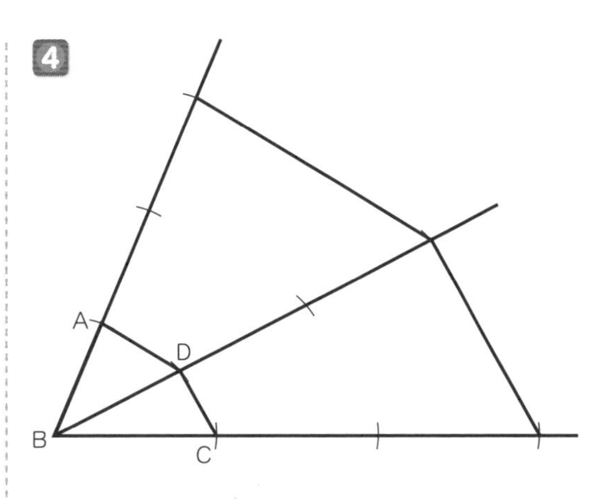

53 拡大図と縮図⑭ 拡大図と縮図②

P106・107

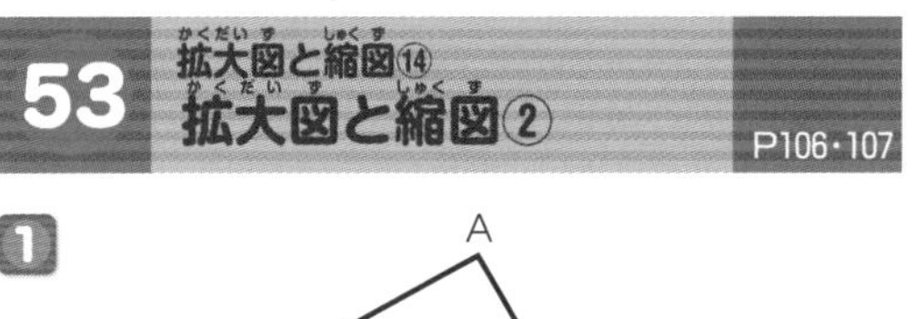

1

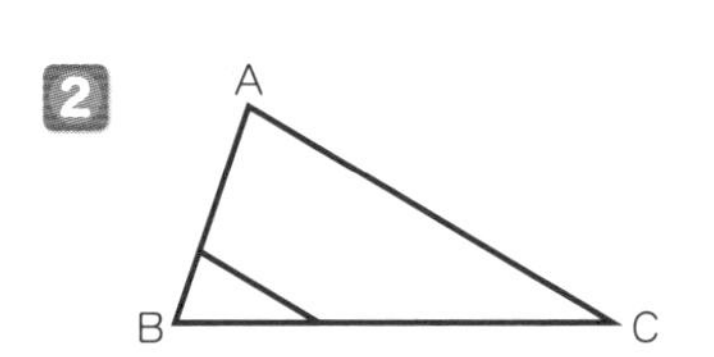

2

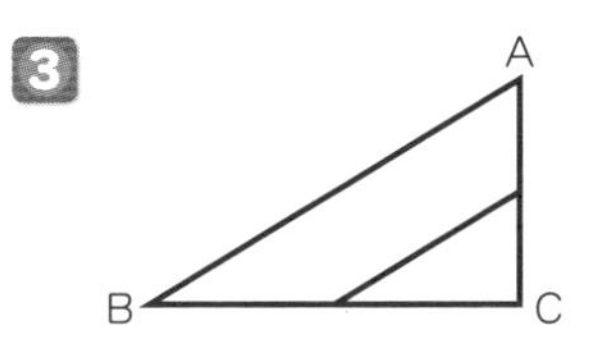

3

4

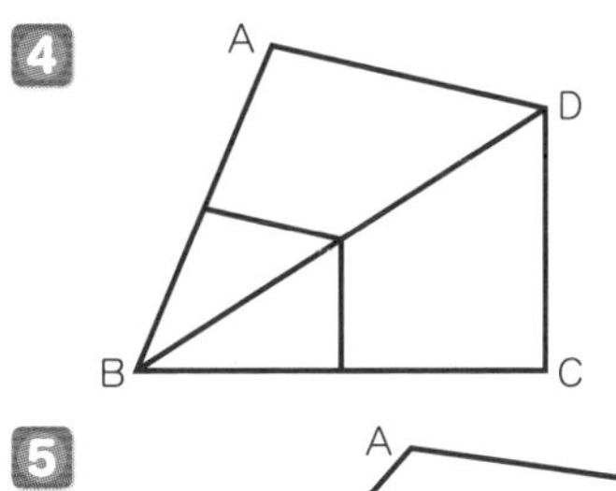

5

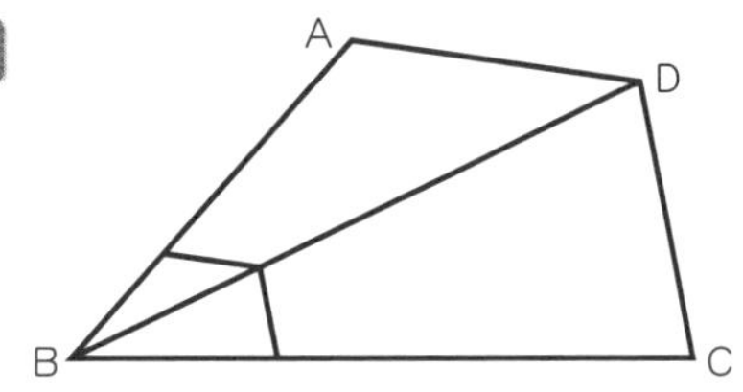

6

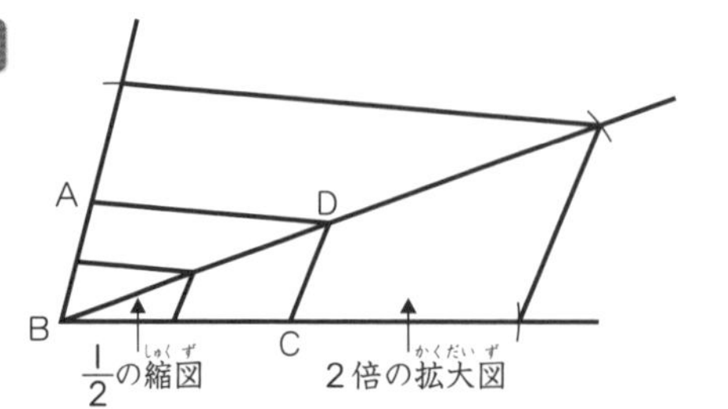

54 拡大図と縮図⑮ 拡大図と縮図③ P108・109

1 ① 3倍　② $\frac{1}{3}$

③ 頂点A→頂点D　頂点B→頂点E　頂点C→頂点F

④ 辺AB→辺DE　辺BC→辺EF　辺CA→辺FD

⑤ 角A→角D　角B→角E　角C→角F

⑥ 角A…70°　角C…73°　角E…37°

2 ① 2倍　② $\frac{1}{2}$

③ 60°　④ 30°

3 ① $\frac{1}{2}$　② 頂点E

③ 辺EF　④ 辺CD

⑤ 角E　⑥ 70°

55 拡大図と縮図⑯ 拡大図と縮図④ P110・111

1 ① 3倍　② 4.5cm

③ 2cm

2 ① $\frac{1}{2}$　② 4cm

③ 2.5cm

3 ① 2倍　② $\frac{1}{2}$

③ 2.5cm　④ 2cm

⑤ 6cm　⑥ 1：2

⑦ 8cm　⑧ 7.4cm

56 拡大図と縮図⑰ 拡大図と縮図⑤ P112・113

1 ① $\frac{1}{1000}$

② $4\times1000=4000$
4000cm＝40m

答え　40m

2 ① $1\times1500=1500$
1500cm＝15m

答え　15m

② $1.8\times1500=2700$
2700cm＝27m

答え　27m

3 ① $3\times5000=15000$
15000cm＝150m

答え　150m

② $2\times2500=5000$
5000cm＝50m

答え　50m

③ $10\times10000=100000$
100000cm＝1000m
1000m＝1km

答え　1km

④ $0.4\times50000=20000$
20000cm＝200m
200m＝0.2km

答え　0.2km

4 ①

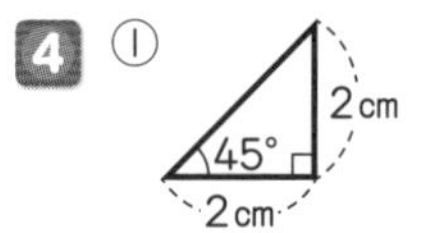

② 2m
（$2\times100=200$
200cm＝2m）

③ $2+1.2=3.2$

答え　3.2m

57 拡大図と縮図⑱ まとめ P114・115

1 ① ㋕，3倍　② ㋑，$\frac{1}{2}$

2

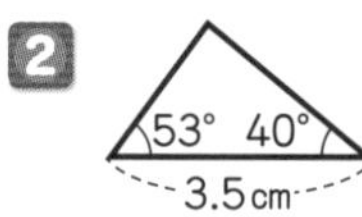

3

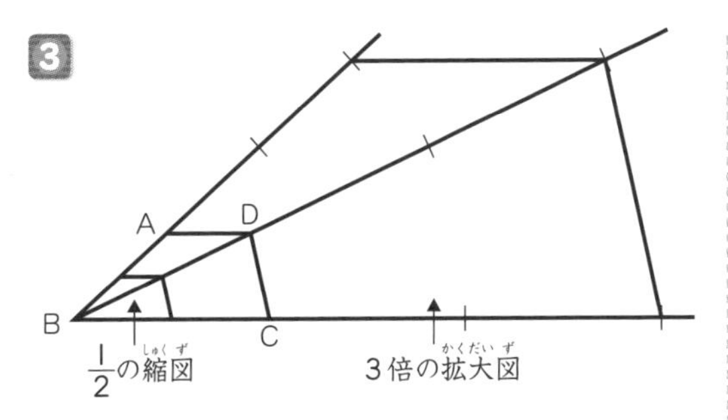

4 ① $\frac{1}{3}$　② 34°
③ 1.5cm

5 ① 500m ＝ 50000cm
50000÷1000 ＝ 50
（または，$50000 \times \frac{1}{1000} = 50$）
答え　50cm

② 8×25000 ＝ 200000
200000cm ＝ 2km
答え　2km

58 単位の関係①　大きさを表すことば　P116・117

1 ① mm，cm，m，km
② a，ha
③ mL，dL，L，kL
④ mg，g，kg

2 ① m　② cm
③ a　④ g
⑤ mL

3 ① $\frac{1}{1000}$　② 100
③ 1000

59 単位の関係②　長さの単位①　P118・119

1 ① 40　② 90
③ 70　④ 60
⑤ 6　⑥ 6.5
⑦ 3　⑧ 3.5
⑨ 5　⑩ 5.3
⑪ 4　⑫ 4.9
⑬ 20　⑭ 28
⑮ 72

2 ① 300　② 900
③ 500　④ 700
⑤ 1000　⑥ 3600
⑦ 6　⑧ 4
⑨ 40　⑩ 63

3 ① 93　② 5
③ 0.2　④ 1.4
⑤ 680　⑥ 75
⑦ 0.9　⑧ 0.08
⑨ 0.005　⑩ 3.2

60 単位の関係③　長さの単位②　P120・121

1 ① 3000　② 8000
③ 6000　④ 4000
⑤ 20000　⑥ 29000
⑦ 70000　⑧ 71000
⑨ 5　⑩ 5.3
⑪ 9　⑫ 9.6
⑬ 10　⑭ 30
⑮ 16

2 ① 2000　② 7000
③ 5000　④ 3000
⑤ 40000　⑥ 66000
⑦ 9　⑧ 2
⑨ 80　⑩ 61

3 ① 1500　② 200
③ 57　④ 0.058
⑤ 0.4　⑥ 1.9
⑦ 6300　⑧ 630
⑨ 9.6　⑩ 0.096

61 単位の関係④　面積の単位①　P122・123

1 ① 30000　② 50000
③ 20000　④ 90000
⑤ 100000　⑥ 110000
⑦ 400000　⑧ 440000
⑨ 7　⑩ 7.2
⑪ 8　⑫ 8.5
⑬ 20　⑭ 23
⑮ 16

2 ① 800　② 600
③ 2500　④ 4
⑤ 40　⑥ 90000
⑦ 30000　⑧ 120000
⑨ 5　⑩ 57

3 ① 33000　② 2.5
③ 290　④ 7.2

⑤ 480　⑥ 9.6
⑦ 5000　⑧ 81000
⑨ 1　⑩ 1.7

62 単位の関係⑤ 面積の単位②

P124・125

1
① 6000000　② 3000000
③ 10000000　④ 19000000
⑤ 40000000　⑥ 42000000
⑦ 800000　⑧ 1030000
⑨ 9　⑩ 2.4
⑪ 0.14

2
① 20000　② 90000
③ 100000　④ 170000
⑤ 300000　⑥ 360000
⑦ 7000　⑧ 0.4
⑨ 6.5　⑩ 80
⑪ 0.91

3
① 300　② 400
③ 1700　④ 5000
⑤ 360　⑥ 2
⑦ 23　⑧ 60
⑨ 0.18

63 単位の関係⑥ 体積の単位①

P126・127

1
① 70　② 50
③ 3　④ 4
⑤ 1.24　⑥ 2000
⑦ 8000　⑧ 1050
⑨ 9　⑩ 0.61
⑪ 500　⑫ 900
⑬ 180　⑭ 4
⑮ 3.7

2
① 2000　② 6000
③ 5000　④ 28000
⑤ 1900　⑥ 3400
⑦ 300　⑧ 7050
⑨ 12100　⑩ 90

3
① 4　② 9
③ 8　④ 23
⑤ 3.6　⑥ 76
⑦ 0.15　⑧ 0.141
⑨ 1.07　⑩ 49.3

64 単位の関係⑦ 体積の単位②

P128・129

1
① 8000000　② 12000000
③ 6200000　④ 3000
⑤ 70000　⑥ 90
⑦ 200　⑧ 6700
⑨ 6　⑩ 5.3
⑪ 0.7　⑫ 8
⑬ 90　⑭ 5.1
⑮ 4　⑯ 30
⑰ 75000

2
① 4　② 7
③ 30　④ 35
⑤ 6　⑥ 4
⑦ 90　⑧ 0.8
⑨ 3　⑩ 0.9
⑪ 0.006　⑫ 2
⑬ 7000　⑭ 320
⑮ 5000　⑯ 18000
⑰ 40000　⑱ 1400
⑲ 80000　⑳ 90000
㉑ 100　㉒ 20030

65 単位の関係⑧ 重さの単位①

P130・131

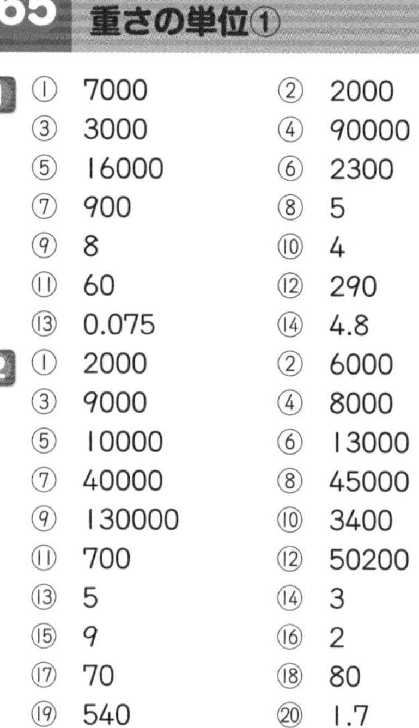

1
① 7000　② 2000
③ 3000　④ 90000
⑤ 16000　⑥ 2300
⑦ 900　⑧ 5
⑨ 8　⑩ 4
⑪ 60　⑫ 290
⑬ 0.075　⑭ 4.8

2
① 2000　② 6000
③ 9000　④ 8000
⑤ 10000　⑥ 13000
⑦ 40000　⑧ 45000
⑨ 130000　⑩ 3400
⑪ 700　⑫ 50200
⑬ 5　⑭ 3
⑮ 9　⑯ 2
⑰ 70　⑱ 80
⑲ 540　⑳ 1.7
㉑ 0.3　㉒ 0.65
㉓ 0.052　㉔ 0.009

66 単位の関係⑨ 重さの単位②
P132・133

1
① 7000000　② 3000000
③ 4000000　④ 50000000
⑤ 26000000　⑥ 8200000
⑦ 1090000　⑧ 6
⑨ 8　⑩ 2
⑪ 79　⑫ 210
⑬ 0.43　⑭ 0.000006

2
① 5000　② 8000
③ 3000　④ 10000
⑤ 70000　⑥ 29000
⑦ 40000　⑧ 45000
⑨ 3800　⑩ 70
⑪ 9　⑫ 4
⑬ 6　⑭ 6.5
⑮ 100　⑯ 120
⑰ 30.8　⑱ 0.82
⑲ 0.097　⑳ 0.006
㉑ 0.003　㉒ 0.002
㉓ 9　㉔ 0.074

67 単位の関係⑩ 水の体積と重さ①
P134・135

1
① 2g　② 4g
③ 67g　④ 190g
⑤ 5100g　⑥ 11.2g
⑦ 0.9g　⑧ 3g
⑨ 8g　⑩ 70g
⑪ 320g　⑫ 4000g
⑬ 7.9g　⑭ 5.03g

2
① 5kg　② 8kg
③ 10kg　④ 17kg
⑤ 20kg　⑥ 2.4kg
⑦ 4.9kg　⑧ 0.6kg
⑨ 0.0015kg　⑩ 0.0003kg
⑪ 7kg　⑫ 4kg
⑬ 60kg　⑭ 62kg
⑮ 40kg　⑯ 48kg
⑰ 900kg　⑱ 910kg
⑲ 31000kg　⑳ 0.7kg
㉑ 400g　㉒ 1800g
㉓ 30000g　㉔ 5g

68 単位の関係⑪ 水の体積と重さ②
P136・137

1
① 2t　② 9t
③ 30t　④ 80t
⑤ 400t　⑥ 513t
⑦ 6000t　⑧ 1.25t
⑨ 7t　⑩ 4t
⑪ 18t　⑫ 60t
⑬ 27t　⑭ 370t
⑮ 46500t　⑯ 0.2t

2
① 4cm^3　② 150cm^3
③ 73.8cm^3　④ 8000cm^3
⑤ 26000cm^3　⑥ 300cm^3
⑦ 12m^3　⑧ 90m^3
⑨ 3.1m^3　⑩ 17mL
⑪ 4dL　⑫ 11L
⑬ 0.05kL

69 単位の関係⑫ まとめ
P138・139

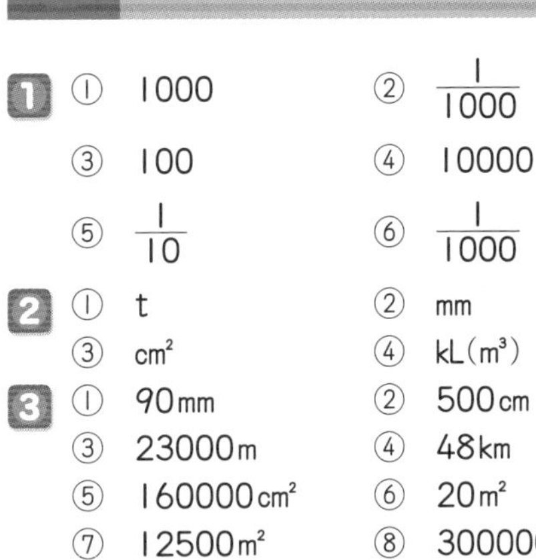

1
① 1000　② $\frac{1}{1000}$
③ 100　④ 10000
⑤ $\frac{1}{10}$　⑥ $\frac{1}{1000}$

2
① t　② mm
③ cm^2　④ kL（m^3）

3
① 90mm　② 500cm
③ 23000m　④ 48km
⑤ 160000cm^2　⑥ 20m^2
⑦ 12500m^2　⑧ 30000000m^2
⑨ 46kL　⑩ 1400cm^3
⑪ 92000cm^3　⑫ 5L
⑬ 0.027g　⑭ 36.5kg
⑮ 180kg　⑯ 6000000mg
⑰ 540g　⑱ 940kg
⑲ 0.07m^3　⑳ 1300t

70 6年の復習①
P140・141

1

① $\frac{13}{20}$　② $1\frac{1}{6}$

③ $\frac{29}{60}$　④ $3\frac{11}{30}$

2
① 37　② 64

③ 20　　④ 174
⑤ 9.8　　⑥ 42000
⑦ 2050000　　⑧ 3600
⑨ 15000　　⑩ 7000
⑪ 7000000　　⑫ 2.3
⑬ 0.8　　⑭ 1.4

3 $12 \div 2 = 6$
$6 \times 6 \times 3.14 = 113.04$
答え　113.04cm²

4 $4 \times 6 \div 2 = 12$
$12 \times 5 = 60$
答え　60cm³

5 ① △　　② ×
③ ○　　④ △

6 ① $\frac{1}{2}$　　② 18cm
③ $14.4 \div 2 = 7.2$
答え　7.2cm

71 6年の復習②

P142・143

1 ① 2　　② 133
③ 102　　④ 19

2 ① 8000000mg　　② 300m²
③ 2500m　　④ 17g

3 ① $40 \div 2 = 20$
$20 \times 20 \times 3.14 \div 2 = 628$
$20 \div 2 = 10$
$10 \times 10 \times 3.14 = 314$
$628 - 314 = 314$
答え　314cm²

② $20 \times 20 = 400$
$20 \div 2 = 10$
$10 \times 10 \times 3.14 = 314$
$400 - 314 = 86$
答え　86cm²

ポイント
3② 白い部分をあわせると，半径が10cmの円になります。正方形の面積から円の面積をひくと，　部分の面積が求められます。

4 ① $9 \div 2 = 4.5$
$4.5 \times 4.5 \times 3.14 \times 10 = 635.85$
答え　635.85cm³

② $5 \times 4 \times 1.8 = 36$
答え　36cm³

5 ①
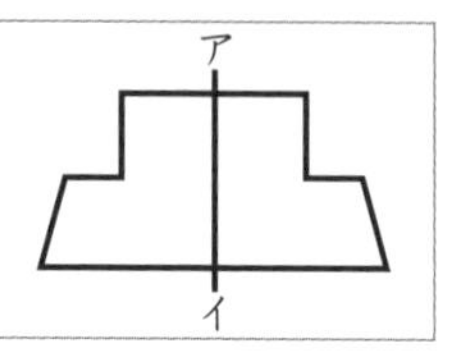

②

6 たて：$8 \times 5000 = 40000$
40000cm ＝ 400m
横：$9 \times 5000 = 45000$
45000cm ＝ 450m
答え　たて 400m，横 450m